高职高专机电类专业系列教材

机械工业出版社精品教材

# 电机与电气控制

## 第 2 版

主　编　周元一　范次猛

副主编　蔡昱灿　李　程

参　编　蒋永明　王秋根

机械工业出版社

"电机与电气控制"是一门机电类专业必修课程。本书依据高等职业教育特点和"三教改革"要求，将电机原理、电力拖动、常用生产机械电气控制的核心内容进行了有机整合，并强化了实训环节。全书共 8 个学习领域，内容包括直流电机、变压器、交流电动机、常用控制电机、常用低压电器、电动机的基本电气控制电路、常用生产机械的电气控制电路以及电气控制电路设计。各学习领域均有实验与实训、学习小结、思考题与习题，有利于学生巩固理念概念，掌握操作方法。

　　本书简明实用，图文并茂，并植入大量丰富的动画资源，便于学生直观地掌握电器元件与电气控制电路的构成与工作原理，可作为高等职业院校电气自动化技术、机电一体化技术、智能控制技术、数控技术及相关专业的教材，也可作为工程技术人员的培训教材或参考书。

　　为方便教学，本书配有电子课件、习题答案等教学资源，凡选用本书作为授课教材的教师均可登录机械工业出版社教育服务网（www.cmpedu.com）注册后免费下载。如有问题请致电 010-88379375 联系营销人员。

## 图书在版编目（CIP）数据

电机与电气控制/周元一，范次猛主编. —2 版 . —北京：机械工业出版社，2022.9（2025.1 重印）

高职高专机电类专业系列教材　机械工业出版社精品教材

ISBN 978-7-111-70915-2

Ⅰ.①电… Ⅱ.①周… ②范… Ⅲ.①电机学-高等职业教育-教材②电气控制-高等职业教育-教材 Ⅳ.①TM3②TM921.5

中国版本图书馆 CIP 数据核字（2022）第 095929 号

机械工业出版社（北京市百万庄大街 22 号　邮政编码 100037）

策划编辑：高亚云　　　　　责任编辑：高亚云
责任校对：李　杉　刘雅娜　封面设计：鞠　杨
责任印制：郜　敏
三河市宏达印刷有限公司印刷
2025 年 1 月第 2 版第 5 次印刷
184mm×260mm · 16.25 印张 · 410 千字
标准书号：ISBN 978-7-111-70915-2
定价：49.00 元

电话服务　　　　　　　　　网络服务
客服电话：010-88361066　　机 工 官 网：www.cmpbook.com
　　　　　010-88379833　　机 工 官 博：weibo.com/cmp1952
　　　　　010-68326294　　金 书 网：www.golden-book.com
**封底无防伪标均为盗版**　机工教育服务网：www.cmpedu.com

前言

《电机与电气控制》（ISBN：978-7-111-19793-5）自2006年出版以来，作为高等职业教育机电一体化技术、电气自动化技术及相关专业"电机与电气控制"课程的教材，受到了高职院校同行们的认可，内容结构循序渐进，语言精练、文字简洁、好教、易学，注重对学生的知识传授和能力培养，体现了职业教育特色。

党的二十大报告指出："坚持把发展经济的着力点放在实体经济上，推进新型工业化，加快建设制造强国、质量强国、航天强国、交通强国、网络强国、数字中国。"在智能制造领域，电机作为运动控制的关键部件，是帮助智能制造业提升竞争优势的核心产品，所以电机与电气控制技术有着非常重要的作用，学好这门课程十分重要。

本书在第1版的基础上进行修订，结合当前学生的文化基础和教学改革要求，对部分内容进行了调整，全书共8个学习领域，内容包括直流电机、变压器、交流电动机、常用控制电机、常用低压电器、电动机的基本电气控制电路、常用生产机械的电气控制电路以及电气控制电路设计，使学生掌握各类电机的结构、工作原理、机械特性及运行特性，以及继电-接触器控制电路的基本环节，着重培养学生电气控制电路装配、检测、改进、维护维修的技能和管理能力，为成为高素质技术技能人才打下良好的理论和实践基础。带※的为选学内容，各院校可根据教学学时自主安排。

修订后的教材具有以下特点。

1. 延续了上一版教材的编写风格，知识传授、能力培养和素养提升相统一。以学生为中心，以工作过程为导向，每个学习领域由学习目标→知识链接→实验与实训→学习小结→思考题与习题逻辑展开，通过完整的学习过程搭建起课程体系。学习目标明确学习的知识、能力、素养三维目标；知识链接以必需、够用为度，淡化理论，以定性分析为主；实验与实训环节可供不同专业选用，以培养学生的操作技能与动手能力；学习小结归纳总结本部分学习要点，起到"温故知新"的效果；丰富的思考题与习题便于学生掌握和巩固所学知识。

2. 增加了大量丰富的动画和视频等教学资源，实现纸质教材+数字资源的有机结合。学生通过扫描书中二维码可观看相应资源，随扫随学，激发学生学习兴趣。

本书由安徽扬子职业技术学院周元一、江苏省无锡交通高等职业技术学校范次猛担任主编，江苏省无锡交通高等职业技术学校蔡昱灿、安徽扬子职业技术学院李程担任副主编，安徽水利水电职业技术学院蒋永明、安徽机电职业技术学院王秋根参加编写。全书由范次猛负责统稿工作。

由于编者水平所限，书中难免存在错误和不妥之处，敬请读者批评指正。

编 者

# 二维码索引

（续）

| 名称 | 图形 | 页码 | 名称 | 图形 | 页码 |
|------|------|------|------|------|------|
| 接触器自锁控制电路工作原理 | | 122 | 两地控制电路工作原理 | | 131 |
| 单向连续运转与点动运转控制电路工作原理 | | 125 | 定子绕组串电阻减压起动控制电路工作原理 | | 132 |
| 转换开关控制的正反转控制电路工作原理 | | 126 | 星-三角形减压起动控制电路工作原理 | | 133 |
| 接触器联锁的正反转控制电路工作原理 | | 127 | 自耦变压器减压起动控制电路工作原理 | | 134 |
| 按钮联锁的正反转控制电路工作原理 | | 128 | 延边三角形减压起动控制电路工作原理 | | 135 |
| 双重联锁的正反转控制电路工作原理 | | 128 | 转子绕组串频敏变阻器起动控制电路工作原理 | | 139 |
| 工作台自动往返行程控制电路工作原理 | | 128 | 单向起动全波整流能耗制动控制电路工作原理 | | 140 |
| 顺序起动、同时停止控制电路工作原理 | | 130 | 单向运行反接制动控制电路工作原理 | | 142 |

V

| 名称 | 图形 | 页码 | 名称 | 图形 | 页码 |
|---|---|---|---|---|---|
| 改变极对数调速控制电路工作原理 | | 144 | M7130 型平面磨床电气控制原理 | | 173 |
| CA6140 型车床电气控制原理 | | 169 | Z3050 型摇臂钻床电气控制原理 | | 179 |

目录

# 学习领域1

# 直流电机

## 学习目标 >>

1）知识目标：

▲ 熟悉直流电动机的结构、类型及铭牌数据，掌握直流电动机的工作原理。

▲ 理解直流电动机的运行特性，掌握常见起动方法的特点及应用范围。

▲ 了解直流电动机的调速指标，掌握直流电动机常见的调速方法及优缺点。

▲ 掌握直流电动机的常见制动方法及优缺点。

2）能力目标：

▲ 能分析小型直流电动机的工作原理。

▲ 能分析直流电动机的常见故障并能进行简单的维护。

▲ 能根据实际情况运用直流电动机的起动、调速、反转、制动的方法。

3）素养目标：

▲ 激发学习兴趣和探索精神，掌握正确的学习方法。

▲ 培养学生的自学能力，与人沟通能力。

▲ 培养学生的团队合作精神，形成优良的协作能力和动手能力。

## 知识链接 >>

　　直流电机是直流发电机和直流电动机的总称。直流电机是可逆的，即一台直流电机既可作为发电机运行，又可作为电动机运行。当用作发电机时，是将机械能转换为电能；当用作电动机时，是将电能转换为机械能。直流发电机和直流电动机在结构上没有差别。

　　直流电动机和交流电动机相比，具有较好的起动性能和调速性能，因此广泛应用于经常起制动和对调速性能要求较高的机械设备上，如矿井卷扬机、挖掘机、大型机床、电力机车、船舶推进器、纺织机械及造纸机械等。

　　本学习领域主要介绍直流电机的结构、工作原理和机械特性，在此基础上进一步分析直流电动机的起动、调速和制动方法。

## 1.1　直流电机的结构和工作原理

### 1.1.1　直流电机的结构

　　直流电机主要由定子和转子（电枢）两大部分构成。定子和转子之间的间隙称为气隙。

定子的主要作用是产生主磁场并作为结构支撑，它主要由主磁极、换向磁极、机座和电刷装置组成。转子的作用是产生感应电动势和电磁转矩，它主要由转子铁心、转子绕组、换向器、转轴和风扇组成。直流电机的径向断面示意图如图1-1所示。下面分别介绍各主要部件的结构和作用。

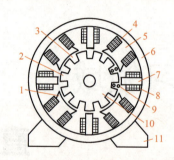

图1-1　直流电机径向断面示意图

1—极靴　2—转子齿　3—转子槽　4—励磁绕组
5—主磁极　6—磁轭　7—换向磁极　8—换向极绕组
9—转子绕组　10—转子铁心　11—机座

### 1. 定子

（1）主磁极：主磁极的作用是产生主磁场，它由主磁极铁心和励磁绕组构成，如图1-2所示。主磁极铁心一般采用1～1.5mm厚的低碳钢板冲片叠压铆接而成。主磁极铁心上绕有励磁绕组。

（2）换向磁极：换向磁极的作用是产生附加磁场，用以改善换向性能，使电动机运行时电刷下不产生有害的火花。它由换向磁极铁心和换向极绕组两部分构成。

（3）机座：机座是直流电机的外壳，一方面用来固定主磁极、换向磁极和端盖等，另一方面也是电机磁路的一部分，这部分磁路称为定子磁轭。为保证良好的机械强度和导磁性能，机座一般采用铸钢制造或用厚钢板卷制焊接而成。

（4）电刷装置：电刷装置的作用是固定电刷，并使电刷与旋转的换向器保持滑动接触，将转子绕组与外电路接通，使电流经电刷输入转子或从转子输出。电刷装置由电刷、刷握、压紧弹簧以及汇流条等构成，如图1-3所示。

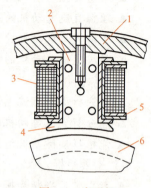

图1-2　主磁极

1—机座　2—极身　3—励磁绕组
4—极靴　5—框架　6—转子

### 2. 转子（电枢）

（1）转子铁心：转子铁心是电机主磁路的一部分。为减少损耗，提高电机的效率，转子铁心用0.35～0.5mm厚涂有绝缘漆的硅钢片叠压而成，如图1-4所示。图1-4b是转子铁心的装配图。

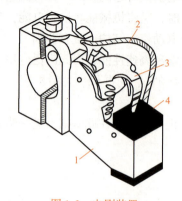

图1-3　电刷装置

1—刷握　2—汇流条　3—压紧弹簧　4—电刷

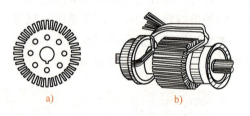

a)

b)

图1-4　转子结构

a）转子铁心冲片　b）转子铁心装配图

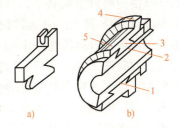

（2）转子绕组：转子绕组是直流电机结构中重要而复杂的部分，感应电动势、电流和电磁转矩的产生，机械能和电能的相互转换都在这里进行。

（3）换向器：换向器也是直流电机的重要部件，在直流电动机中，它的作用是将电刷两端的直流电转换为绕组内的交流电；在直流发电机中，它将绕组内的交变电动势转换为电刷两端的直流电压。换向器由多个相互绝缘的换向片组成。换向片之间用云母绝缘，换向器结构如图1-5所示。

（4）转轴：转轴是支撑转子铁心和输出（或输入）机械转矩的部件，它必须具有足够的刚度和强度，以保证负载时气隙均匀及转轴本身不致断裂。转轴一般用圆钢加工而成。

图1-5　换向器结构

a）换向片　b）金属套筒换向器

1—云母　2—金属套筒　3—V形槽

4—片间云母　5—换向片

## 1.1.2　直流电机的工作原理

**1. 直流发电机的工作原理**　图1-6所示为两极直流发电机工作原理简图。定子是两个在空间固定的主磁极N、S。在两个主磁极之间，有一个可以转动的铁质圆柱体，这就是转子，转子上面固定一个线圈，有效边为ab、cd。线圈的两个出线端分别接到两个半圆形铜质换向片上，两个换向片构成的圆柱体就是一个最简单的换向器。它固定在转轴上，随轴一起转动。为了使线圈与外电路接通，换向器与空间固定的电刷A和B相接触。

当发电机的转子由原动机拖动逆时针恒速旋转时，根据电磁感应定律，线圈的ab、cd边将切割磁力线而产生感应电动势，感应电动势的方向可用右手定则确定。在图1-6所示瞬时，线圈ab边处于N极下，其电动势方向为b→a，并通过换向片引到电刷A，因此电刷A的极性为正；线圈cd边处于S极下，电动势的方向为d→c，所以电刷B的极性为负。当转子逆时针转过180°后，线圈cd边电动势的方向变为c→d，ab边电动势的方向变为a→b，虽然两个线圈边电动势的方向都发生改变，但由于cd边通过换向片变为与电刷A接触，电刷A仍为正极性。同理可分析出电刷B仍为负极性。随着转子连续旋转，线圈的有效边交替切割N极和S极磁力线而感应出交变电动势，但由于进入到N极下的线圈边总是和电刷A相接触，

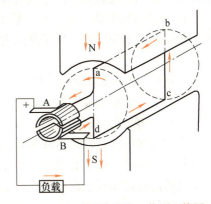

图1-6　两极直流发电机工作原理简图

进入到S极下的线圈边总是和电刷B相接触，因此电刷A始终是正极性，电刷B始终是负极性，所以在电刷A、B之间引出的是方向不变的直流电动势。

**2. 直流电动机工作原理**　把图1-6所示直流发电机的原动机撤掉，使电刷A、B两端接于直流电源，如图1-7所示。该直流电机就会运行在电动工作状态，并且把输入的直流电能转换为机械能输出。

由图1-7可以看出，当电刷A接直流电源的正极，电刷B接负极时，电流将从电刷A通过换向片流入线圈abcd，并从电刷B流出。N极下线圈有效边的电流方向是a→b；S极下线圈边电流方向是c→d。线圈的ab边和cd边将分别受到电磁力的作用，电磁力的方向可按左手定则确定。在图示瞬时，线圈ab边的受力方向为自右向左，cd边的受力方向为自左向右，两个电磁力对转轴形成逆时针方向作用的力矩，即**电磁转矩**。在电磁转矩的作用下，

转子将沿逆时针方向转动。当转子转过 180°时，线圈的 ab 边转到 S 极下，cd 边转到 N 极下，此时线圈两个有效边的电流方向将变为 d→c 和 b→a。按左手定则可确定，此时进入 N 极下的 cd 边所受电磁力的方向为自右向左，进入 S 极下的 ab 边所受电磁力的方向为自左向右，因此电磁转矩的作用方向仍为逆时针。由此可看出，由于电刷 A 总是通过换向片和进入 N 极下的线圈边相连接，电刷 B 总是通过换向片和进入 S 极下的线圈边相连接，在电刷两端所接电源极性不变时，电流总是通过电刷 A 流入 N 极下的线圈边，再沿 S 极下的线圈边经电刷 B 流向电源，因此电磁力和电磁转矩的方向能始终保持不变，从而使电动机沿逆时针方向连续旋转。

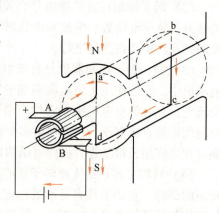

图 1-7　直流电动机工作原理简图

**3. 直流电机的可逆性**　通过上述对直流发电机和直流电动机工作原理的分析可看出，同一台直流电机既可作发电机运行，也可作电动机运行。当用原动机拖动转子旋转，即输入机械功率时，在电刷两端就会输出直流电能，此时电机作发电机运行；当在电刷两端接直流电源即输入直流电能时，电机将通过转子拖动生产机械旋转从而输出机械能，电机又作电动机运行。以上所述就是直流电机可逆运转的原理。

**4. 直流电机的转子电动势**　转子绕组切割磁力线而产生的感应电动势简称为转子电动势。根据电磁感应定律，转子绕组中，每根导体的感应电动势为

$$e = BLv \tag{1-1}$$

式中　$B$——电磁感应强度（T），与每极磁通 $\Phi$ 成正比；

　　　$L$——每根有效导体的长度（m），取决于电机的结构，是个定值；

　　　$v$——转子运动的线速度（m/s）。

直流电机的转子绕组由许多导体按一定规律连接，每并联支路所有导体的感应电动势都是叠加的，即转子电动势等于并联支路中每根导体中的感应电动势。导体运动的线速度 $v$ 与转子绕组的转速 $n$ 成正比。根据转子绕组的结构、绕制规律和电磁感应的有关知识可以写出转子电动势的表达式为

$$E_a = C_e \Phi n \tag{1-2}$$

式中　$C_e$——转子电动势系数，与电机的结构有关；

　　　$\Phi$——每极磁通（Wb）；

　　　$n$——电动机的转速（r/min）。

由式（1-2）可以看出，转子电动势与每极磁通 $\Phi$ 和转速 $n$ 成正比，对于直流电动机，转子电动势的方向与转子电流方向相反，所以转子电动势也称为反电动势，它总是阻碍转子电流的变化。

**5. 直流电机的电磁转矩**　直流电动机的电磁转矩 $T_e$ 是转子绕组通入直流电后，在主磁场的作用下使得转子绕组的导体受到力 $F$ 的作用而形成的。转子绕组通入直流电后，每根有效导体受到的电磁力可以表示为

$$F = BIL \tag{1-3}$$

式中　$I$——每根导体中的电流，与转子电流 $I_a$ 成正比。

直流电动机受到的电磁转矩 $T_e$ 是由所有有效的导体所受电磁力共同产生的，正比于电磁力 $F$，根据电磁感应的有关知识推导出电磁转矩的表达式为

$$T_e = C_m \Phi I_a \qquad (1\text{-}4)$$

式中　$C_m$——电磁转矩系数，与电动机结构有关；

　　　$\Phi$——每极磁通（Wb）；

　　　$I_a$——转子电流（A）；

　　　$T_e$——电磁转矩（N·m）。

由式（1-4）可以看出，电磁转矩 $T_e$ 与每极磁通 $\Phi$ 和转子电流 $I_a$ 成正比，其方向取决于 $\Phi$ 和 $I_a$ 的方向。

对于同一台电动机，转子电动势系数 $C_e$ 和电磁转矩系数 $C_m$ 之间的关系为

$$C_m = 9.55 C_e$$

直流电动机的额定转矩 $T_N$ 的计算公式为

$$T_N = 9.55 \frac{P_N}{n_N} \qquad (1\text{-}5)$$

式中　$T_N$——额定转矩（N·m）；

　　　$P_N$——额定功率（W）；

　　　$n_N$——额定转速（r/min）。

## 1.2　直流电机的励磁方式和铭牌

### 1.2.1　直流电机的励磁方式

主磁极励磁绕组中通入直流电流产生的磁场称为主磁场。励磁绕组的供电方式称为励磁方式。根据励磁方式不同，直流电机分为他励和自励两类。他励直流电机的励磁绕组与转子绕组之间无电的联系，由独立电源给励磁绕组供电，如图 1-8a 所示。自励直流电机的励磁电流由自身供给，根据励磁绕组与转子绕组的连接关系，又可以分为并励、串励和复励三种。并励直流电机的励磁绕组与转子绕组并联，励磁绕组上所加的电压就是转子电路两端的电压，如图 1-8b 所示，对于并励直流电动机 $I = I_a + I_f$，对于并励直流发电机 $I_a = I + I_f$。串励直流电机的励磁绕组与转子绕组串联，如图 1-8c 所示，这种直流电动机的励磁电流就是转子电流，即 $I_f = I_a$。复励直流电机的主磁极上装有两个励磁绕组，一个与转子绕组并联，称为并励绕组，另一个与转子绕组串联，称为串励绕组，这两个励磁绕组若产生的磁动势方向相同，则称为积复励，否则称为差复励，连接方式如图 1-8d 所示。

励磁绕组所消耗的功率虽然仅占直流电机额定功率的 1%～3%，但是直流电机的性能随着励磁方式的不同将产生很大差别。一般自动控制系统所用的直流电动机主要是他励直流电动机。这主要是因为当改

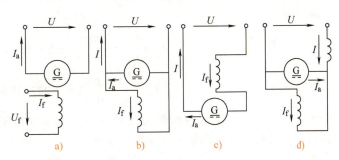

图 1-8　直流电机的励磁方式

a）他励　b）并励　c）串励　d）复励

变他励直流电动机的转子电压进行调速控制时，不影响其磁场，使其具有良好的控制特性。

## 1.2.2 直流电机的铭牌

为了保证电机安全有效运行，电机制造厂都对它所生产的电机工作条件加以规定。电机按制造厂规定条件工作的情况，叫额定工作情况。表征电机额定工作情况的各种数据叫作额定值。这些数据都列在电机的铭牌上，是使用和选择电机的依据，因此使用前一定要详细了解。某直流电动机的铭牌数据见表1-1。

表1-1 某直流电动机的铭牌数据

| 型号 | Z4-180-41 | 出品编号 | 12B5148 |
|---|---|---|---|
| 结构类型 | | 励磁方式 | 他励 |
| 额定功率 | 55kW | 励磁电压 | 180V |
| 额定电压 | 440V | 工作方式 | 连续 |
| 额定电流 | 140A | 绝缘等级 | F |
| 额定转速 | 1500r/min | 重量 | 410kg |
| 标准编号 | JB/T 6316—2006 | 出厂日期 | 年 月 |

（1）型号：型号可表明每一种产品的性能、用途和结构特点。国产直流电机型号采用汉语拼音大写字母和阿拉伯数字的组合来表示。其中汉语拼音大写字母表示电机的结构特点和用途等，阿拉伯数字则表示电机的尺寸及规格。如型号Z4-180-41的含义为：Z表示直流电动机，4表示设计序号；180表示中心高，41表示铁心长度代号。

（2）额定功率 $P_N$：指电机在额定运行状态时的输出功率，对发电机是指出线端输出的电功率，等于额定电压与额定电流的乘积，即 $P_N = U_N I_N$；对电动机是指其轴上输出的机械功率，等于额定电压与额定电流之积再乘以机械效率，即 $P_N = \eta_N U_N I_N$。其中，$\eta_N$ 为额定效率。额定功率单位为 W 或 kW。

（3）额定电压 $U_N$：是指额定运行状况下，直流发电机的输出电压或直流电动机的输入电压，单位为 V。

（4）额定电流 $I_N$：是指额定负载时允许电机长期输入（电动机）或输出（发电机）的电流，单位为 A。

（5）额定转速 $n_N$：是指电机在额定电压和额定负载时的旋转速度，单位为 r/min。

例1-1 一台直流发电机的额定数据如下：$P_N = 200kW$，$U_N = 230V$，$n_N = 1450r/min$，$\eta_N = 90\%$，求该发电机的额定电流和输入功率各为多少？

解 由
$$P_N = U_N I_N$$

额定电流
$$I_N = \frac{P_N}{U_N} = \frac{200 \times 10^3}{230}A = 869.6A$$

输入功率
$$P_1 = \frac{P_N}{\eta_N} = \frac{200}{0.9}kW = 222.2kW$$

例1-2 一台直流电动机额定数据如下：$P_N = 160kW$，$U_N = 220V$，$n_N = 1500r/min$，$\eta_N = 90\%$，求额定电流和输入功率各为多少？

解 由
$$P_N = \eta_N U_N I_N$$

额定电流
$$I_N = \frac{P_N}{\eta_N U_N} = \frac{160 \times 10^3}{0.9 \times 220}A = 808A$$

输入功率　　　　　　　　$P_1 = \dfrac{P_N}{\eta_N} = \dfrac{160}{0.9}\text{kW} = 177.8\text{kW}$

## 1.3　直流电动机的基本平衡方程式和机械特性

### 1.3.1　直流电动机的基本平衡方程式

直流电动机的励磁方式不同，平衡方程式也有所差别。他励直流电动机的平衡方程式如下：

1. 电动势、转矩平衡方程式　在介绍直流电动机稳态运行时的基本平衡方程式之前，按电动机的运行惯例规定好正方向，图 1-9 所示为他励直流电动机的运行原理。图中 $U$ 为直流电动机的转子电压，$I_a$ 是转子电流，$E_a$ 为转子绕组的感应电动势，$R_a$ 是转子内电阻，$T_e$ 为电磁转矩，$T_c$ 为电动机的阻转矩，$T_L$ 为机械负载转矩，$T_0$ 为电动机的空载转矩，$n$ 是电动机转子的转速。

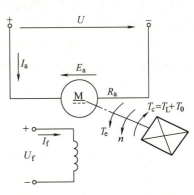

图 1-9　他励直流电动机运行原理

根据图 1-9，可写出直流电动机稳态运行时的电动势平衡方程式和转矩平衡方程式

$$U = E_a + I_a R_a \tag{1-6}$$

$$T_e = T_c = T_L + T_0 \tag{1-7}$$

2. 功率平衡方程式　根据式（1-6）和式（1-7），可以得到功率平衡方程式。将式（1-6）乘以转子电流 $I_a$ 得

$$U I_a = E_a I_a + I_a^2 R_a$$

则　　　　　　　　　　$$P_1 = P_m + p_{Cua} \tag{1-8}$$

式中　$P_1 = U I_a$——从电网输入的电功率；

　　$P_m = E_a I_a$——电磁功率；

　　$p_{Cua} = I_a^2 R_a$——转子回路的总铜耗。

将转矩平衡方程式（1-7）两边同乘以角速度 $\omega$，得

$$T_e \omega = T_L \omega + T_0 \omega$$

则　　　　　　　　　　$$P_m = P_2 + p_0 \tag{1-9}$$

式中　　　　$P_m = T_e \omega$——电磁功率；

　　　　$P_2 = T_L \omega$——输出的机械功率；

　　$p_0 = T_0 \omega = p_j + p_{Fe}$——空载损耗功率（包括机械摩擦和铁损耗）。

若考虑少量的附加损耗 $p_{ad}$，可得功率平衡方程式为

$$P_1 = P_2 + p_{Cua} + p_j + p_{Fe} + p_{ad} = P_2 + \sum p \tag{1-10}$$

式中，总损耗 $\sum p = p_{Cua} + p_j + p_{Fe} + p_{ad}$。

直流电动机的效率 $\eta$ 为输出功率 $P_2$ 和输入功率 $P_1$ 之比，即

$$\eta = \frac{P_2}{P_1} = 1 - \frac{\sum p}{P_2 + \sum p} \tag{1-11}$$

他励直流电动机的功率流程如图 1-10 所示。

## 1.3.2 直流电动机的机械特性

电动机的机械特性主要是描述电动机的转速 $n$ 与其电磁转矩 $T_e$ 之间的关系，通常用 $n = f(T_e)$ 曲线表示。机械特性是描述电动机运行性能的主要特性，是分析直流电动机起动、调速和制动原理的一个重要依据。直流电动机的励磁方式不同，其机械特性有很大差别，在直流拖动中，他励直流电动机应用比较广泛，因此我们着重对他励直流电动机的机械特性进行比较全面的分析。

**1. 他励直流电动机的机械特性**　他励直流电动机的原理如图 1-11 所示。运用前面推出的几个基本平衡方程式和有关公式，即可导出机械特性方程式。

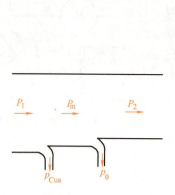

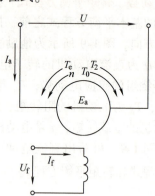

图 1-10　他励直流电动机的功率流程　　　　图 1-11　他励直流电动机的原理

将式 $E_a = C_e \Phi n$ 代入 $U = E_a + I_a R_a$，得出转速特性方程式为

$$n = \frac{U}{C_e \Phi} - \frac{R_a}{C_e \Phi} I_a \tag{1-12}$$

由式 $T_e = C_m \Phi I_a$ 得

$$I_a = \frac{T_e}{C_m \Phi} \tag{1-13}$$

将式（1-13）代入式（1-12）得机械特性方程式为

$$n = \frac{U}{C_e \Phi} - \frac{R_a}{C_e C_m \Phi^2} T_e \tag{1-14}$$

假定电源电压 $U$、磁通 $\Phi$、转子回路电阻 $R_a$ 都为常数，则式（1-14）可写为

$$n = n_0 - \beta T_e \tag{1-15}$$

式中　$n_0$——电动机的理想空载转速，即在理想空载（$T_e = 0$）时电动机的转速，$n_0 = \dfrac{U}{C_e \Phi}$；

　　　　$\beta$——机械特性的斜率，当改变转子回路的附加电阻或磁通时，就改变了特性曲线的

　　　　斜率，$\beta = \dfrac{R_a}{C_e C_m \Phi^2}$。

**2. 他励直流电动机的固有机械特性**　在 $U = U_N$，$\Phi = \Phi_N$ 和 $R_{ad} = 0$ 的条件下，电动机的机械特性称为固有机械特性。根据固有特性的定义，可得固有机械特性方程式为

$$n = \frac{U_N}{C_e \Phi_N} - \frac{R_a}{C_e C_m \Phi_N^2} T_e = n_0 - \beta T_e \tag{1-16}$$

式中，$n_0 = \dfrac{U_N}{C_e \Phi_N}$，$\beta = \dfrac{R_a}{C_e C_m \Phi_N^2}$。

若不计转子反应（又称电枢反应）的去磁作用，可以认为 $\Phi$ 是一个与 $T_e(I_a)$ 无关的常数，他励直流电动机固有机械特性的 $\beta$ 值很小，其固有机械特性曲线是一条略微向下倾斜的直线，如图 1-12 所示。

**3. 他励直流电动机的人为机械特性**　在固有机械特性方程式中，当电压 $U$、磁通 $\Phi$、转子回路电阻中任意一个参数改变而获得的特性，称为直流电动机的人为机械特性，以下分别加以讨论。

（1）转子回路串接电阻 $R_{ad}$ 时的人为机械特性：在 $U = U_N$，$\Phi = \Phi_N$，$R = R_a + R_{ad}$（即在保持电压及磁通不变的条件下，转子回路串接电阻 $R_{ad}$）时，人为机械特性方程式为

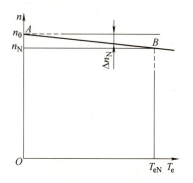

图 1-12　他励直流电动机的固有机械特性

$$n = \frac{U_N}{C_e \Phi_N} - \frac{R_a + R_{ad}}{C_e C_m \Phi_N^2} T_e \qquad (1\text{-}17)$$

由式（1-17）可知，人为机械特性与固有机械特性有相同的理想空载转速 $n_0$，而其特性曲线的斜率正比于串接电阻 $R_{ad}$，随着 $R_{ad}$ 的增大，人为特性曲线的硬度降低，如图 1-13 中曲线 2、3、4 所示。取不同的 $R_{ad}$ 值，便得到一簇与固有特性相交于 $n_0$ 的人为机械特性曲线。由此可见，通过在转子回路串接适当的电阻，可以改变机械特性曲线的硬度。这将有助于分析直流电动机转子回路串电阻起动和调速的原理。

（2）改变转子电压时的人为机械特性：在 $\Phi = \Phi_N$，$R = R_a$ 的条件下，改变转子电压 $U$ 时的人为机械特性方程式为

$$n = \frac{U}{C_e \Phi_N} - \frac{R_a}{C_e C_m \Phi_N^2} T_e = n_0 - \beta T_e \qquad (1\text{-}18)$$

可见，改变电压时，特性曲线的斜率 $\beta$ 保持不变，而 $n_0$ 则随电压成正比变化。一般要求外加电压不超过电动机的额定值，所以只能减小转子电压。因此人为机械特性如图 1-14 所示，是一簇斜率不变的、低于固有特性的平行线。

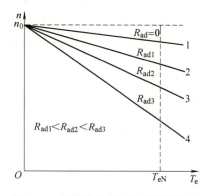

图 1-13　转子串电阻时人为机械特性

（3）改变磁通 $\Phi$ 时的人为机械特性：一般电动机在额定磁通下运行时，电动机的磁路已接近饱和，因此，改变磁通实际上只能减弱磁通。在 $U = U_N$，$R = R_a$ 的条件下，减弱磁通时的人为机械特性方程式为

$$n = \frac{U_N}{C_e \Phi} - \frac{R_a}{C_e C_m \Phi^2} T_e \qquad (1\text{-}19)$$

由式（1-19）可以看出，理想空载转速与磁通成反比，减弱磁通时，理想空载转速 $n_0$ 升高，斜率增加，使特性曲线变软，如图 1-15 所示。

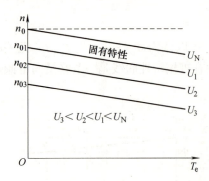

图 1-14　改变转子电压时的人为机械特性

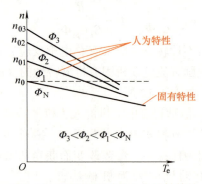

图 1-15　改变磁通时的人为机械特性

# 1.4　直流电动机的起动和反转

## 1.4.1　直流电动机的起动

所谓电动机的起动，是指电动机接通电源后，转速由零上升到稳定转速的过程。对直流电动机起动的要求是，要在保证起动转矩足够大的前提下，尽量减小起动电流。

直流电动机的起动方法有：全压起动、减压起动和转子回路串电阻起动。

**1. 全压起动**　全压起动就是直流电动机在额定电压下直接起动。起动时，转子电流为

$$I_a = \frac{U_N - E_a}{R_a} = \frac{U_N - C_e \Phi n}{R_a} \qquad (1\text{-}20)$$

起动瞬间，转速 $n = 0$，因而 $E_a = 0$。又由于 $R_a$ 非常小，所以起动电流 $I_{st}$ 很大，可达额定电流的 $10 \sim 20$ 倍。这样大的起动电流是电动机过载能力所不允许的。它可能造成转子绕组绝缘损坏，甚至烧坏绕组；换向火花增大，烧坏换向器；对电源造成很大的冲击，波及同一电网上的其他设备。另外，直接起动时的起动转矩为

$$T_{st} = C_m \Phi I_{st}$$

由于起动电流 $I_{st}$ 本身很大，所以起动转矩也很大，较大的起动转矩对电动机的机械传动部分产生很大的冲击力，造成机械性损伤。因此，只有容量很小的电动机，才采用全压起动。稍大容量的电动机起动时必须采取措施限制起动电流。

直流电动机一般采取降低电源电压和转子回路串接电阻的起动方法。

**2. 减压起动**　从上边的分析可知，电动机起动瞬间，$n = 0$，$E_a = 0$，$I_a = U/R_a$。如果降低电源电压，就可以减小起动电流。随着转速的上升，反电动势 $E_a$ 逐渐增大，将电源电压逐步升到额定值，使电动机达到额定转速。在整个起动过程中，利用自动控制装置，使电压连续升高，保持转子电流为最大允许电流，从而使系统在较大的加速转矩下迅速起动。这是一种比较理想的起动方法。

减压起动的优点是既限制了起动电流，又能使起动过程平稳、能量损耗小，缺点是必须有单独的可调压直流电源、起动设备复杂、初期投资大，多用于要求经常起动的场合和大中型电动机的起动，实际使用的直流伺服系统多采用这种起动方法。目前，广泛应用的是大功率半导体器件所组成的可控整流电源，它不仅可以用于直流电动机的调速，还可用于减压起动。

**3. 转子回路串电阻起动**　这种方法比较简便，同样可将起动电流限制在容许的范围内，

但在起动过程中，要将起动电阻 $R_{st}$ 分段切除。

为什么要将起动电阻分段切除呢？这是因为当电动机转动起来后，产生了反电动势 $E_a$，这时电动机的起动电流应为

$$I_{st} = \frac{U_N - E_a}{R_a + R_{st}} = \frac{U_N - C_e \Phi n}{R_a + R_{st}} \qquad (1-21)$$

随着转速的升高，$E_a$ 增大，$I_{st}$ 也就减小，起动转矩 $T_{st}$ 随之减小。这样，电动机的动态转矩以及加速度也就减小，使起动过程拖长，并且不能加速到额定转速。最理想的情况是保持电动机加速度不变，即让电动机做匀加速运动，电动机的转速随时间成正比例地上升。这就要求电动机的起动转矩与起动电流在起动过程中保持不变。要满足这个要求，由式（1-21）可以看出，随着电动机转速的增加，应将起动电阻均匀平滑地切除。起动电阻分段数目越多，起动的加速过程越平滑。但是为了减少控制电器数量及设备投资，提高工作的可靠性，段数不宜过多，只要将起动电流的变化保持在一定的范围内即可。

电阻分段起动（以3级起动为例）的原理图和机械特性如图1-16所示。图中 $R_a$ 为转子内电阻；$r_1$、$r_2$、$r_3$ 为各级起动电阻；$R_1$、$R_2$、$R_3$ 为各级转子总电阻。

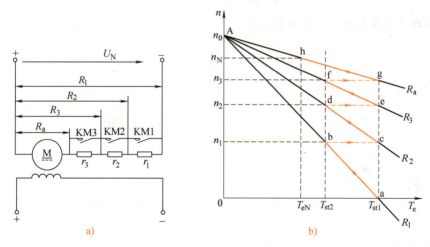

图 1-16  他励直流电动机转子串电阻起动
a）原理图  b）机械特性

起动开始瞬间，转子电路接入全部起动电阻，电动机工作在图1-16b中的a点，由于这时电动机转速和反电动势为零，因此起动电流最大值为

$$I_{st1} = \frac{U_N}{R_a + r_1 + r_2 + r_3} = \frac{U_N}{R_1} \qquad (1-22)$$

一般取最大起动电流 $I_{st1} = (1.8 \sim 2.5)I_N$。选定 $I_{st1}$ 后，第一级串电阻人为特性可用两点绘制（$I=0$，$n=n_0$；$I=I_{st1}$，$n=0$），即得到图1-16b中 A、a 两点和直线 Aa。

电动机转动起来后，随着转速和反电动势的增加，起动电流和起动转矩将减小，它们沿着特性曲线 Aa 的箭头所指的方向变化。当转速升至 $n_1$，而电流降到图中 b 点的数值（即切换电流 $I_{st2}$）时，图1-16a中接触器 KM1 的常开触头应闭合，第一段起动电阻 $r_1$ 便被短路切除。一般取 $I_{st2} = (1.1 \sim 1.2)I_N$，使得在起动过程中，电动机的转矩始终大于额定的负载转矩。

由于切换瞬间电动机转速和反电动势还来不及变化，起动电流将随起动电阻的减小而增加。如被切除的第一段电阻 $r_1$ 选择适当，应使起动电流又升高到 $I_{st1}$。在此瞬间便由特性曲线 Aa 中的 b 点沿水平方向过渡到特性曲线 Ac 上的 c 点（c 点的坐标由 $I = I_{st1}$，$n = n_1$）决定，连接 Ac，便得到与 $R_2$ 对应的人为特性曲线 Ac。于是转速和电流又沿直线 Ac 变化，当变化到 d 点时，切除第二段起动电阻 $r_2$，依此类推。如 $I_{st1}$ 和 $I_{st2}$ 选择适当，当最后一段电阻被切除后，电动机就恰好过渡到固有特性曲线上，即过 f 点的水平线与 $I = I_{st1}$ 的垂直线相交于固有特性曲线 g 点上。然后，电动机就沿着固有特性加速，直到 $T_{st} = T_N$ 时，电动机起动过程结束，进入稳定工作状态，如电动机拖动额定负载，便稳定在固有特性曲线的 h 点（$n = n_N$）上。

**例1-3**　一台并励直流电动机，$P_N = 10kW$，$U_N = 220V$，$I_N = 55A$，$R_a = 0.2\Omega$，若直接起动，起动电流为多少？若采用转子回路串电阻起动，将起动电流降为额定值的 2 倍，则应串多大的起动电阻？

**解**　直接起动时，起动电流为

$$I_{st} = \frac{U_N}{R_a} = \frac{220}{0.2}A = 1100A$$

转子回路串电阻起动时，起动电流为

$$I_{st} = \frac{U_N}{R_a + R_{st}} = 2I_N$$

则起动电阻为

$$R_{st} = \frac{U_N}{2I_N} - R_a = \frac{220}{2 \times 55}\Omega - 0.2\Omega = 1.8\Omega$$

### 1.4.2　直流电动机的反转

直流电动机的 $n$ 和 $T_e$ 同方向，要改变直流电动机的转向，必须改变电磁转矩 $T_e$ 的方向。由式 $T_e = C_m \Phi I_a$ 和左手定则可知，改变电磁转矩的方向有两种方法：改变磁通的方向或者改变电流的方向。如果两者同时改变，则电磁转矩的方向不变。因此要改变电动机的转向，可单独改变转子电流的方向（即改变电源的极性），或者单独改变励磁电流的方向。对并励电动机而言，通常采用转子反接使电动机反向。这时因为励磁电路具有很大的电感，在换接时将会产生很高的电动势，可能把励磁绕组的绝缘击穿。改变串励电动机的旋转方向，一般采用磁场反向。

## 1.5　直流电动机的调速

直流电动机转速特性方程式为

$$n = \frac{U}{C_e \Phi} - \frac{R_a}{C_e \Phi} I_a$$

由上式可见，直流电动机的调速方法有几种，即改变转子回路电阻调速、改变转子端电压调速和改变磁通调速。

**1. 改变转子回路电阻调速**　如前所述，转子电压 $U$ 不变，串入不同的电阻可得一族与固有特性相交于 $n_0$ 的特性曲线，因为串入电阻后的特性都比固有特性软，所以只能获得由额定转速向下的调速。

　　在他励直流电动机的转子回路中串入电阻 $R_{ad}$ 调速的机械特性如图1-17所示。在调速前，电动机带额定负载运行于固有特性曲线1的 a 点，对应转速为 $n_N$，转子电流为 $I_N$，由于转速不能跃变，反电动势 $E_a = C_e\Phi n$ 也不会跃变，转子电流将随着电阻的串入而减小，使电磁转矩 $T_e = C_m\Phi I_a$ 减小，这时运行点由固有特性曲线 a 点过渡到人为特性曲线2的 b 点。这时电动机电磁转矩小于负载转矩，转速将沿着特性曲线2下降。在转速下降的同时，电动势 $E_a$ 随之减小，转子电流及电磁转矩又重新增大。当转子电流及电磁转矩增加到原来与负载转矩相平衡的数值时，电动机便稳定运行在转速较额定值低的人为机械特性曲线2的 c 点上。

　　这种调速方法的缺点是：由于所串电阻体积大，只能实现有级调速，调速的平滑性差；低速时，特性较软，稳定性较差；因为转子电流不变，电阻损耗随电阻成正比变化，转速越低，需串入的电阻越大，电阻损耗越大，效率越低。但这种调速方法具有设备简单、操作方便的优点，适于用作短时调速，在起重和运输牵引装置中得到广泛的应用。

　　**2. 改变转子端电压调速**　改变转子端电压的人为机械特性已在前面讨论过，它是一簇平行于固有机械特性的直线。这里进一步说明改变电压调速的过程。设电动机的磁通保持额定值不变，转子电路不串外接电阻，负载转矩为额定值不变。调速前，电动机稳定工作在图1-18所示固有机械特性曲线1的 a 点上。这时如将加在转子两端的电压降低（对应于人为机械特性的电压），在此瞬间电动机的转速由于惯性作用而来不及变化，电动势 $E_a$ 也来不及变化。由式（1-20）可知，转子电流 $I_a$ 将减小，必将导致电磁转矩 $T_e$ 变小，电动机将从 a 点瞬时过渡到人为机械特性曲线2上的 b 点。这时电动机电磁转矩小于负载转矩，转速将下降。在转速下降的同时，电动势 $E_a$ 随之减小，转子电流及电磁转矩又重新增大。当转子电流及电磁转矩增加到原来与负载转矩相平衡的数值时，电动机便稳定在人为机械特性曲线2的 c 点上。

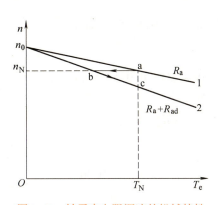

图1-17　转子串电阻调速的机械特性

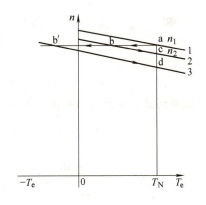

图1-18　改变转子端电压调速时的机械特性

　　如果转子电压下降幅度较大，使 $U < E_a$ 时，$I_a$ 为负值，电动机便过渡到回馈发电制动状态，从固有机械特性曲线1的 a 点瞬时地过渡到另一人为机械特性曲线3上的 b' 点。这时系统的动能将变为电能回馈电网。电动机在电磁制动转矩和负载阻转矩作用下，转速下降。随后，电动机的转矩和转速变化沿着人为机械特性曲线3，从 b' 点过渡到 d 点，并以转速 $n_d$ 的转速稳定运行于 d 点。

　　这种调速方法的主要优点有：电压调节可以很细，实现无级调速，平滑性很好；由于特性没有软化，相对稳定性较好；可以调节至较低的转速，因此调速范围较广；调速过程能量损耗较小。

**3. 改变磁通调速** 改变磁通调速也称为弱磁调速。弱磁调速时的机械特性方程式为

$$n = \frac{U_N}{C_e \Phi} - \frac{R_a}{C_e C_m \Phi^2} T_e = n_0 - \beta T_e$$

当磁通 $\Phi$ 减小时，理想空载转速 $n_0 = \frac{U_N}{C_e \Phi}$ 将升高，同时特性的斜率 $\beta = \frac{R_a}{C_e C_m \Phi^2}$ 将增大，使特性变软。但一般 $n_0$ 比 $\beta T_e$ 增加得快，因此在一般情况下，磁通的减弱使转速上升，即弱磁调速是从额定转速向上调速。

改变磁通调速方法的优点是调速级数多，平滑性好；控制设备体积小，投资少，能量损耗小。其主要缺点是只能在额定转速以上进行调速。因为正常工作时，$\Phi = \Phi_N$，磁路已趋饱和，所以只能采取弱磁升速的方法。而弱磁使转速升高又受到换向和机械强度的限制，因此在实际应用中受到限制。在实际应用中仅作为一种辅助方法和降压调速配合使用。

**例 1-4** 一台直流他励电动机的额定数据为：$U_N = 220\text{V}$，$P_N = 46\text{kW}$，$I_N = 230\text{A}$，$n_N = 580\text{r/min}$，$R_a = 0.045\Omega$，当带额定负载时：

1）要使电动机以 350r/min 运行，如何实现？

2）若减小励磁使磁通减小15%，求电动机的转速和转子电流是多少？

**解**

1）因所求的电动机转速小于额定转速，所以可用降低电源电压或转子回路串电阻两种方法实现。

① 降低电源电压调速。额定电压时电动势平衡方程式为

$$U_N = E_a + I_N R_a = C_e \Phi n_N + I_N R_a$$

则

$$C_e \Phi = \frac{U_N - I_N R_a}{n_N} = \frac{220 - 230 \times 0.045}{580} \text{V} \cdot \text{min/r} \approx 0.3615\text{V} \cdot \text{min/r}$$

通过降压方式减速时

$$U = E_a + I_N R_a = C_e \Phi n + I_N R_a = 0.3615 \times 350\text{V} + 231 \times 0.045\text{V} \approx 136.9\text{V}$$

②转子回路串电阻方法调速。电动势平衡方程式为

$$U_N = E_a + I_N(R_a + R_{ad}) = C_e \Phi n + I_N(R_a + R_{ad})$$

则

$$R_{ad} = \frac{U_N - C_e \Phi n}{I_N} - R_a = \frac{220 - 0.3615 \times 350}{230}\Omega - 0.045\Omega \approx 0.36\Omega$$

2）因为调速前后转矩不变，则

$$C_m \Phi_N I_N = C_m \Phi I_a$$

$$I_a = \frac{\Phi_N}{\Phi} I_N = \frac{1}{0.85} \times 230\text{A} \approx 271\text{A}$$

弱磁后的转速为

$$n = \frac{U_N}{C_e \Phi} - \frac{R_a}{C_e \Phi} I_a = \frac{220}{0.85 \times 0.3615}\text{r/min} - \frac{0.045}{0.85 \times 0.3615} \times 271\text{r/min} \approx 676\text{r/min}$$

可见弱磁调速时，若保持转矩不变，转子电流将增大。

## 1.6　直流电动机的制动

许多生产机械为了提高生产效率和产品质量，要求电动机能迅速、准确地停车或反向旋转，为达此目的，要对电动机进行制动。

制动的方法有机械（用抱闸）制动和电气制动两种。电气制动是使电动机产生一个与旋转方向相反的电磁转矩。电气制动的优点是制动转矩大，制动强度控制比较容易。直流电动机的电气制动方法有以下三种：能耗制动、反接制动、回馈制动。

**1. 能耗制动**　能耗制动的方法是将正在运转的电动机转子两端从电源断开（励磁绕组仍接电源），并立刻在转子两端接入一制动电阻 $R_z$，这样电动机就从电动状态变为发电状态，将其动能转变为电能消耗在电阻上，故称为能耗制动。他励直流电动机能耗制动的原理和机械特性如图 1-19 所示。

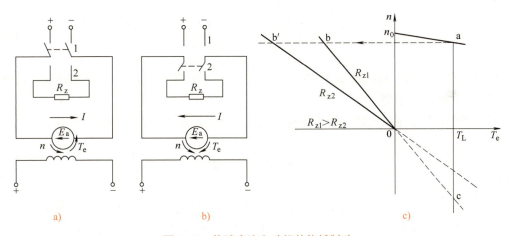

图 1-19　他励直流电动机的能耗制动

a）电动状态原理　b）能耗制动状态原理　c）能耗制动的机械特性

图 1-19a 所示为电动状态运行，开关合在 1 的位置。电动势、电流、转矩和转动方向如图中所示。如将开关倒合到 2 的位置，电动机被切断电源而接入一个制动电阻 $R_z$。这时在系统惯性作用下，电机继续旋转，励磁仍然保持不变。在电动势作用下，变为发电状态，把旋转系统储存的动能变为电能，消耗在制动电阻和转子内阻中。由于此时作用于电动机的电网电压 $U=0$，则电机的电流为

$$I_a = \frac{U - E_a}{R_a + R_z} = -\frac{E_a}{R_a + R_z} \tag{1-23}$$

式（1-23）中负号表示电流方向与电动运行状态的方向相反，因为电机的励磁电路仍然接在电源上，磁通不变，所以制动时电流所产生的电磁转矩和原来的方向相反，变为制动转矩，使电动机很快减速直至停转。能耗制动状态原理如图 1-19b 所示。

在能耗制动时，因 $U=0$，则 $n_0 = 0$，电动机的机械特性方程式为

$$n = -\frac{R_a + R_z}{C_e \Phi} I_a = -\frac{R_a + R_z}{C_e C_m \Phi^2} T_e \tag{1-24}$$

从式（1-24）可知，能耗制动时，机械特性曲线为通过原点的直线，它的斜率 $-\beta = -(R_a + R_z)/C_e C_m \Phi^2$，与转子回路总电阻成正比。因为能耗制动时转速方向未变，电流和

转矩方向变为负（以电动状态为正）。所以，它的机械特性曲线在第二象限，如图1-19c所示。图1-19c中还绘出不同制动电阻时的机械特性。可以看出，在一定的转速下，转子总电阻越大，制动电流和制动转矩越小。因此，在转子电路中串接不同的电阻值，可满足不同的制动要求。

能耗制动的优点是：制动减速较平稳可靠，控制电路较简单，当转速减至零时，制动转矩也减小到零，便于实现准确停车。其缺点是：制动转矩随转速下降成正比地减小，影响到制动效果。能耗制动适用于不可逆运行，制动减速要求较平稳的情况。

**2. 反接制动** 电源反接制动原理如图1-20a所示。当接触器KM1触头闭合时，电动机以电动状态运行，旋转方向和电动势方向如图中实线箭头所示，电流$I_a$和电磁转矩$T_e$方向用虚线箭头表示。若将开关投向2的位置，这时加到转子绕组两端的电源电压极性便和电动机运行时相反，因为这时磁场和转向不变，电动势方向不变。于是外加电压与电动势方向相同，这样，转子电流为

$$I_a = \frac{-U - E_a}{R_a + R_z} = -\frac{U + E_a}{R_a + R_z} \tag{1-25}$$

转子电流$I_a$变为负值，电磁转矩$T_e$方向也随之改变（见图1-20a中的实线箭头），起到制动作用，使转速迅速下降。

因为制动时接于电动机的电源电压符号改变，所以电源反接的机械特性方程式为

$$n = -\frac{U}{C_e\Phi} - \frac{R_a + R_z}{C_e C_m \Phi^2} T_e \tag{1-26}$$

式中，$T_e$应以负值代入。

电源反接过程的机械特性曲线如图1-20b所示。在制动前，电动机运行在固有特性曲线的a点上，当串入电阻$R_z$并将电源反接的瞬间，电动机工作点变到电源反接的人为特性曲线2的b点上，电动机的电磁转矩$T_e$变为制动转矩，使电机工作点沿特性曲线2开始减速。当转速降至零时，如果$T_e \leq T_L$，电动机便停止旋转；如果$T_e > T_L$，在反向的电磁转矩作用下，电动机将反向起动，进入反向电动运行状态，如图中df段。要避免电动机反转，必须在$n = 0$瞬间切断电源，并使机械抱闸动作，保证电动机准确停车。

反接制动的优点是：制动转矩较恒定，制动作用比较强烈，制动快。其缺点是：所产生的冲击电流大，需串入相当大的电阻，故能量损耗大，转速为零时，若不及时切断电源，会自行反向加速。这种方法适用于要求正反转运转的系统中，它可使系统迅速制动，并随之立即反向起动。

**3. 回馈制动** 当直流电动机轴上受到和转速方向一致的外加转矩的作用时，将使电动

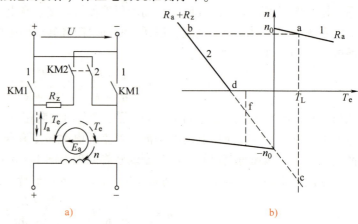

图1-20 电源反接制动

a）原理 b）机械特性曲线

机加速超过理想空载转速，即 $n > n_0$。此时转子电动势大于电源电压，即 $E_a = C_e \Phi n > U = C_e \Phi n_0$，而转子电流 $I_a = (U - E_a)/R_a = (C_e \Phi n_0 - C_e \Phi n)/R_a < 0$。于是转子电流改变了方向，电磁转矩 $T_e$ 成为制动转矩。电动机由电动状态变为发电状态，把外力输入的机械能变成电能回馈给电网，电动机的这种运行状态称作为回馈制动。

回馈制动适用于位能负载的稳定高速下降场合，在调速过程中，开始可能出现过渡性回馈制动状态。例如，当起重机下放重物或电车下坡时，电动机转速都可能超过 $n_0$，这时电机将处于回馈制动状态。

回馈制动的优点是：不需要改接电路即可从电动状态自行转换到制动状态，将轴上的机械功率变为电功率反馈回电网，简便、可靠而经济。缺点是：只有当 $n > n_0$ 时才能产生回馈制动，故不能用来使电动机停车，应用范围较窄。

## !!! 实验与实训

## 1.7 直流电动机的简单操作

### 1. 目的要求
1）认识并检测直流电动机及相关设备。
2）熟悉直流电动机的接线方式和简单操作方法。

### 2. 设备与器材 本实训所需设备、器材见表1-2。

表1-2 实训所需设备、器材

| 序号 | 名称 | 符号 | 规格 | 数量 | 备注 |
| --- | --- | --- | --- | --- | --- |
| 1 | 直流电动机励磁电源 | | 220V | 1 | |
| 2 | 可调电枢电源 | | 40~230V | 1 | |
| 3 | 直流他励电动机 | | | 1 | |
| 4 | 万用表 | | MF-47型 | 1 | |
| 5 | 转速表 | | DD03-1 | 1 | |
| 6 | 励磁调节电阻 | | | 1 | |
| 7 | 电枢调节电阻 | | | 1 | |
| 8 | 导线 | | | 若干 | |

### 3. 实训内容与步骤
1）认识、检测并记录直流电动机及相关设备的规格、量程和额定值。本次实训操作需要使用直流电源、直流电动机、转速表和调节电阻等相关设备，如图1-21所示。设备使用注意事项如下：

① 直流电源分为励磁电源和电枢电源，分别接直流电动机的励磁绕组和电枢绕组，通过开关控制电路的通断，电枢电源可以利用调节旋钮改变输出电压的高低。由于两者容量不同，不可互换。

② 直流电动机是实训操作的对象，通电后观察其起动、反转以及转速变化的情况。

③ 转速表可以直接测量电动机转速的高低，利用开关来设置量程和转向。

④ 励磁调节电阻串联在励磁电源与励磁绕组之间，总阻值较大，旋转手柄可以调节阻

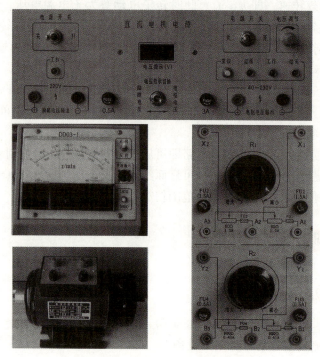

图 1-21　直流电动机及相关设备

值的大小；电枢调节电阻串联在电枢电源与电枢绕组之间，总阻值较小，也可以通过手柄的旋转来调节阻值的大小。调节电阻的作用是改变电动机电流和转速的大小。

在使用上述设备前，先检测并记录它们的规格、量程和额定值，记录在表 1-3 中。

表 1-3　初始数据记录表

| 记录项目 | 记录值 | 记录项目 | 记录值 |
|---|---|---|---|
| 直流励磁电源电压范围/V | | 直流电枢电源电压范围/V | |
| 励磁调节电阻范围/Ω | | 电枢调节电阻范围/Ω | |
| 转速表的测速范围/(r/min) | | 直流电动机的额定值 | |

2）绘制直流电动机工作电路图。根据直流电动机的额定值和电源的参数，设计绘制直流电动机的工作电路，如图 1-22 所示。

3）按工作电路图接线。经指导教师认可后，按照绘制的工作电路图连接直流励磁电源、电枢电源、调节

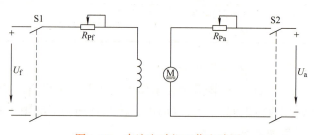

图 1-22　直流电动机工作电路图

电阻和直流电动机。起动电动机前，务必将励磁调节电阻 $R_{Pf}$ 的阻值调到最小，电枢调节电阻 $R_{Pa}$ 的阻值调到最大。

4）通电起动直流电动机。先闭合开关 S1，接通直流励磁电源；再闭合开关 S2，接通电枢电源；观察直流电动机是否起动运转。起动后观察转速表指针偏转方向，应为正向偏转，若不正确，可拨动转速表上正/反向开关来纠正。

5）改变电动机的转速。调节电枢电源的"电压调节"旋钮，使电动机的端电压为额定电压220V，观察电枢电压上升过程中电动机转速的变化情况；逐渐减小电枢调节电阻 $R_{Pa}$ 的阻值，观察电动机转速的变化情况；慢慢增大励磁调节电阻 $R_{Pf}$ 的阻值，观察电动机转速的变化情况。将结果记录到表1-4中。

表1-4 直流电动机转速和转向控制

| 序号 | 操作内容 | 转速或转向的变化情况 |
|---|---|---|
| 1 | 减小电枢调节电阻 $R_{Pa}$ 的阻值 | |
| 2 | 增大励磁调节电阻 $R_{Pf}$ 的阻值 | |
| 3 | 电枢绕组的两端接线对调 | |
| 4 | 励磁绕组的两端接线对调 | |

6）改变电动机的转向。将电枢调节电阻 $R_{Pa}$ 的阻值调回到最大值，先断开电枢电源开关 S2，再断开励磁电源开关 S1，使电动机停机。在断电情况下，将电枢（或励磁）绕组的两端接线对调后，再按直流电动机的起动步骤起动电动机，并观察电动机的转向及转速表指针偏转的方向。将结果记录到表1-4中。

7）注意事项。

① 直流电动机起动时，必须将励磁调节电阻 $R_{Pf}$ 的阻值调至最小，先接通励磁电源，使励磁电流最大；同时必须将电枢调节电阻 $R_{Pa}$ 的阻值调至最大，然后方可接通电枢电源，使电动机正常起动。

② 直流电动机停机时，必须先切断电枢电源，然后断开励磁电源。同时必须将电枢回路调节电阻 $R_{Pa}$ 的阻值调回到最大值，励磁回路调节电阻 $R_{Pf}$ 的阻值调回到最小值，为下次起动做好准备。

③ 测量前注意仪表的量程、极性及其接法是否正确。

### 4. 实训分析

1）直流电机有哪些优缺点？应用于哪些场合？

2）直流电机的基本结构由哪些部件所组成？

3）起动直流电动机前，电枢调节电阻 $R_{Pa}$ 和励磁调节电阻 $R_{Pf}$ 的阻值应分别调到什么位置？

4）用哪些方法可以改变直流电动机的转向？

5）直流电动机停机时，应该先切断电枢电源，还是先断开励磁电源？

## 学习小结

（1）直流电机是直流发电机和直流电动机的总称。直流电机由定子和转子组成。定子的主要作用是建立主磁场；转子的主要作用是产生电磁转矩和感应电动势，实现能量转换。

（2）直流电机的铭牌数据包括额定功率、额定电压、额定电流、额定转速及额定励磁电压、电流等，它们是正确选择和使用电机的依据，必须充分理解每个参数的意义。

直流电机的励磁方式有他励、并励、串励和复励。

无论是电动机还是发电机，负载运行时，转子绕组都产生感应电动势和电磁转矩。转子电动势 $E_a = C_e \Phi n$，电磁转矩 $T_e = C_m \Phi I_a$。

（3）直流电动机的平衡方程式表达了电动机内部各物理量的电磁关系。各物理量之间的关系可用电压平衡方程式、转矩平衡方程式和功率平衡方程式表示。

根据平衡方程式，可以求得直流电动机的机械特性。励磁方式不同，电动机的机械特性也不同。他励与并励直流电动机的励磁电流基本不变，其机械特性曲线同属硬特性。

（4）直流电动机的起动方法有全压起动、减压起动和转子回路串电阻起动。为了限制起动电流，通常采用减压起动和转子回路串电阻起动两种起动方式。直流电动机要求在起动时先加励磁电压，后加转子电压，且不允许在起动和运行中失去励磁，否则将出现"飞车"事故。

直流电动机的转向和电磁转矩 $T_e$ 同方向，电磁转矩的方向由转子外加电源的极性和励磁绕组所产生的磁场方向决定，改变两者之一的方向即可改变直流电动机的转向。

（5）直流电动机的调速有改变转子回路电阻调速、改变转子端电压调速和改变磁通调速三种方法。

（6）直流电动机有机械制动和电气制动两种制动方式。电气制动有能耗制动、反接制动和回馈制动三种方法。

## 思考题与习题

1. 直流电机由哪几部分构成？各有什么作用？

2. 直流发电机与直流电动机的工作原理有什么不同？

3. 什么是直流电机运行的可逆性？

4. 在直流电机中，为什么要用电刷和换向器？它们起什么作用？

5. 何谓换向极？换向极应安装在电机的什么位置？

6. 直流电机有哪几种励磁方式？对于不同励磁方式的电机，电机的输入、输出电流与转子电流和励磁电流有什么关系？

7. 直流电动机的起动方法有哪几种？简述各自的特点。

8. 直流电动机的调速方法有哪几种？简述适用范围。

9. 直流电动机的制动方法有哪几种？简述各自的特点。

10. 如何改变他励、并励、串励电动机的转向？

11. 一台并励直流电动机，$P_N = 40kW$，$U_N = 220V$，$n_N = 3000r/min$，$I_N = 206A$，电枢电阻 $R_a = 0.06\Omega$，励磁绕组电阻 $R_f = 100\Omega$。

1）求直接起动时的起动电流。

2）若采用转子回路串电阻起动，当起动电流为额定电流的1.5倍时，求应串入多大的电阻。

12. 一台他励直流电动机，$U_N = 230V$，$P_N = 26kW$，$I_N = 113A$，$n_N = 960r/min$，$R_a = 0.04\Omega$，负载不变。

1）若采用调压调速，转子电压降低为额定电压的80%，求电动机的转速和转子电流。

2）若采用弱磁调速，磁通减小20%，求电动机的转速和转子电流。

# 学习领域2

# 变压器

**学习目标 >>**

1）知识目标：
▲熟悉变压器的基本结构和分类。
▲理解单相变压器的工作原理及变压器的工作特性。
▲了解三相变压器的组成、绕组连接及绕组的极性与测量方法。
▲理解自耦变压器、电焊变压器、仪用互感器的结构特点和工作原理。
2）能力目标：
▲能够正确选用一般用途电力变压器。
▲能够正确选用自耦变压器、电焊变压器、电压互感器、电流互感器。
▲能够识别和排除变压器的常见故障。
3）素养目标：
▲激发学习兴趣和探索精神，掌握正确的学习方法。
▲培养学生获取新知识、新技能的学习能力。
▲培养学生的团队合作精神，形成优良的协作能力和动手能力。
▲培养学生的环保意识和安全意识。

**知识链接 >>**

　　变压器是通过电磁感应原理，或是利用互感作用，将一种等级（电压、电流、相数）的交流电，变换为同频率的另一种等级的交流电，其主要用途是变换电压，故称之为变压器。

　　在电力系统中，变压器起着重要的作用。要将大功率的电能从发电厂（站）输送到远距离的用电区，需要升压变压器把发电机发出的电压升高，再经过高压线路进行传输，以降低线路损耗；然后再用降压变压器逐步将输电电压降到配电电压，供用户使用。另外，变压器在其他领域也得到广泛的应用，如电子技术领域、测试技术领域、焊接技术领域等。

　　本学习领域主要介绍一般用途电力变压器的基本结构、工作原理及工作特性，最后概略地介绍自耦变压器、互感器和电焊变压器的结构特点与工作原理。

## 2.1　变压器的基本结构和分类

### 2.1.1　基本结构

　　变压器作为一种静止的电气设备，其基本结构主要由两部分组成：铁心——变压器的磁路；绕组——变压器的电路。另外，对于不同种类的变压器，还装有其他附件，结构也各不相同。下面着重介绍变压器铁心和绕组的基本结构。

**1. 铁心**　铁心是变压器的磁路部分，同时作为变压器的结构骨架。铁心由铁心柱和铁轭两部分组成，铁心柱上套装变压器绕组线圈，铁轭起连接铁心柱使磁路闭合的作用。对铁心的要求是导磁性能要好，磁滞损耗及涡流损耗要尽量小，因此均采用0.35mm厚的硅钢片制作。目前国产硅钢片有热轧硅钢片、冷轧无取向硅钢片、冷轧晶粒取向硅钢片等。

根据铁心的结构形式，变压器可分为壳式变压器和心式变压器两大类。壳式变压器是铁轭包围绕组的顶面、底面和侧面，在中间的铁心柱上放置线圈，形成铁心包围绕组的形状，如图2-1所示。图2-1a为单相壳式变压器，图2-1b为三相壳式变压器。心式变压器是在铁心的铁心柱上放置线圈，形成线圈包围铁心的形状，而铁轭只靠着线圈的顶面和底面，如图2-2所示。图2-2a为单相心式变压器，图2-2b为三相心式变压器。壳式结构的铁心机械强度较高，但制造工艺复杂，用料较多。通常用作低压、大电流的变压器或小容量的电信变压器。心式结构比较简单，线圈的装配及绝缘也较容易，国产电力变压器均采用心式结构。

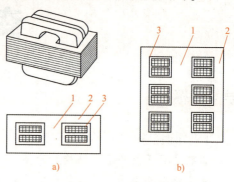

图2-1　壳式变压器
a) 单相　b) 三相
1—铁心柱　2—铁轭　3—绕组

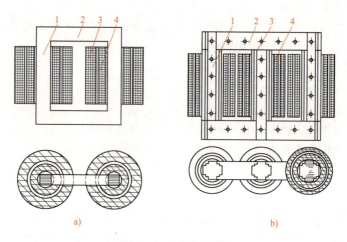

图2-2　心式变压器
a) 单相　b) 三相
1—铁心柱　2—铁轭　3—高压绕组　4—低压绕组

根据变压器的制作工艺可分为叠片式和卷制式铁心两种类型。

(1) 叠片式铁心：叠片式铁心的制作过程是，先将硅钢片冲剪成图2-3所示的形状，再将一片片硅钢片按其接口交错地插入事先绕好并经过绝缘处理的线圈中，如图2-4所示。或采用交叠式的叠装工艺，即把剪成条状的硅钢片用两种不同的排列法交错叠放，每层将接缝错开叠装。当采用冷轧晶粒取向硅钢片时，由于冷轧硅钢片顺碾压方向的磁导率高，损耗小，故应采用斜切钢片的叠装方法。叠装好的铁心其铁轭用槽钢（或焊接夹件）及螺杆固定。铁心柱则用环氧无纬玻璃丝粘带绑扎。为了减小铁心磁路的磁阻以减小铁心损耗，要求铁心装配时，接缝处的空气隙应越小越好。

（2）卷制式铁心：卷制式铁心是将整张硅钢片剪裁成一定宽度的硅钢片带后再卷制成"O"字形，紧固后再切割成两个"U"字形。其主要优点是制作工艺简单、重量轻、体积小、空载损耗小、噪声低、生产效率高和质量稳定。

铁心柱的截面在小型变压器中采用方形或矩形；在容量较大的变压器中，为了充分利用绕组内圆的空间，而采用阶梯形截面。当铁心柱直径大于380mm时，中间还留出油道以改善铁心内部的散热条件。

铁轭的截面有矩形及阶梯形。铁轭的截面积一般比铁心柱截面积大5%~10%，以减少空载电流和空载损耗。

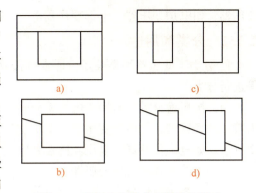

图2-3 单相小容量变压器铁心形式
a) 心式口形 b) 心式斜口形
c) 壳式E形 d) 壳式F形

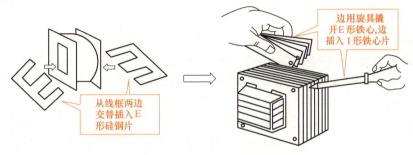

图2-4 壳式变压器E形铁心的装配

**2. 绕组** 绕组是变压器的电路部分，一般用具有绝缘的漆包圆铜线、扁铜线或扁铝线绕制而成。接于高压电网的绕组称为**高压绕组**；接于低压电网的绕组称为**低压绕组**。根据高、低压绕组的相对位置，绕组可分为同心式和交叠式两种类型。

（1）同心式绕组：同心式绕组的高、低压绕组同心地套在铁心柱上，如图2-2所示。为便于绝缘，一般低压绕组套在里面，但对大容量的低压大电流变压器，由于低压绕组引出线的工艺困难，往往把低压绕组套在高压绕组外面。高、低压绕组与铁心柱之间都留有一定的绝缘间隙，并以绝缘纸筒隔开。同心式绕组结构简单，制造方便，国产电力变压器均采用这种结构。在中小型电力变压器中，常见的同心式绕组形式有圆筒式、多层分段式、连续式和螺旋式等。

（2）交叠式绕组：交叠式绕组是将高压绕组及低压绕组分成为若干个线饼，交替地套在铁心柱上，为了便于绝缘，靠近上下铁轭的两端一般都放置低压绕组，如图2-5所示。它又称为饼式绕组。高、低压绕组之间的间隙较多，绝缘比较复杂，主要用于特种变压器中。这种绕组漏抗小，机械强度高，但高、低压绕组之间的绝缘比较复杂。一般用作低电压大电流的

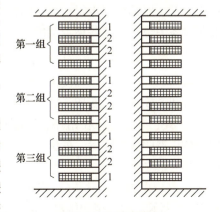

图2-5 交叠式绕组
1—低压绕组 2—高压绕组

变压器，如电炉变压器、电焊变压器等。

### 2.1.2 分类和用途

**1. 分类** 变压器种类很多，通常可按其用途、绕组数目、铁心结构、相数和冷却方式等进行分类。

（1）按用途分类：有用于电力系统升、降压的电力变压器；此外，还有以大电流和恒流为特征的变压器，如电焊变压器、电炉变压器和整流变压器等；用于传递信息和供测量用的变压器，如电磁传感器、电压互感器和电流互感器等；在自控系统中还有脉冲变压器、音频和高频变压器等多种特殊变压器。

（2）按绕组数目分类：变压器可分为双绕组变压器、三绕组变压器、多绕组变压器和自耦变压器等。

（3）按铁心结构分类：可分为心式变压器和壳式变压器。

（4）按相数分类：可分为单相变压器、三相变压器和多相变压器等。

（5）按冷却方式分类：可分为干式变压器、油浸自冷变压器、油浸风冷变压器、充气式变压器和强迫油循环变压器等。

**2. 用途** 在电力系统中，变压器是一种非常重要的电气设备。由发电厂发出的电能在向用户输送的过程中，通常需用很长的输电线，输电线路上的电压越高，则流过输电线路的电流就越小。这不仅可以减小输电线路的截面积，节约导体材料，同时还可减小输电线路上的功率损耗。因此，目前世界各国在电能的输送与分配方面都朝建立高电压、大功率的电力网系统方向发展，以便集中输送，统一调度与分配电能。这就促使输电线路的电压由高压（110～220kV）向超高压（330～750kV）和特高压（750kV以上）不断升级。目前我国交流输电电压等级有110kV、220kV、330kV、500kV、1000kV等多种。发电机本身由于其结构及所用绝缘材料的限制，不可能直接发出这样的高电压，因此在输电时必须首先通过升压变电站，利用变压器将电压升高，再进行输送。

高压电能输送到用电区后，为了保证用电安全和符合用电设备的电压等级要求，还必须经过各级降压变电站，通过变压器进行降压。例如，工厂输、配电线路，高压有35kV及10kV等电压等级，低压有380V、220V、110V等电压等级。

综上所述，变压器在输配电系统中起着非常重要的作用。在其他需要特种电源的工业企业中，变压器的应用也很广泛，如供电给整流设备、电炉等，此外在试验设备、测量设备和控制设备中也应用着各种类型的变压器。

### 2.1.3 铭牌数据

为保证变压器的正确使用，保证其正常工作，在每台变压器的外壳上都附有铭牌，标志其型号和主要参数。变压器的铭牌数据主要有：

**1. 额定容量 $S_N$** 在铭牌上规定的额定状态下变压器输出能力（视在功率）的保证值，称为变压器的额定容量。单位以 V·A、kV·A 或 MV·A 表示。对三相变压器，额定容量指三相容量之和。

**2. 额定电压 $U_N$** 标志在铭牌上的各绕组在空载、额定分接下端电压的保证值，单位以 V 或 kV 表示。对三相变压器，额定电压是指线电压。

**3. 额定电流 $I_N$** 根据额定容量和额定电压计算出的线电流称为额定电流，单位以 A 表示。

对单相变压器，一、二次绕组的额定电流为

$$I_{N1} = \frac{S_N}{U_{N1}}; \quad I_{N2} = \frac{S_N}{U_{N2}} \tag{2-1}$$

对三相变压器，一、二次绕组的额定电流为

$$I_{N1} = \frac{S_N}{\sqrt{3}\,U_{N1}}; \quad I_{N2} = \frac{S_N}{\sqrt{3}\,U_{N2}} \tag{2-2}$$

**4. 额定频率 $f_N$** 我国规定标准工业用电的额定频率为 50Hz。

此外，额定运行时变压器的效率、温升等数据均为额定值。除额定值外，铭牌上还标有变压器的相数、连接方式与联结组标号、运行方式（长期运行或短时运行）及冷却方式等。

## 2.2 单相变压器的工作原理

单相变压器是指接在单相交流电源上用来改变单相交流电压的变压器，其容量一般都比较小，主要用作控制及照明。它是利用电磁感应原理，将能量从一个绕组传输到另一个绕组而进行工作的。下面我们分别讨论单相变压器的两种不同工作情况。

### 2.2.1 变压器的空载运行

变压器的一次绕组接在额定电压的交流电源上，而二次绕组开路时的运行状态称为变压器的空载运行。图 2-6 是单相变压器空载运行的示意图。图中 $u_1$ 为一次绕组电压，$u_{02}$ 为二次绕组空载电压，$N_1$ 和 $N_2$ 分别为一、二次绕组的匝数。

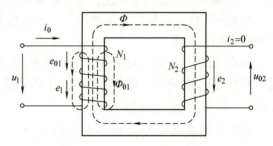

**1. 变压器空载运行时各物理量的关系式** 当变压器的一次绕组加上交流电压 $u_1$ 时，一次绕组内便有一个交变电流 $i_0$ 流过。

图 2-6 单相变压器空载运行示意图

由于二次绕组是开路的，二次绕组中没有电流。此时一次绕组中的电流 $i_0$ 称为空载电流。同时在铁心中产生交变磁通 $\Phi$，同时穿过变压器的一、二次绕组，因此又称其为交变主磁通。

设

$$\Phi = \Phi_m \sin\omega t \tag{2-3}$$

则变压器一次绕组的感应电动势为

$$e_1 = -N_1 \frac{d\Phi}{dt} = N_1 \Phi_m \omega \sin\left(\omega t - \frac{\pi}{2}\right) = 2\pi f \Phi_m N_1 \sin\left(\omega t - \frac{\pi}{2}\right) \tag{2-4}$$

式中　$\Phi_m$——铁心中的磁通；

　　　$f$——频率；

　　　$\omega$——角频率。

式（2-4）表明，$e_1$ 滞后于主磁通 $\pi/2$ 电角度。式中 $2\pi f\Phi_m N_1$ 为感应电动势的最大值，用 $E_{1m}$ 表示。把 $E_{1m}$ 除以 $\sqrt{2}$，则可求出变压器一次绕组感应电动势的有效值为

$$E_1 = 4.44 f \Phi_m N_1 \tag{2-5}$$

同理，变压器二次绕组感应电动势的有效值

$$E_2 = 4.44 f \Phi_m N_2 \tag{2-6}$$

若不计一次绕组中的阻抗，则外加电压几乎全部用来平衡反电动势，即

$$\dot{U}_1 \approx -\dot{E}_1 \tag{2-7}$$

在数值上，则有

$$U_1 \approx E_1 \tag{2-8}$$

变压器空载时，其二次绕组是开路的，没有电流流过，二次绕组的端电压 $U_{02}$ 与感应电动势 $E_2$ 相等，则空载运行时二次电压平衡方程为

$$\dot{U}_{02} = \dot{E}_2 \tag{2-9}$$

在数值上，则有

$$U_{02} = E_2 \tag{2-10}$$

**2. 变压器的电压变换**  由式（2-5）和式（2-6）可见，由于变压器一次、二次绕组的匝数 $N_1$ 和 $N_2$ 不相等，因而 $E_1$ 和 $E_2$ 大小是不相等的，变压器输入电压 $U_1$ 和变压器二次电压 $U_{02}$ 的大小也不相等。

变压器一、二次电压之比为

$$\frac{U_1}{U_{02}} = \frac{E_1}{E_2} = \frac{N_1}{N_2} = K_u = K \tag{2-11}$$

式中，$K_u$ 称为变压器的电压比，也可用 $K$ 来表示，这是变压器中最重要的参数之一。

由式（2-11）可见，变压器一、二次电压与一、二次绕组的匝数成正比，也即变压器有变换电压的作用。

由式（2-5）可知，对某台变压器而言，$f$ 及 $N_1$ 均为常数，因此当加在变压器上的交流电压有效值 $U_1$ 恒定时，则变压器铁心中的磁通 $\Phi_m$ 基本保持不变。

## 2.2.2  变压器的负载运行

当变压器的二次绕组接上负载阻抗 $Z_L$，如图2-7所示，则变压器投入负载运行。这时二次绕组中就有电流 $I_2$ 流过，$I_2$ 随负载的大小而变化，同时一次电流 $I_1$ 也随之改变。变压器负载运行时的工作情况与空载运行时将发生显著变化。

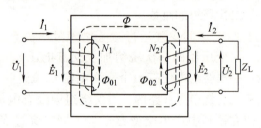

图2-7  单相变压器负载运行示意图

**1. 变压器负载运行时的磁动势平衡方程**  二次绕组接上负载后，电动势 $E_2$ 将在二次绕组中产生电流 $I_2$，同时一次绕组的电流从空载电流 $I_0$ 相应地增大为电流 $I_1$。$I_2$ 越大，$I_1$ 也越大。

从能量转换角度来看，二次绕组接上负载后，产生电流 $I_2$，二次绕组向负载输出电能。这些电能只能由一次绕组从电源吸取通过主磁通 $\Phi$ 传递给二次绕组。二次绕组输出的电能越多，一次绕组吸取的电能也就越多。因此，二次电流变化时，一次电流也会相应地变化。

从电磁关系的角度来看，二次绕组产生电流 $I_2$，二次磁动势 $N_2 I_2$ 也要在铁心中产生磁通，即这时铁心中的主磁通是由一次、二次绕组共同产生的。$N_2 I_2$ 的出现，将有改变铁心中原有主磁通的趋势。但是，在一次绕组的外加电压 $U_1$ 及频率 $f$ 不变的情况下，由式（2-5）和式（2-8）可知，主磁通基本上保持不变。因而一次绕组的电流由 $I_0$ 变到 $I_1$，使一次绕组磁动势由 $N_1 I_0$ 变成 $N_1 I_1$，以抵消 $N_2 I_2$。由此可知变压器负载运行时的总磁动势应与空载运行时的总磁动势基本相等，都为 $N_1 I_0$，即

$$N_1 \dot{I}_1 + N_2 \dot{I}_2 = N_1 \dot{I}_0$$

或

$$N_1 \dot{I}_1 = N_1 \dot{I}_0 - N_2 \dot{I}_2 \qquad (2-12)$$

上式称为变压器负载运行时的磁动势平衡方程。它说明，有载时一次绕组建立的 $N_1 \dot{I}_1$ 分为两部分，其一是 $N_1 \dot{I}_0$ 用来产生主磁通 $\Phi$，其二是 $-N_2 \dot{I}_2$ 用来抵偿二次绕组磁动势 $N_2 \dot{I}_2$，从而保持磁通 $\Phi$ 基本不变。

**2. 变压器的电流变换** 由于变压器的空载电流 $\dot{I}_0$ 很小，特别是在变压器接近满载时，$N_1 \dot{I}_0$ 相对于 $N_1 \dot{I}_1$ 或 $N_2 \dot{I}_2$ 而言基本上可以忽略不计，于是可得变压器一、二次绕组磁动势的有效值关系为

$$N_1 I_1 \approx N_2 I_2$$

即

$$\frac{I_1}{I_2} \approx \frac{N_2}{N_1} = \frac{1}{K_u} = K_i \qquad (2-13)$$

式中，$K_i$ 称为变压器的电流比。

式（2-13）表明，变压器一、二次绕组中的电流与一、二次绕组的匝数成反比，即变压器也有变换电流的作用，且电流的大小与匝数成反比。因此，变压器的高压绕组匝数多，而通过的电流小，因此绕组所用的导线较细；反之低压绕组匝数少，通过的电流大，所用的导线较粗。

### 2.2.3 变压器的匹配运行

变压器不但具有电压变换和电流变换的作用，还具有阻抗变换的作用，如图 2-8 所示。

变压器的阻抗变换是通过改变变压器的电压比 $K_u$ 来实现的。当变压器二次绕组接上阻抗为 $Z$ 的负载后，根据图 2-8 所示，阻抗 $Z_1$ 为

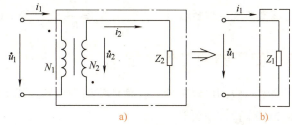

图 2-8 变压器的阻抗变换

a) 变压器电路 b) 等效电路

$$Z_1 = \frac{U_1}{I_1} \qquad (2-14)$$

从变压器的二次绕组来看，阻抗 $Z_2$ 为

$$Z_2 = \frac{U_2}{I_2} \qquad (2-15)$$

由此可得变压器一、二次绕组的阻抗比为

$$\frac{Z_1}{Z_2} = \frac{U_1 I_2}{I_1 U_2} = \frac{U_1 I_2}{U_2 I_1} = K_u^2 = \left(\frac{N_1}{N_2}\right)^2 \qquad (2-16)$$

由式（2-16）可知：

1）只要改变变压器一、二次绕组的匝数比，就可以改变变压器一、二次绕组的阻抗比，从而获得所需的阻抗匹配。

2）接在变压器二次负载阻抗 $Z_2$ 对变压器一次侧的影响，可以用一个接在变压器一次侧的等效阻抗 $Z_1 = K_u^2 Z_2$ 来代替，代替后变压器一次电流 $I_1$ 不变。

在电子电路中，为了获得较大的功率输出，往往对输出电路的输出阻抗与所接的负载阻

抗之间有一定的要求。例如，对音响设备来讲，为了能在扬声器中获得最好的音响效果（获得最大的功率输出），要求音响设备输出的阻抗与扬声器的阻抗尽量相等。但实际上扬声器的阻抗往往只有几欧到十几欧，而音响设备等信号的输出阻抗往往很大，达到几百欧，甚至几千欧以上，因此通常在两者之间加接一个变压器（称为输出变压器、线间变压器）来达到阻抗匹配的目的。

**例 2-1** 已知某音响设备输出电路的输出阻抗为 $320\Omega$，所接的扬声器阻抗为 $5\Omega$，现在需要接一输出变压器使两者实现阻抗匹配，试求：

1）该变压器的电压比 $K_u$。

2）若该变压器一次绕组匝数为 480 匝，问二次绕组匝数为多少？

**解**

1）根据已知条件，输出变压器一次绕组的阻抗 $Z_1 = 320\Omega$，二次绕组的阻抗 $Z_2 = 5\Omega$。由式（2-16）得变压器的电压比

$$K_u = \sqrt{\frac{Z_1}{Z_2}} = \sqrt{\frac{320}{5}} = 8$$

2）由式（2-11）得

$$K_u = \frac{N_1}{N_2}$$

则变压器二次绕组匝数为

$$N_2 = \frac{N_1}{K_u} = \frac{480}{8} 匝 = 60 \ 匝$$

## 2.3　变压器的工作特性

在实际应用中要正确、合理地使用变压器，需了解其运行时的工作特性及性能指标。变压器的工作特性主要有：

**1. 外特性**　是指电源电压和负载的功率因数为常数时，二次电压随负载电流变化的规律，即 $U_2 = f(I_2)$。

**2. 效率特性**　是指电源电压和负载的功率因数为常数时，变压器的效率随负载电流变化的规律，即 $\eta = f(I_2)$。

变压器的电压调整率和效率体现了这两种工作特性，而且是变压器的主要性能指标。下面分别加以讨论。

### 2.3.1　变压器的外特性和电压调整率

变压器负载运行时，由于变压器内部存在电阻和漏阻抗，故当二次绕组中流过负载电流时，变压器的二次绕组将产生阻抗压降，使二次电压随负载电流的变化而变化。另一方面，由于一次电流随二次电流的变化而变化，故使一次绕组漏阻抗上的压降也相应改变，一次绕组电动势和二次绕组电动势也会有所改变，这也会影响二次绕组输出电压的大小。

变压器负载运行时的外特性 $U_2 = f(I_2)$ 可以通过实验的方法进行绘制，如图 2-9 所示。由图可知，当负载的功率因数 $\cos\varphi_2 = 1$ 时，$U_2$ 随 $I_2$ 的增加而下降得并不多；当功率因数 $\cos\varphi_2$ 降低时，即在感性负载时，$U_2$ 随着 $I_2$ 增加而下降的程度加大，这是因为滞后的无功电流对变压器磁路中的主磁通的去磁作用更为显著，而使 $E_1$ 和 $E_2$ 有所下降的缘故；但当 $\cos\varphi_2$ 为负值时，即在容性负载时，超前的无功电流有助磁作用，主磁通会有所增加，$E_1$ 和

$E_2$ 也会相应加大，使得 $U_2$ 会跟随 $I_2$ 的增大而增大，外特性上翘。以上叙述表明，负载的功率因数对变压器外特性的影响是很大的。

在图 2-9 中，纵坐标用 $U_2/U_{2N}$ 表示，横坐标用 $I_2/I_{2N}$ 表示，使得在坐标轴上的数值都在 $0 \sim 1$ 之间，或稍大于1，这样做是为了便于不同容量和不同电压的变压器相互比较。

变压器的负载一般多为感性负载，因此当负载增大时，变压器的二次电压总是下降的，其下降的程度常用电压调整率来描述。

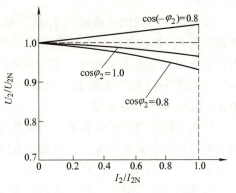

图 2-9  变压器的外特性

所谓电压调整率是指当变压器的一次侧接在额定频率、额定电压的电网上，负载的功率因数为常数时，变压器空载与负载时二次电压变化的相对值，用 $\Delta U$ 来表示。

$$\Delta U = \frac{U_{2N} - U_2}{U_{2N}} \times 100\% \tag{2-17}$$

式中，$U_{2N}$ 为变压器空载时二次绕组的额定电压，$U_2$ 为二次绕组输出额定电流时的电压。

电压调整率反映了供电电压的稳定性，是变压器的一个重要性能指标。$\Delta U$ 越小，说明变压器二次绕组输出的电压越稳定，因此要求变压器的 $\Delta U$ 越小越好。常用的电力变压器从空载到满载，电压调整率约为 $3\% \sim 5\%$。

### 2.3.2  变压器的损耗与效率

变压器在能量传递过程中会产生损耗。变压器的损耗是指从电源输入的有功功率 $P_1$ 与向负载输出的有功功率 $P_2$ 两者之差，即 $\Delta P_{损耗} = P_1 - P_2$。损耗主要包括铜损耗和铁损耗两部分。

1. 铜损耗 $P_{Cu}$   变压器的铜损耗包括基本铜损耗和附加铜损耗两部分。

基本铜损耗是电流在绕组中产生的直流电阻损耗。附加铜损耗包括因趋肤效应使电阻变大所增加的铜耗以及漏磁通在结构部件中引起的涡流损耗等。在中小型变压器中，附加铜损耗为基本铜损耗的 $0.5\% \sim 5\%$，在大型变压器中则达到 $10\% \sim 20\%$。这些损耗都与负载电流的二次方成正比，因此铜损耗又称为"可变损耗"。

2. 铁损耗 $P_{Fe}$   变压器的铁损耗也包括基本铁损耗和附加铁损耗两部分。

基本铁损耗是变压器铁心中的磁滞损耗和涡流损耗。磁滞损耗与硅钢片材料的性质、磁通密度的最大值以及频率有关。涡流损耗与硅钢片的厚度、电阻率、磁通密度的最大值以及频率有关。附加铁损耗包括铁心叠片间由于绝缘损伤而引起的涡流损耗等。附加铁损耗难以准确计算，一般取基本铁损耗的 $15\% \sim 20\%$。变压器的铁损耗与一次绕组所加电压大小有关，当电源电压一定时，铁损耗基本不变，因此铁损耗又称为"不变损耗"。

3. 效率   变压器的效率 $\eta$ 是指变压器的输出功率 $P_2$ 与输入功率 $P_1$ 之比，用百分数表示，即

$$\eta = \frac{P_2}{P_1} \times 100\% = \frac{P_2}{P_2 + \Delta P_{损耗}} \times 100\% \tag{2-18}$$

由于变压器没有旋转的部件，不像电动机存在机械损耗，因此变压器的效率一般都比较高。一般中、小型变压器满载时的效率为 $80\% \sim 90\%$，大型变压器满载时的效率可达

$98\% \sim 99\%$。

变压器在不同的负载电流 $I_2$ 时，输出功率 $P_2$ 及铜损耗 $P_{Cu}$ 都在变化，因此变压器的效率 $\eta$ 也随着负载电流 $I_2$ 的变化而变化，其变化规律通常用变压器的效率特性曲线来表示，如图 2-10 所示。图中 $\beta = I_2 / I_{2N}$ 称为负载系数。

从效率特性曲线可以看出，当负载变化到某一数值时将出现最大效率 $\eta_{max}$，与分析直流电机的最大效率一样，当变压器的可变损耗等于不变损耗时，效率达到最大值，一般变压器的最大负载系数 $\beta = 0.5 \sim 0.7$。

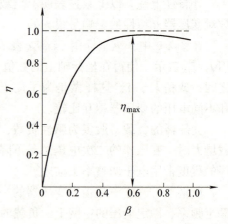

图 2-10　变压器的效率特性曲线

## 2.4　三相变压器

在电力系统中，普遍采用三相制供电方式，因而三相变压器获得广泛应用。三相变压器在对称负载下运行时，各相电压、电流大小相等，相位彼此相差 $120°$，各相参数也相等。因此，单相变压器的分析方法完全适用于三相变压器，在此不再赘述。本节主要讨论三相变压器的组成、三相变压器的绕组联结及绕组的极性与测量等问题。

### 2.4.1　三相变压器的组成

三相变压器按照其磁路系统的不同可以由三台同容量的单相变压器组成，称为三相变压器组；也可由三个单相变压器合成一个三铁心柱的三相心式变压器。

1. 三相变压器组　三相变压器组是把三个同容量的变压器根据需要将其一次、二次绕组分别接成星形或三角形。一般三相变压器组的一次、二次绕组均采用星形联结，如图 2-11 所示。

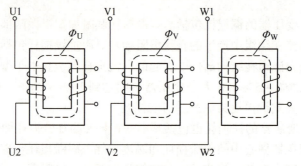

图 2-11　三相变压器组

三相变压器组由于是由三台变压器按一定方式连接而成，三台变压器之间只有电的联系，而各自的磁路相互独立，互不关联。当三相变压器组一次侧施以对称三相电压时，则三相的主磁通也一定是对称的，三相空载电流也对称。

2. 三相心式变压器　三相心式变压器是由三相变压器组演变而来的。把三个单相心式变压器合并成图 2-12a 所示结构，通过中间心柱的磁通为三相磁通的相量和。当三相电压对称时，则三相磁通总和 $\dot{\Phi}_U + \dot{\Phi}_V + \dot{\Phi}_W = 0$，即中间心柱中无磁通通过，可以省略，如图 2-12b 所示。为了制造方便和节省硅钢片将三相铁心柱布置在同一平面内，演变成为图 2-12c 所示结构，这就是目前广泛采用的三相心式变压器的铁心。由图 2-12 可见，三相心式变压器的磁路特点为：三相磁路有共同的磁轭，它们彼此关联，各相磁通要借另外两相的磁通闭合，即磁路系统是不对称的。但由于空载电流很小，它的不对称对变压器的负载运行的影响极小，可忽略不计。

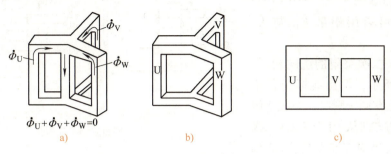

$\dot{\Phi}_U + \dot{\Phi}_V + \dot{\Phi}_W = 0$

a)　　　　　　b)　　　　　　c)

图 2-12　三相心式变压器

**3. 两类变压器的比较**　比较上述两种三相变压器可以看出，在相同的额定容量下，三相心式变压器较之三相变压器组具有节省材料、效率高、价格便宜、维护方便、安装占地少等优点，因而得到广泛应用。但是对于大容量变压器来说，三相心式变压器就暴露出它的缺点。因为三相变压器组是由三个独立的单相变压器组成，所以在起重、运输、安装时可以分开处理，困难就大为减小，同时还可以降低备用容量，每组只要一台单相变压器作为备用就可以了。所以对一些超高压、特大容量的三相变压器，当制造及运输有困难时，有时就采用三相变压器组。

## 2.4.2　三相变压器的绕组联结

三相变压器高、低压绕组的首端常用 U1、V1、W1 和 u1、v1、w1 标记，而其末端常用 U2、V2、W2 和 u2、v2、w2 标记。单相变压器的高、低压绕组的首端则用 U1、u1 标记，其末端则用 U2、u2 标记，见表 2-1。

表 2-1　绕组的首端和末端的标记

| 绕组名称 | 单相变压器 | | 三相变压器 | | 中性点 |
|---|---|---|---|---|---|
| | 首端 | 末端 | 首端 | 末端 | |
| 高压绕组 | U1 | U2 | U1、V1、W1 | U2、V2、W2 | N |
| 低压绕组 | u1 | u2 | u1、v1、w1 | u2、v2、w2 | n |
| 中压绕组 | U1m | U2m | U1m、V1m、W1m | U2m、V2m、W2m | Nm |

为了说明三相绕组的联结组问题，首先要研究每相中一、二次绕组感应电动势的相位关系问题，或者称为极性问题。

**1. 变压器绕组的极性及其测量**

（1）变压器绕组的极性：变压器的一、二次绕组绕在同一个铁心上，都被同一主磁通 $\Phi$ 所交链，故当磁通 $\Phi$ 交变时，将会使得变压器的一、二次绕组中感应出的电动势之间有一定的极性关系，即当同一瞬间一次绕组的某一端点的电位为正时，二次绕组也必有一个端点的电位为正，这两个对应的端点，我们称为同极性端或同名端，通常用符号"·"表示。

图 2-13a 所示的变压器一、二次绕组的绕向相同，引出端的标记方法也相同（同名端均在首端）。设绕组电动势的正方向均规定从首端到末端，由于一、二次绕组中的电动势 $\dot{E}_U$

与 $\dot{E}_\mathrm{u}$ 是同一主磁通产生的，它们的瞬时方向相同，所以一、二次绕组电动势 $\dot{E}_\mathrm{U}$ 与 $\dot{E}_\mathrm{u}$（或电压）是相同的，其相位关系可以用相量 $\dot{E}_\mathrm{U}$ 与 $\dot{E}_\mathrm{u}$ 表示。

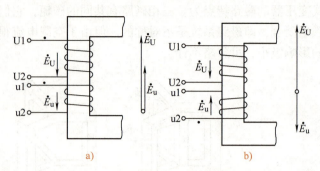

图 2-13　变压器的两种不同标记法
a) 同相位　b) 反相位

如果一、二次绕组的绕向相反，如图 2-13b 所示，但出线标记仍不变，由图可见在同一瞬时，一次绕组感应电动势的方向从 U1 到 U2，二次绕组感应电动势的方向则是从 u2 到 u1，即 $\dot{E}_\mathrm{U}$ 与 $\dot{E}_\mathrm{u}$ 反相，其相位关系同样可以用相量 $\dot{E}_\mathrm{U}$ 与 $\dot{E}_\mathrm{u}$ 表示。

（2）变压器同名端的判定：对一台变压器，其绕组已经过浸漆处理，并且安装在封闭的铁壳内，因此无法辨认其同名端。变压器同名端的判定可用实验的方法进行测定，测定的方法主要有直流法和交流法两种。

1）直流测量法。测定变压器同名端的直流法如图 2-14 所示。用 1.5V 或 3V 的直流电源，按图中所示进行连接，直流电源接在高压绕组上，而直流电压表接在低压绕组的两端。当开关 S 闭合瞬间，高压绕组 $N_1$、低压绕组 $N_2$ 分别产生电动势 $e_1$ 和 $e_2$。

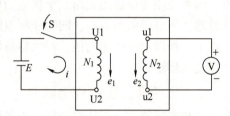

图 2-14　测定变压器同名端的直流法

若电压表的指针向正方向摆动，则说明 $e_1$ 和 $e_2$ 同方向，则此时 U1 和 u1、U2 和 u2 为同名端。

若电压表的指针向反方向摆动，则说明 $e_1$ 和 $e_2$ 反方向，则此时 U1 和 u2、U2 和 u1 为同名端。

2）交流测量法。测定变压器同名端的交流法如图 2-15 所示。图中将变压器一、二次绕组各取一个接线端子连接在一起，（如图中的接线端子 2 和 4），并且在一个绕组上（图中为 $N_1$ 绕组）加一个较低的交流电压 $u_{12}$，再用交流电压表分别测量出 $u_{12}$、$u_{13}$、$u_{34}$ 各端电压值，如果测量结果为 $U_{13} = U_{12} - U_{34}$，则说明变压器一、二次绕组 $N_1$、$N_2$ 为反极性串联，由此可知，接线端子 1 和接线端子 3 为同名端；若测量结果为 $U_{13} = U_{12} + U_{34}$，则接线端子 1 和接线端子 4 为同名端。

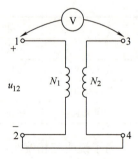

图 2-15　测定变压器同名端的交流法

**2. 三相变压器绕组的联结方法**　在三相电力变压器中，不论是高压绕组，还是低压绕组，我国均采用星形联结与三角形联结两种方法。

三相电力变压器的星形联结是把三相绕组的末端 U2、V2、W2（或 u2、v2、w2）连接在一起，而把它们的首端 U1、V1、W1（或 u1、v1、w1）分别用导线引出接三相电源，构成星形联结（Y 联结），用字母"Y"或"y"表示，如图 2-16a 所示。带有中性线的星形联结用字母"YN"或"yn"表示。

三相电力变压器的三角形联结是把一相绕组的首端和另外一相绕组的末端连接在一起，

顺次连接成为一闭合回路，然后从首端 U1、V1、W1（或 u1、v1、w1）分别用导线引出接三相电源，如图 2-16b、c 所示。图 2-16b 的三相绕组按 U2W1、W2V1、V2U1 的次序连接，称为逆序（逆时针）三角形联结。而图 2-16c 的三相绕组按 U2V1、V2W1、W2U1 的次序连接，称为顺序（顺时针）三角形联结。三角形联结用字母"D"或"d"表示。

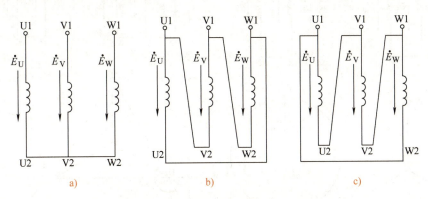

图 2-16 三相绕组连接方法

a）星形联结 b）逆序三角形联结 c）顺序三角形联结

三相变压器一、二次绕组不同接法的组合有：Yy、YNd、Yyn、Dy、Dd 等，其中最常用的组合形式有三种，即 Yyn、YNd 和 Yd。不同形式的组合，各有优缺点。对于高压绕组来说，星形联结最为有利，因为它的相电压只有线电压的 $1/\sqrt{3}$，当中性点引出接地时，绕组对地的绝缘要求降低了。

大电流的低压绕组，采用三角形联结可以使导线截面积比星形联结时小 $1/\sqrt{3}$，方便于绕制，所以大容量的变压器通常采用 Yd 或 YNd 联结。容量不太大而且需要中性线的变压器，广泛采用 Yyn 联结，以适应照明与动力混合负载需要的两种电压。

**3. 三相变压器的联结组标号** 三相电力变压器采用不同的接法时，一次绕组的线电压与二次绕组线电压之间的相位关系是不同的，不同接法就是所谓的三相变压器的联结组标号。其不仅与绕组的同名端和首末端的标记有关，而且还与三相绕组的连接方式有关。在标志三相变压器的一、二次绕组线电动势的相位关系时，用时钟表示法进行表示，即规定一次绕组线电动势 $\dot{E}_{UV}$ 为长针，永远指向时间"12 点"，二次绕组线电动势 $\dot{E}_{uv}$ 为短针，它指向时间上的几点，则该数字为三相变压器联结组的标号。

（1）Yy 联结组：图 2-17a 所示为三相变压器 Yy 联结时的接线图。图中变压器一、二次绕组均采用星形联结，并且一、二次绕组的首端都为同名端，故一、二次侧相互对应的相电动势之间相位相同，因此一、二次的线电动势之间的相位也相同，如图 2-17b 所示。这时，如果把 $\dot{E}_{UV}$ 指向时间的"12"点，则二次绕组线电动势 $\dot{E}_{uv}$ 也指向"12"点，视为零点，因此其联结组标号为"0"，用"Yy0"来表示，如图 2-17c 所示。若将图 2-17a 中变压器的联结组一、二次绕组的非同名端作为首端，如图 2-18a 所示，则这时变压器一、二次侧对应相的相电动势正好相反，则线电动势 $\dot{E}_{UV}$ 与 $\dot{E}_{uv}$ 的相位正好相差 180°，如图 2-18b 所示。这时相量 $\dot{E}_{UV}$ 指向时间的"12"点，而相量 $\dot{E}_{uv}$ 则指向时间的"6"点，因此其联结组标号为"6"，用"Yy6"来表示，如图 2-18c 所示。

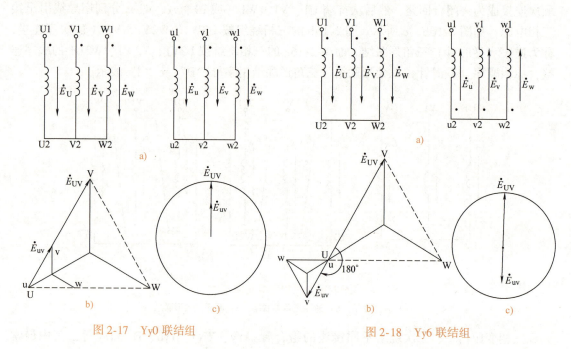

图 2-17　Yy0 联结组　　　　　　　　　　　图 2-18　Yy6 联结组

（2）Yd 联结组：如图 2-19a 所示，三相变压器一次绕组为星形联结，二次绕组为三角形联结，且一、二次绕组的同名端标为首端。二次绕组按照 u1→v2→v1→w2→w1→u2→u1 的逆序依次连接成为三角形。这时变压器一、二次侧对应相的相电动势也同相位，但线电动势 $\dot{E}_{UV}$ 与 $\dot{E}_{uv}$ 的相位差为 330°，如图 2-19b 所示。当 $\dot{E}_{UV}$ 指向时间的 "12" 点时，则 $\dot{E}_{uv}$ 指向时间的 "11" 点，即 $\dot{E}_{uv}$ 超前 $\dot{E}_{UV}$ 30°，因此其联结组标号为 "11"，用 "Yd11" 表示，如图 2-19c 所示。

若将变压器二次绕组的三角形联结改为 u1→w2→w1→v2→v1→u2→u1 的顺序联结，变压器的一次绕组仍采用星形联结，如图 2-20a 所示。这时变压器的一、二次绕组对应相的相电动势也同相，但线电动势 $\dot{E}_{UV}$ 与 $\dot{E}_{uv}$ 的相位差为 30°，如图 2-20b 所示。当相量 $\dot{E}_{UV}$ 指向时间的 "12" 点时，则相量 $\dot{E}_{uv}$ 指向时间的 "1" 点，$\dot{E}_{uv}$ 滞后 $\dot{E}_{UV}$ 30°，因此其联结组标号为 "1"，用 "Yd1" 表示，如图 2-20c 所示。

不论是 Yy 联结组还是 Yd 联结组，如果一次绕组的三相标记不变，把二次绕组的三相标记 u、v、w 顺序改为 w、u、v（相序不变），则二次侧的各线电动势相量将分别转过 120°，相当于转过 4 个钟点；若改标记为 v、w、u，则相当于转过 8 个钟点。因而对 Yy 联结而言，可得 0、4、8、6、10、2 等 6 个偶数联结组标号；对 Yd 联结而言，可得 11、3、7、5、9、1 等 6 个奇数联结组标号。读者可根据相量法自行分析。

三相电力变压器联结组的种类很多，为了制造和运行方便的需要，我国规定了 Yyn0、Yd11、YNd11、YNy0 和 Yy0 等 5 种作为三相电力变压器的标准联结组。其中前三种应用最为广泛，Yyn0 用于容量不大的三相配电变压器，其低压侧电压为 230～400V，可兼供动力和照明的混合负载；Yd11 主要用于变压器二次电压超过 400V 的线路，其二次侧成为三角形联结，主要是对变压器的运行有利；YNd11 主要用于高压输电线路。

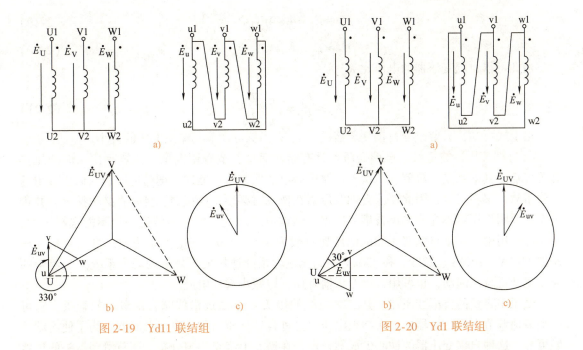

图 2-19　Yd11 联结组　　　　　　图 2-20　Yd1 联结组

## 2.5　其他常用变压器

在电力系统中，除大量采用双绕组变压器以外，还有其他多种特殊用途的变压器，涉及面广，种类繁多。本节主要简单介绍较常用的自耦变压器、电压互感器、电流互感器、电焊变压器的工作原理及特点。

### 2.5.1　自耦变压器

1. **自耦变压器的工作原理**　前面介绍的普通双绕组变压器的一、二次绕组之间互相绝缘，各绕组之间只有磁的耦合而没有电的直接联系。

自耦变压器是将一、二次绕组合成一个绕组，其中一次绕组的一部分兼作二次绕组，它的一、二次绕组之间不仅有磁耦合，而且还有电的直接联系，如图 2-21 所示。图中 $N_1$ 为自耦变压器一次绕组的匝数，$N_2$ 为自耦变压器二次绕组的匝数。

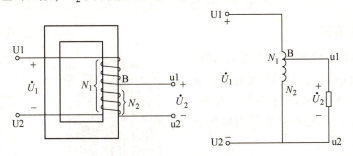

图 2-21　自耦变压器工作原理

自耦变压器与前面介绍的变压器一样，也是利用电磁感应原理进行工作。当在自耦变压器的一次绕组 U1、U2 两端加上交变电压 $U_1$ 后，将会在变压器的铁心中产生交变的磁通，同时在自耦变压器的一、二次绕组中产生感应电动势 $E_1$、$E_2$。

$$U_1 \approx E_1 = 4.44fN_1\Phi_m \tag{2-19}$$

$$U_2 \approx E_2 = 4.44fN_2\Phi_m \tag{2-20}$$

由此可得自耦变压器的电压比 $K_u$ 为

$$K_u = \frac{E_1}{E_2} = \frac{N_1}{N_2} \approx \frac{U_1}{U_2} \tag{2-21}$$

由上式可知，只要改变自耦变压器的匝数 $N_2$，就可调节其输出电压的大小。

**2. 自耦变压器的特点** 自耦变压器具有结构简单、节省用铜量、其效率比一般变压器高等优点。其缺点是一次侧、二次侧电路中有电的联系，可能发生把高电压引入低压绕组的危险事故，很不安全，因此要求自耦变压器在使用时必须正确接线，且外壳必须接地，并规定安全照明变压器不允许采用自耦变压器的结构形式。变压器的电压比一般不能选择过大，在实际应用中，要求自耦变压器的电压比一般为 1.5~2.0。在电力系统中，可用自耦变压器把 110kV、150kV、220kV 和 330kV 的高压电力系统连接成大规模的动力系统。大容量的异步电动机减压起动，也可用自耦变压器降压，以减小起动电流。

低压小容量的自耦变压器，其二次绕组的接头 C 常做成沿线圈自由滑动的触头，它可以平滑地调节自耦变压器的二次绕组电压，这种自耦变压器称为自耦调压器。为了使滑动接触可靠，这种自耦变压器的铁心做成圆环形，在铁心上绕组均匀分布，调节滑动触头的位置即可改变输出电压的大小。自耦调压器的外形和电路原理图如图 2-22 所示。

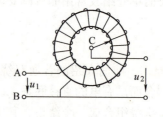

图 2-22 自耦调压器

a) 外形  b) 电路原理

## 2.5.2 电压互感器

电压互感器属于仪器用互感器的范畴，主要用来与仪表和继电器等低压电器组成二次回路，对一次回路进行测量、控制、调节和保护。在电工测量中主要用来按比例变换交流电压。

电压互感器的结构形式与工作原理和单相降压变压器基本相同，如图 2-23 所示。

电压互感器的一次绕组匝数为 $N_1$，其绕组匝数较多，与被测电路进行并联；电压互感器的二次绕组匝数为 $N_2$，其绕组匝

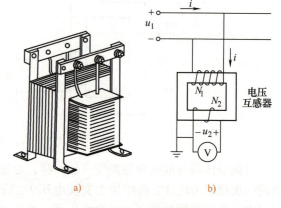

图 2-23 电压互感器

a) 外形  b) 电路原理

数较少，与电压表进行并联。其电压比为

$$K_{\mathrm{u}} = \frac{U_1}{U_2} = \frac{N_1}{N_2} \tag{2-22}$$

电压比一般标在电压互感器的铭牌上，只要读出电压互感器二次侧电压表的读数 $U_2$，则被测电压为

$$U_1 = K_{\mathrm{u}} U_2 \tag{2-23}$$

通常电压互感器二次绕组的额定电压均选用为 100V。为读数方便起见，仪表按一次绕组额定值刻度，这样可直接读出被测电压值。电压互感器的额定电压等级有 6000V/100V、10000V/100V 等。

使用电压互感器时必须注意以下事项：

1）电压互感器的二次绕组在使用时绝不允许短路。如二次绕组短路，将产生很大的短路电流，导致电压互感器烧坏。

2）为保证操作人员的安全，电压互感器的铁心和二次绕组的一端必须可靠接地。

3）电压互感器具有一定的额定容量，在使用时，二次侧不宜接入过多的仪表，否则超过电压互感器的额定值，使电压互感器内部阻抗压降增大，影响测量的精确度。

### 2.5.3 电流互感器

电流互感器也属于仪器用互感器的范畴，同样用来与仪表和继电器等低压电器组成二次回路，对一次回路进行测量、控制、调节和保护。在电工测量中主要用来按比例变换交流电流。

电流互感器的基本结构与工作原理和单相变压器相类似，如图 2-24 所示。

电流互感器的一次绕组 $N_1$ 串联

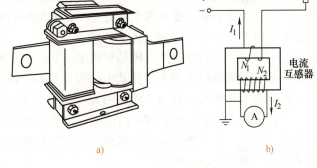

a)                                  b)

图 2-24　电流互感器
a) 外形　b) 电路原理

在被测的交流电路中，导线粗，匝数少；电流互感器的二次绕组 $N_2$ 导线细，匝数多，一般与电流表、电能表或功率表的电流线圈串联构成闭合回路。根据变压器的工作原理可得电流比为

$$K_{\mathrm{i}} = \frac{I_1}{I_2} = \frac{N_2}{N_1} = \frac{1}{K_{\mathrm{u}}} \tag{2-24}$$

电流比一般标在电流互感器的铭牌上，如果测得电流互感器二次绕组的电流表读数 $I_2$，则一次电路的被测电流为

$$I_1 = K_{\mathrm{i}} I_2 \tag{2-25}$$

通常电流互感器二次绕组的额定电流均选用为 5A。当与测量仪表配套使用时，电流表按一次侧的电流值标出，即从电流表上直接读出被测电流值。电流互感器额定电流等级有 100A/5A、500A/5A、2000A/5A 等，读作"一百比五"或读作"一百过五"。

使用电流互感器时，需注意以下事项：

1）电流互感器的二次侧绝不允许开路。因为如果二次侧开路，则电流互感器处于空载运行状态，这时电流互感器一次绕组通过的电流就成为励磁电流，使铁心中的磁通和铁耗猛

增，导致铁心发热烧坏绕组；另外电流互感器产生的很大的磁通将在二次绕组中感应出很高的电压，危及人身安全或破坏绕组绝缘。因此在二次绕组中装卸仪表时，必须先将二次绕组短路。

2）电流互感器的二次侧必须可靠接地，以保证工作人员及设备的安全。

### 2.5.4　电焊变压器

交流弧焊机具有结构简单、使用寿命长、维护方便、效率高、节省电能和材料、焊接时不产生磁偏吹等优点，因此得到广泛应用。交流弧焊机从结构上来看，本质上就是一台特殊的降压变压器，通称为电焊变压器。为了保证电焊的质量和电弧的稳定燃烧，对电焊变压器有如下几点要求：

1）电焊变压器应具有 60～75V 的空载电压，以保证容易起弧，为了操作者的安全，电压一般不超过85V。

2）电焊变压器应具有迅速下降的外特性，以适应电弧特性的要求。

3）为了适应不同的焊件和不同的焊条，要求能够调节焊接电流的大小。

4）短路电流不应过大，一般不超过额定电流的 2 倍，在工作中电流要比较稳定，以免损坏电焊机。

为了满足上述要求，电焊变压器必须具有较大的阻抗，而且可以进行调节。电焊变压器的一、二次绕组一般分装在两个铁心柱上，使绕组的漏抗比较大。改变漏抗的方法很多，常用的有磁分路法和串联可变电抗法两种。

目前国内生产的交流弧焊机品种很多，其结构多种多样，但基本原理大致相同，下面以BX1 系列交流弧焊机为例介绍其基本结构及工作原理。

BX1 系列交流弧焊机为单相磁分路式降压变压器，如图 2-25a 所示。它的中间为动铁心，两边为固定铁心，铁心窗口高而宽，以增大变压器的漏抗。一次侧为筒形绕组线圈装在一个铁心柱上，二次绕组分成两部分，一部分装在一次绕组线圈外面，另一部分兼作电抗线圈装在另一侧固定铁心柱上。

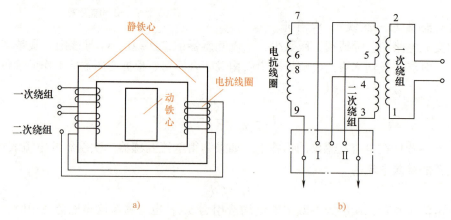

图 2-25　单相磁分路式降压变压器原理示意图

a）结构示意图　b）电路接线图

BX1 系列交流弧焊机电路接线如图 2-25b 所示。交流电焊机空载时，由于无焊接电流通过，电抗线圈不产生电压降，故形成较高的空载电压，便于引弧。焊接时，二次绕组有焊接电流通过，同时在铁心内产生磁通，该磁通经过动铁心又回到二次绕组构成回路，该磁通成为漏磁通，动铁心成为漏磁通的闭合回路。由于铁心磁阻很小，因此漏磁通很大。因漏磁通在二次绕组内感应出一个反电动势，所以电压就下降。短路时，二次电压几乎全部被反电动势抵消，这样就限制了短路电流，获得下降的外特性。

BX1 系列交流弧焊机两侧装有接线板，其中焊机一侧为一次侧接线板，而另一侧为二次侧接线板。焊接电流的调节有粗调和细调两种。粗调是靠更换二次侧接线板的连接片位置，从而改变二次绕组和电抗线圈的匝数来实现的。细调则是通过转动交流电焊机中部的手柄，从而改变动铁心的位置，即改变漏磁分路的大小。当动铁心远离静铁心时，漏磁减小，焊接电流增加；反之，当可动铁心靠近静铁心时，漏磁增大，焊接电流减小。

# 阅读与应用　电力变压器的维护检修及常见故障分析

**1. 变压器的检查与维护**　变压器在运行过程中，需要进行经常性的检查、维护及保养，从而能够及时发现事故苗头，做出相应处理，达到防止出现严重故障的目的。其项目和检修方法如下。

（1）变压器的外部检查

1）变压器油的检查采用目测法，观察变压器储油柜内、充油管内油的高度，观察油的颜色及透明度。正常情况下，油位高度应适中（在标度范围内），油应是透明略带黄色。

2）用耳测法听变压器声音是否正常。正常情况下，声音轻微、平稳，是均匀而轻微的"嗡嗡"声，这是在 50Hz 的交变磁通作用下，铁心和线圈振动造成的。若变压器内有各种缺陷或故障，会引起以下声响：

① 声音增大并比正常时沉重，其对应的是变压器负荷电流大、过负荷的情况。

② 声音中有尖锐声、音调变高，其对应的是电源电压过高、铁心过饱和的情况。

③ 声音增大并有明显杂音，其对应的是铁心未夹紧，片间有振动的情况。

④ 出现爆裂声，其对应的是线圈和铁心绝缘有击穿点的情况。

变压器以外的其他电路故障，如高压跌落式熔断器触头接触不好、无励磁调压开关接头未对正或接触不良等，均会引起变压器声响变化。

3）检查变压器运行温度是否正常。变压器运行中温度升高主要是由器身发热造成的。一般来说，变压器负载越重，线圈中流过的工作电流越大，发热越剧烈，运行温度越高。变压器运行温度升高，使绝缘老化过程加剧，绝缘寿命减少。同时，温度过高也会加速变压器油的老化。

变压器正常工作时，油箱内上层油温不应超过 85℃。运行中，可通过温度计测取上层油温。若小型变压器未设专门的温度计，也可用水银温度计贴在变压器油箱外壳上测温，这时允许温度相应为 75~80℃。

4）检查变压器绝缘套管是否清洁，有无破损或放电烧伤。若发生上述情况，将会使绝缘套管的绝缘强度下降，应及时更换。

5）检查变压器冷却装置运行情况。应无泄漏，压力应符合规定。

6）检查防爆管、吸湿器、接线端子是否正常。检查防爆管隔膜是否完好，有无喷油痕迹；吸湿器中的硅胶是否已达到饱和状态；各接线端子是否紧固，引线和导电杆螺栓是否变色。

防爆管隔膜破裂的原因，若是意外碰撞所致，则更换新膜即可；若有喷油痕迹，说明发生了严重内部故障，应停运检修。硅胶呈红色，说明它已吸湿饱和失效，需要更换新硅胶。线头接点变色，是接线头松动，接触电阻增大造成发热的结果，应停电后重新加以紧固。

7）气体继电器不动作。应定期检查、测试及整定气体继电器，保证性能正常、工作可靠。

8）检查外壳接地线是否牢靠、完好。要保证其外壳接地良好（接地电阻值一般应为4Ω以下）。

（2）变压器的负荷检查

1）观察和记录负荷，检查是否超负荷。

2）观察变压器三相电流，检查是否平衡。

3）测量和记录变压器的运行电压。如果电源电压长期过高或过低，应对变压器进行检修，调整其分接开关（同时检测直流电阻）直至正常。

（3）变压器的保养

1）检查变压器运行环境，要求防雨、通风、清洁。

2）清扫瓷套管及有关附属设备。

3）检查母线连接情况，保证连接紧密。

4）用兆欧（绝缘电阻）表测量绕组的绝缘电阻，用接地测试仪测量电力变压器外壳的接地电阻，并记录测量值。

**2. 变压器的常见故障分析**　变压器在长期运行中会由于各种原因，出现各种故障，因此，就要求维修人员必须能够依据故障现象、运行状况，分析故障原因，诊断故障所在，并妥善处理。

（1）绕组匝间短路和对地击穿

1）故障现象。发生该故障时，油温会急剧上升，电源侧电流增大，伴有"噼啪"的放电声。

2）诊断检查。用电桥测量各相支路电阻，如有明显差异，可判断为匝间短路。稍后吊出铁心，在绕组上施加额定电压做空载试验。如短路线圈发热、冒烟，并且损坏处显著扩大，据此可找出击穿点或短路点。

3）处理。一般对地短路绕组所采用的修复方法是，损坏严重者可更换绕组，对地击穿可更换绝缘，必要时要过滤、净化变压器油，烘干铁心。

（2）油质显著变化：油质发生变化，其绝缘强度将降低，会引起绕组故障。油色显著变化是其重要特征。对变压器油质的检查，可通过观察油的颜色来进行。首先取油样鉴别其颜色，新油为浅黄色，透明且带蓝紫色的荧光。变压器油无气味或略带煤烟味。如有烧焦味，则说明油在干燥时过热；如有酸味，则说明油严重老化；如有乙炔味，则说明变压器油内有过电弧发生。一般情况下只要过滤、净化即可，但对油质严重变差者，则要更换新油。

（3）继电保护动作：继电保护动作，一般来说是变压器内部故障，具体判断方法如下所述：当继电器保护动作时，首先检查其外部是否有异常现象，然后检查气体继电器中气体的性质。如果其中气体不可燃、无色、无味，混合气体中主要是惰性气体，氧气含量大于16%，油的闪点没有降低，则说明空气进入了继电器，变压器可继续运行；如果气体可燃，则说明变压器内部有故障；气体呈黄色而不易燃，CO（一氧化碳）含量大于2%，则为木质绝缘损坏；气体呈灰色和黑色且易燃，氧气含量在30%以下，有焦味且闪点降低，则说明发生过闪络故障；气体呈浅灰色，带强烈臭味且可燃，则说明是纸或纸板绝缘损坏。

（4）分接开关故障：当油箱上出现"吱吱"的放电声，电流表随响声摆动，而气体继电器动作，则可以初步断定分接开关出现了故障。这时应取油样进行气相色谱分析。

当鉴定分接开关发生故障时，进一步用电桥测各相电流电阻，检查分接开关触头接触是否良好。如果判断为触头接触不良，切换分接位置，同时测量电路电阻，直到符合要求；如果分接开关严重烧蚀或损坏，就必须更换。

处理故障注意事项：

1）为防止开关故障，在切换时必须测量各分接头的直流电阻。切换分接头时，要按照分接开关指示器正确位置，并且将其手柄转动 10 次以上，消除氧化膜和油垢，再调整到新的位置。

2）气相色谱分析，就是从几种气体在变压器油内的含量变化来判断变压器的内部故障。当裸金属过热时，氢、烃类含量急剧增加，而 $CO$、$CO_2$ 含量变化不大；当固定绝缘物（如木质、纸、纸板）过热时，$CO$、$CO_2$ 含量剧增；当匝间短路或铁心多点对地击穿等放电性故障发生时，除了氢、烃类气体含量增加外，乙炔含量大量增加。

（5）变压器渗油：变压器渗漏油，常见于螺纹联接密封部位渗漏和焊接焊缝渗油漏油两种。常见的具体部位有箱盖瓷套管处、箱沿耐油密封胶条处、吊环根部、油管端部、箱盖和箱壁与储油柜焊缝处等。

螺纹联接密封渗漏多由密封垫或耐油胶条安装不当或老化所致。其解决方法是重新调整和更换密封垫或耐油胶条。密封垫的材料选用丁腈橡胶。焊接渗漏则需要补焊。

处理故障注意事项：

1）更换密封垫或耐油胶条之前，先用干净白布擦净胶条周围或附近表面，以防尘污落入变压器油内，并切断油路或把油放至其平面以下。更换时，要对正位置，修平啮合面。

2）焊缝的补焊必须在无油情况下进行。钢板厚度在 2mm 及以下时用气焊法补焊，大于 2mm 时采用电焊法补焊。

## !!!! 实验与实训

## 2.6　单相变压器的简单测试

### 1. 目的要求

1）掌握变压器绕组同名端的判定方法。

2）学习测量变压器的电压比和电流比。

2. 设备与器材　本实训所需设备、器材见表 2-2。

表 2-2　实训所需设备、器材

| 序号 | 名　称 | D 符　号 | 规　格 | 数量 | 备　注 |
|---|---|---|---|---|---|
| 1 | 单相双绕组变压器 | T | 220V/36V　100V·A | 1 | |
| 2 | 单相调压器 | | 0~250V | 1 | |
| 3 | 交流电压表（或万用表） | | 0~250V | 1 | 表中所列设备、器材的型号规格仅供参考，各校可根据实际情况自定 |
| 4 | 交流电流表 | A1 | 0~1A | 1 | |
| 5 | 交流电流表 | A2 | 0~5A | 1 | |
| 6 | 灯泡 | | 36V　50W | 2 | |
| 7 | 开关 | S | 250V　5A | 2 | |
| 8 | 导线 | | | 若干 | |
| 9 | 常用电工工具 | | | 若干 | |

### 3. 实训内容与步骤

（1）同名端的判定（交流法）：交流法判定变压器同名端的实训电路如图 2-26 所示。

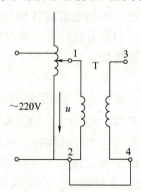

图 2-26　变压器同名端判定实训电路

1）按图接线，检查无误后，接通电源，缓慢调节调压器使变压器一次电压 $U_{12}$ 约为 $0.5U_{1N}$。

2）用交流电压表分别测量 $U_{12}$、$U_{34}$、$U_{13}$ 并记录于表 2-3 中。

表 2-3　同名端判定测量数据　（单位：V）

| 项目 | $U_{12}$ | $U_{34}$ | $U_{13}$ | 同名端 |
|---|---|---|---|---|
| 测量值 | | | | |

3）根据测量数据判定出同名端，如果 $U_{13} = U_{12} + U_{34}$，1 和 4 为同名端；如果 $U_{13} = U_{12} - U_{34}$，1 和 3 为同名端。

（2）电压比与电流比的测试：实训电路如图 2-27 所示。

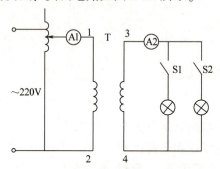

图 2-27　电压比、电流比实训电路

1）按图接线，检查无误后，接通电源，缓慢调节调压器使变压器一次电压 $U_{12} = U_{1N}$。

2）使开关 S1、S2 处于断开状态（变压器空载状态），用交流电压表分别测量 $U_{12}$、$U_{34}$ 并计算出电压比 $U_{12}/U_{34}$，记录于表 2-4 中。

3）分别测量在开关 S1、S2 均处于断开，S1 闭合、S2 断开，S1、S2 均闭合三种情况下的一、二次电流 $I_1$、$I_2$。并计算出电流比 $I_1/I_2$，记录于表 2-5 中。

表 2-4　电压比测量数据　（单位：V）

| 项目 | $U_{12}$ | $U_{34}$ | 电压比 $U_{12}/U_{34}$ |
|---|---|---|---|
| 测量值 | | | |

表 2-5　电流比测量数据　　　　　　　　　（单位：mA）

| 项目 | | $I_1$ | $I_2$ | 电流比 $I_1/I_2$ |
|---|---|---|---|---|
| 测量值 | S1、S2 均断开 | | | |
| | S1 闭合、S2 断开 | | | |
| | S1、S2 均闭合 | | | |

#### 4. 实训分析

1）说明交流法判定变压器同名端的原理。

2）比较电流比三种情况下的差异，并说明其原因。

## 学习小结

本学习领域介绍了变压器的基本结构、工作原理、工作特性以及其他特殊用途的变压器等，主要内容是：

（1）变压器作为一种静止的电气设备，主要由铁心和绕组两部分组成。铁心构成变压器的磁路部分，绕组构成变压器的电路部分。铁心主要由铁心柱和铁轭两部分组成，要求导磁性能要好，损耗要尽量小。根据高、低压绕组的相对位置，绕组可分为同心式和交叠式两种类型。要求变压器绝缘性能要好，漏抗小、机械强度高。

（2）变压器的铭牌数据是安全、正确使用变压器的主要依据。铭牌数据主要有：额定容量、额定电压、额定电流、额定效率、使用条件、允许温升、绕组连接方式等。

（3）变压器空载运行时，一次绕组流过的电流为空载电流，一般都很小，仅为其额定电流的3% ~8%。负载运行时，二次绕组产生电流，同时一次绕组的电流在空载电流基础上相应增大。二次绕组电流增大，则一次绕组电流随之增大。

（4）变压器在运行时可实现电压变换、电流变换和阻抗变换。

1）一、二次绕组电压比为 $K_u = \dfrac{U_1}{U_2} = \dfrac{E_1}{E_2} = \dfrac{N_1}{N_2}$

2）一、二次绕组电流比为 $K_i = \dfrac{I_1}{I_2} = \dfrac{N_2}{N_1} = \dfrac{1}{K_u}$

3）一、二次绕组阻抗比为 $K_u^2 = \dfrac{Z_1}{Z_2} = \left(\dfrac{N_1}{N_2}\right)^2$

（5）变压器的外特性主要用来描述变压器二次端电压随负载电流变化的规律，其特性曲线下降的程度可用电压调整率 $\Delta U$ 来描述，即

$$\Delta U = \frac{U_{2N} - U_2}{U_{2N}} \times 100\%$$

$\Delta U$ 越小，表明变压器输出电压越稳定。因此要求变压器的 $\Delta U$ 越小越好。常用的电力变压器从空载到满载，电压调整率约为3% ~5%。

（6）变压器的损耗包括铜损耗和铁损耗。变压器的效率为

$$\eta = \frac{P_2}{P_1} \times 100\% = \frac{P_2}{P_2 + \Delta P_{损耗}} \times 100\%$$

当变压器的可变损耗等于不变损耗时，效率最高。

（7）三相变压器可分为三相变压器组和三相心式变压器两大类。三相心式变压器用料省，效率高，价格便宜，维护方便。三相变压器组可降低备用容量，运输方便。

（8）三相变压器的绕组连接主要有星形和三角形两种方法，根据变压器一、二次绕组线电压的相位关系，常用的三相电力变压器的联结组标号主要有 Yyn0、Yd11、YNd11、YNy0和 Yy0 5 种。

（9）自耦变压器一、二次绕组之间不仅有磁的耦合，还有电的直接联系，其输出功率一部分是通过电磁感应原理从一次绕组传递到二次绕组，而另一部分功率则通过电路直接从一次侧传递到自耦变压器的二次侧，这是普通双绕组变压器所不具备的。自耦变压器具有一系列优点：用料省、损耗小、体积小、效率高等。

（10）电压互感器和电流互感器同属于仪器用互感器的范畴。在电工测量中，分别用来测量电压和电流。使用时，电压互感器二次绕组绝不允许短路，而电流互感器二次侧绝不允许开路。

（11）电焊变压器属于特殊的降压变压器。为保证电焊的质量要求，其必须具有较大的阻抗，且可以调节。常用改变漏抗的方法有磁分路法和串联可变电抗法。

## ◆◆ 思考题与习题

1. 试叙述变压器的主要用途。可分为哪些类别？

2. 变压器主要由哪几部分组成？各部分的作用是什么？

3. 为什么要标志变压器的铭牌数据？其主要参数有哪些？

4. 变压器一次绕组的电阻一般很小，为什么在一次绕组上加上额定的交流电压，线圈不会烧坏？若在一次绕组上加上与交流电压数值相同的直流电压，会产生什么后果？这时二次绕组有无电压输出？

5. 单相变压器空载运行与负载运行的主要区别是什么？

6. 额定电压为 380V/220V 的单相变压器，如果不慎将低压端接到 380V 的交流电压上，会产生什么后果？

7. 一台单相变压器 $U_1 = 380V$，$I_1 = 0.368A$，$N_1 = 1000$ 匝，$N_2 = 100$ 匝，试求变压器二次绕组的输出电压 $U_2$、输出电流 $I_2$、电压比 $K_u$、电流比 $K_i$。

8. 一台单相降压变压器，其一次电压 $U_1 = 3000V$，二次电压 $U_2 = 220V$。如果二次侧接用一台 $P = 25kW$ 的电阻炉，试求变压器一次绕组电流 $I_1$、二次绕组电流 $I_2$。

9. 某晶体管收音机的输出变压器，其一次绕组匝数 $N_1 = 240$ 匝，二次绕组匝数 $N_2 = 60$ 匝，原配接有音圈阻抗为 $4\Omega$ 的电动式扬声器。现要改接 $16\Omega$ 的扬声器，二次绕组匝数如何变化？

10. 什么是变压器的外特性？一般希望变压器的外特性曲线呈什么形状？

11. 什么是变压器的电压调整率？对变压器的电压调整率有什么要求？

12. 某一台单相降压变压器，额定容量 $S_2 = 50kV \cdot A$，额定电压 $U_{1N} = 10000V$，$U_{2N} = 230V$。当此变压器向 $R = 0.824\Omega$，$X_L = 0.618\Omega$ 的负载供电时正好满载。求变压器一次、二次绕组中的额定电流 $I_{1N}$、$I_{2N}$ 和电压调整率 $\Delta U$。

13. 为什么变压器的铜损耗又称为可变损耗，铁损耗又称为不变损耗？

14. 什么是变压器的效率？其变化规律是什么？

15. 一台单相变压器 $S_N = 50kV \cdot A$，$U_1 = 10kV$，$U_2 = 0.4kV$，不计损耗，求 $I_1$ 及 $I_2$。若该变压器的实际效率为 98%，在 $U_1$ 和 $U_2$ 保持不变的情况下，实际的 $I_1$ 将比前面计算得到的数值大还是小？为什么？

16. 试叙述三相变压器组和三相心式变压器的组成。各自具有哪些基本特征？

17. 什么是变压器绕组的同名端？变压器同名端的测定方法有哪些？

18. 三相变压器绕组的联结方法有哪几种？如何判定三相变压器绕组的联结组标号？常用的联结组标号有哪些？

19. 试叙述自耦变压器的工作原理，自耦变压器具有哪些基本特征？

20. 在一台容量为 15kV·A 的自耦变压器中，已知 $U_1 = 220V$，$N_1 = 150$ 匝。如果要使输出电压 $U_2 = 210V$，应该在绕组的什么地方有抽头？满载时 $I_1$ 和 $I_2$ 各是多少？此时一、二次绕组公共部分的电流是多少？

21. 电压互感器的作用是什么？使用电压互感器时应注意哪些事项？

22. 电焊变压器改变漏抗的方法有哪些？为保证电焊的质量和电弧的稳定燃烧，对电焊变压器有哪些要求？

23. 试叙述 BX1 系列交流弧焊机的基本结构与工作原理。

# 学习领域3

# 交流电动机

学习目标 ▶▶

1) 知识目标：

▲掌握三相交流异步电动机的结构。

▲理解三相交流异步电动机的工作原理及其铭牌数据。

▲掌握三相交流异步电动机的运行特性。

▲掌握三相交流异步电动机起动、调速、制动的方法，理解其原理。

▲了解电力拖动系统运动状态。

▲掌握单相交流异步电动机的结构、工作原理、使用与维护方法。

▲了解同步电机的结构及工作原理。

2) 能力目标：

▲能够根据生产要求，正确选择相应异步电动机。

▲能够进行铭牌识别，对三相绕组同极性端进行判定。

▲能够对三相异步电动机绕组进行连接。

▲会测量三相异步电动机相关参数。

▲能够对三相、单相交流异步电动机进行维护。

3) 素养目标：

▲激发学习兴趣和探索精神，掌握正确的学习方法。

▲培养学生获取新知识、新技能的学习能力。

▲培养学生的团队合作精神，形成优良的协作能力和动手能力。

▲培养学生的环保意识和安全意识。

知识链接 ▶▶

　　交流电动机在现代各行各业以及日常生活中都有着广泛的应用。交流电动机有三相和单相之分，同步和异步之分。三相交流异步电动机因其结构简单、工作可靠、维护方便、价格便宜等优点，应用更为广泛，目前大部分生产机械，如各种机床、起重设备、农业机械、鼓风机、泵类等均采用三相异步电动机来拖动。本学习领域主要介绍三相异步电动机的结构、工作原理、运行特性、起动、调速、制动和电力拖动过渡过程，以及单相异步电动机和同步电机的基本知识。

## 3.1  三相异步电动机的结构和工作原理

### 3.1.1  三相异步电动机的结构

三相异步电动机由两个基本部分组成：固定部分——定子；转动部分——转子。图3-1为三相异步电动机的结构分解图，其中定子由机座（铸铁或铸钢）、铁心（相互绝缘的硅钢片叠成）和定子绕组三部分组成。转子也是由冲成槽的硅钢片叠成，槽内浇铸有端部相互短接的铝条，形成"笼型"，故称"笼型"转子。还有一种转子是在铁心槽内嵌入三相绕组，并接成星形，通过集电环、电刷与外加电阻接通，即绕线转子，如图3-2所示。绕线转子电动机在起动时接入可变电阻，正常运转时变阻器可转到零位。

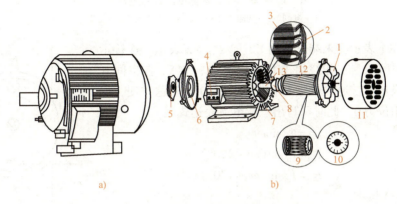

图3-1  三相异步电动机的结构分解图

a）外形  b）内部结构

1—风扇  2—定子绕组  3—定子铁心  4—接线盒  5—轴承盖  6—端盖  7—机座
8—轴承  9—笼型绕组  10—转子铁心  11—罩壳  12—转子  13—转轴

异步电动机只有定子绕组与交流电源连接，转子则是自行闭合的。虽然定子绕组和转子绕组在电路上是相互分开的，但两者却在同一磁路上。

### 3.1.2  旋转磁场

运动的导体切割磁力线会感应电动势（如导体形成闭合回路则有感应电流）；另外，通电流的导体在磁场中受磁场力的作用而运动。应用这两点来分析图3-3所示的情况。笼型转子在磁场N、S两极之间（图中只画出了两根端部短接的铝导体条），当磁极向顺时针方向以$n_1$的转速转动时，铝条中将感应电动势（产生感应电流），可按右手定则判定其方向（注意这里的导体相对于磁场反时针方向运动），N极下的导体电动势方向指出纸面，S极下的导体电动势方向指向纸内，继而在磁场中形成了载流导体，与磁场相互作用，并产生电磁力$F$，可用左手定则判别其磁场力$F$的方向，这就产生了"电磁转矩"，使转子以$n$的速度转动起来。可以看到转子的转向和磁极的转向是一致的。但转速$n$不会等于$n_1$，如果相等，导体与磁场相对速度为零，不再切割磁力线，也就不会产生感应电动势、感应电流和电磁转矩，即$n$永远小于$n_1$，这就是所谓的"异步"。

图3-3中N、S极是"旋转磁极"，而实际上三相异步电动机利用的是"旋转磁场"。下面分别讲述旋转磁场的产生及其转速和转向。

**1. 旋转磁场的产生**  三相异步电动机定子绕组是由三相组成，其各相绕组的首端分别

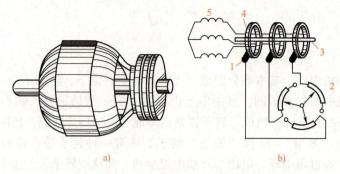

a)                                    b)

图3-2  绕线转子

a) 外形  b) 外接变阻器的等效电路

1—电刷  2—变阻器  3—轴  4—集电环  5—绕组

用 U1、V1、W1 表示，末端分别用 U2、V2、W2 表示，连接示意图如图3-4所示。三相绕组 W1W2、U1U2、V1V2 在空间互差120°，接成星形，通入三相对称电流，为分析问题方便，以 W 相电流初相位为0，此时可写出三相电流表达式

$$i_W = I_m \sin\omega t$$
$$i_U = I_m \sin(\omega t - 120°)$$
$$i_V = I_m \sin(\omega t + 120°)$$

其波形如图3-5所示。

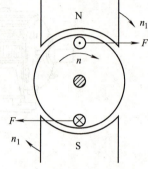

图3-3  异步转动示意图

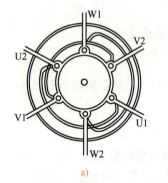 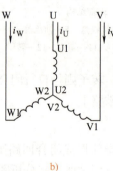

图3-4  三相异步电动机定子绕组连接示意图

a) 内部绕组示意图  b) 接线原理图

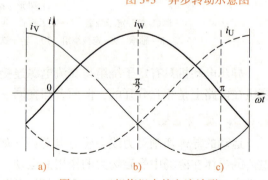

图3-5  三相绕组中的电流波形

a) $\omega t = 0$  b) $\omega t = \dfrac{\pi}{2}$  c) $\omega t = \pi$

绕组中电流的实际方向可由对应瞬时电流的正负来确定。为此，我们规定，当电流为正时，其实际方向从首端流入，从末端流出；当电流为负时，其实际方向从末端流入，从首端流出。凡电流进入端标以⊗，流出端标以⊙。

三相绕组各自通入电流以后，将分别产生它们自己的交变磁场，也同时产生了"合成磁场"。下面选取三个瞬间，观察一下"合成磁场"的情况。

1）当 $\omega t = 0$ 时，$i_W = 0$，绕组 W1W2 中没有电流；$i_U$ 是负值，即 U1U2 绕组内的电流为负值，电流从末端 U2 流入⊗，从首端 U1 流出⊙；$i_V$ 为正值，电流从首端 V1 流入⊗，从末端 V2 流出⊙，如图3-6a所示。根据右手螺旋定则，可以描绘出此时的合成磁场，方向指向下方，即定子上方为 N 极，下方为 S 极。可见，用这种方式布置绕组，产生的是两极磁场，磁极对数 $p = 1$。

2）当 $\omega t = 90°$ 时，$i_W$ 为正值，电流从首端 W1 流入⊗，从末端 W2 流出⊙；$i_U$ 为负值，电流从末端 U2 流入⊗，从首端 U1 流出⊙，$i_V$ 也是负值，电流从末端 V2 流入⊗，从首端 V1 流出⊙，其合成磁场，如图 3-6b 所示。它按顺时针方向在空间转了 90°。

3）同理可以画出 $\omega t = 180°$ 时的合成磁场，如图 3-6c 所示。它又按顺时针方向在空间转了 90°。

由上述分析不难看出，对于图 3-6 所示定子绕组，通入三相对称电流后，将产生磁极对数 $p = 1$ 的旋转磁场，且交流电若变化一个周期（360°电角），合成磁场也将在空间旋转一周（360°空间角）。图中只画 180°，如果画完一个周期，合成磁场将再旋转半周。

旋转磁场的磁极对数 $p$ 与定子绕组的布置有关，图 3-6 每相只有一个线圈，彼此在空间互差 120°，产生的旋转磁场只有一对磁极。如果每相绕组是由两个串联的线圈组成，即如图 3-7 所示，W1W2 与 W1′W2′串联。首端为 W1，末端为 W2′；U1U2 与 U1′U2′串联，首端为 U1，末端为 U2′；V1V2 与 V1′V2′串联，首端为 V1，末

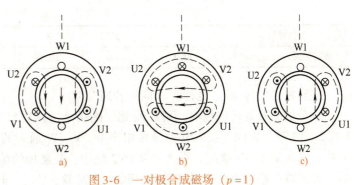

图 3-6 一对极合成磁场（$p = 1$）

a）$\omega t = 0$  b）$\omega t = \dfrac{\pi}{2}$  c）$\omega t = \pi$

端为 V2′。这时的定子铁心至少要有 12 个槽，每相绕组占 4 个槽，每相中两个相隔 180°角的线圈串联组成一相。当三相对称交流电流通过这些线圈时，对照图 3-5 电流波形，仍选取三个瞬间，利用前述分析方法，便可得出图 3-7 所示的 4 极磁场的分布情况。

例如，当 $\omega t = 0$ 时，$i_W = 0$，$i_U < 0$，$i_V > 0$，此时 W1W2—W1′W2′绕组内无电流，U1U2—U1′U2′绕组内的电流从 U2′流入、从 U1′流出，再从 U2 流入，从 U1 流出；V1V2—V1′V2′绕组内的电流从 V1 流入、从 V2 流出，再从 V1′流入、V2′流出。这时按右手螺旋定则判别合成磁场，可以看出是 4 个磁极，即磁极对数 $p = 2$，如图 3-7a 所示。

当 $\omega t = 90°$，$\omega t = 180°$ 时，可画出与之对应的图 3-7b、c。请思考，与图 3-6（$p = 1$）时相比，磁极转过的空间角有何不同？

**2. 旋转磁场的转速与转向**  根据上述分析，电流变化一周时，两极（$p = 1$）的旋转磁场在空间旋转一周，若电流的频率为 $f_1$，即电流每秒变化 $f_1$ 周，旋转磁场的转速也为 $f_1$。通常转

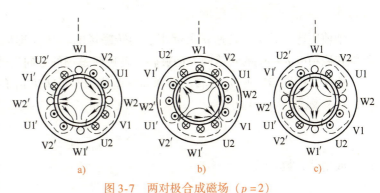

图 3-7 两对极合成磁场（$p = 2$）

a）$\omega t = 0$  b）$\omega t = \dfrac{\pi}{2}$  c）$\omega t = \pi$

速是以每分钟的转数来计算的，若以 $n_1$ 表示旋转磁场的转速（r/min），则

$$n_1 = 60f_1$$

对于四极（$p = 2$）旋转磁场，电流变化一周，合成磁场在空间只旋转了 180°（半周），故

$$n_1 = 60f_1/2$$

由上述二式可以推广到具有 $p$ 对磁极的异步电动机，其旋转磁场的转速（r/min）为

$$n_1 = \frac{60f_1}{p} \tag{3-1}$$

由此可见，旋转磁场的转速 $n_1$ 决定于电流的频率 $f_1$ 和电动机磁极对数 $p$。我国的电源标准频率为 $f_1 = 50\text{Hz}$，因此不同磁极对数的电动机所对应的旋转磁场转速也不同，见表 3-1。

表 3-1　磁极对数与磁场转速

| 磁极对数 $p$ | 1 | 2 | 3 | 4 | 5 | 6 |
|---|---|---|---|---|---|---|
| 磁场转速 $n_1/\text{r} \cdot \text{min}^{-1}$ | 3000 | 1500 | 1000 | 750 | 600 | 500 |

旋转磁场的转速 $n_1$ 也称为"同步转速"。

在分析两极旋转磁场时，可以看到，磁场是按顺时针方向旋转的，这是因为三相绕组 U1U2、V1V2、W1W2 接入电源是按相序 U、V、W 通入的，即 U1U2 绕组的电流先达到最大值，其次是 V1V2 绕组，再次是 W1W2 绕组，故磁场的旋转方向与通入的三相电流相序一致。如果将三根电源线中任意两根对调（例如 W、U），即图中 W1W2 绕组通入 U 相电流，U1U2 绕组通入 W 相电流，磁场将会逆时针方向旋转，读者可自己绘图证明。

### 3.1.3　转动原理

如图 3-8 所示，当定子绕组接通对称三相电源后，绕组中便有三相电流通过，在空间产生了旋转磁场。

旋转磁场切割转子上的导体产生感应电动势和电流，此电流又与旋转磁场相互作用产生电磁转矩，使转子跟随旋转磁场同向转动，其原理与图 3-3 所示的情况相同，即旋转磁场代替了旋转磁极。由于转子中的电流和所受的电磁力都是由电磁感应产生，所以也称为感应电动机。

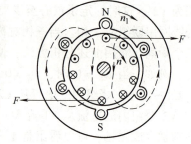

图 3-8　异步电动机转动原理

### 3.1.4　运行过程与转差率

如前所述，转子的转速 $n$ 永远小于旋转磁场的转速（即同步转速）$n_1$，转子总是紧跟着旋转磁场以 $n < n_1$ 的转速同方向旋转。若旋转磁场的方向反转，转子也将反向转动。

通常，把同步转速 $n_1$ 与转子转速 $n$ 的差值和同步转速 $n_1$ 的比值称为异步电动机的转差率，用 $s$ 表示，即

$$s = \frac{n_1 - n}{n_1}$$

或用百分数表示

$$s = \frac{n_1 - n}{n_1} \times 100\% \tag{3-2}$$

转差率 $s$ 是描述异步电动机运行情况的一个重要物理量。在电动机起动瞬间，$n = 0$，这

时 $s=1$。理论上看，若转子以同步转速旋转（$n=n_1$），则 $s=0$。由此可见，转差率 $s$ 的变化范围为 0~1，随着转子转速的增高，转差率变小。电动机在额定状况运行时，一般转差率 $s=0.02~0.06$，用百分数表示则为 $s=2\%~6\%$。

当转子产生的电磁转矩 $T_e$ 与电动机轴上所带的机械负载转矩 $T_L$ 相等时，转子就以等速运转；如 $T_e>T_L$ 时，转子则加速；当 $T_e<T_L$ 时，转子则减速。

电动机在空载时，轴上的负载转矩是由轴与轴承之间摩擦及旋转部分受到的风阻力等所产生，其值极小，因而此时转子产生的电磁转矩也很小，但其转速较高，接近于同步转速。

如把电动机的负载增大（即加大转子轴上的负载转矩），则在开始增大的一瞬间，转子所产生电磁转矩小于轴上的负载转矩，因而转子减速。但定子的电流频率 $f_1$ 和极对数 $p$ 通常均为定值，故旋转磁场的同步转速不变。随着转子转速的逐步下降，转子与旋转磁场的同步速差逐渐增大，于是，转子导线中的感应电动势和电流及其产生的电磁转矩也就随之增大，最后当 $T_e=T_L$ 时，转子就不再减速，而是在较低的转速下又作等速运转。

如把电动机的负载减少，则转子的转速便上升，其过程与上述情况相反。电动机在空载时，其转速较高，接近于同步转速。由于异步电动机的定子与转子之间有较大的空气隙，故其空载电流 $I_0$ 约为电动机定子绕组额定电流（即转子轴上满载时的定子电流）$I_N$ 的 20%~40%。

## 3.1.5　三相异步电动机铭牌

在异步电动机的机座上都装有一块铭牌，如图3-9所示。铭牌上标出了该电动机的一些数据。要正确使用电动机，必须看懂铭牌。下面以 Y112M—4 型电动机为例来说明铭牌数据的含义。

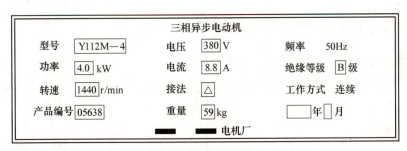

图3-9　三相异步电动机的铭牌

Y系列电动机是我国20世纪80年代设计的封闭型笼型三相异步电动机，这一系列的电动机高效、节能、起动转矩大、振动小、噪声低、运行安全可靠，适用于对起动和调速等无特殊要求的一般生产机械，如切削机床、鼓风机、水泵等。

1）型号：

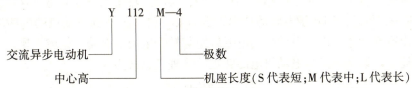

2）额定频率：指加在电动机定子绕组上的允许频率，国产异步电动机的额定频率为50Hz。

3）额定电压：指定子三相绕组规定应加的线电压值，一般应为380V。

4）额定功率：电动机在额定转速下长期持续工作时，电动机不过热，轴上所能输出的机械功率。根据电动机额定功率，可求出电动机的额定转矩为

$$T_N = 9550 \frac{P_N}{n_N} \qquad (3\text{-}3)$$

式中　$T_N$——额定转矩（N·m）；

　　　$P_N$——额定功率（kW）；

　　　$n_N$——额定转速（r/min）。

5）额定电流：当电动机轴上输出额定功率时，定子电路取用的线电流。

6）额定转速：指电动机在额定负载时的转子转速。

7）绝缘等级：指电动机定子绕组所用的绝缘材料的等级。绝缘材料按耐热性能可分为7个等级，见表3-2。采用哪种绝缘等级的材料，决定于电动机的最高允许温度，如环境温度规定为40℃，电动机的温升为90℃，则最高允许温度为130℃，这就需要采用B级的绝缘材料。国产电机使用的绝缘材料等级一般为B、F、H、C这4个等级。

表3-2　绝缘材料耐热性能等级

| 绝缘等级 | Y | A | E | B | F | H | C |
|---|---|---|---|---|---|---|---|
| 最高允许温度/℃ | 90 | 105 | 120 | 130 | 155 | 180 | >180 |

三相异步电动机定子三相绕组一般有6个引出端U1、U2、V1、V2、W1和W2。它们与机座上接线盒内的接线柱相连，根据需要可接成星形（Y）或三角形（△），如图3-10所示。也可将6个接线端接入控制电路中，实行星形与三角形的换接。

## 3.2　三相异步电动机的运行特性

三相异步电动机的运行特性主要是指三相异步电动机在运行时电动机的功率、转矩、转速相互之间的关系。

### 3.2.1　电磁转矩

从异步电动机的工作原理知道，异步电动机的电磁转矩是由于具有转子电流 $I_2$ 的转子绕组在磁场中受力而产生的，因此，电磁转矩的大小与转子电流 $I_2$ 和反映磁场强度的每极磁通 $\Phi$ 成正比。此外，我们在

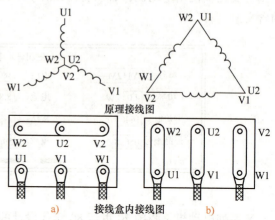

原理接线图

接线盒内接线图

图3-10　三相笼型异步电动机的接线

a）星形联结　b）三角形联结

讨论工作原理时，曾忽略了转子电路的感抗作用，实际上转子电路是有感抗存在的，因此 $I_2$ 和 $E_2$ 之间有一相位差，即转子电路的功率因数 $\cos\varphi_2 < 1$。考虑到电动机的电磁转矩对外做机械功，输出有功功率，因此电动机的电磁转矩与转子电流的有功分量成正比。

综上所述，可以得到异步电动机电磁转矩的物理表达式为

$$T_e = K_T \Phi I_2 \cos\varphi_2 \qquad (3\text{-}4)$$

式中　$K_T$——异步电动机的转矩常数，它与电动机本身结构有关。

电磁转矩物理表达式没有反映电磁转矩的一些外部条件，如电源电压 $U_1$、转子转速 $n_2$

以及转子电路参数之间的关系，对使用者来说，应用上式不够方便。为了直接反映这些因素对电磁转矩的影响，需要对上式进一步推导（过程略），最后得出

$$T_e = K_T' U_1^2 \frac{sR_2}{R_2^2 + (sX_{20})^2} \tag{3-5}$$

上式具体显示了电磁转矩与外加电压 $U_1$、转差率 $s$ 以及与转子绕组的电阻 $R_2$ 和漏感抗 $X_{20}$ 之间的关系。

如前所述，若定子电路的外加电压 $U_1$ 及其频率 $f_1$ 为定值，则 $R_2$ 和 $X_{20}$ 均为常数，因此，电磁转矩仅随转差率 $s$ 而改变。把不同的 $s$ 值（$0 \sim 1$ 之间）代入式(3-5) 中，便可绘出转矩特性曲线，如图 3-11 所示。转矩特性曲线又称 $T_e$—$s$ 曲线。

从 $T_e$—$s$ 曲线可以看出，当 $s=1$ 时（即起动时），转子和旋转磁场之间的相对运动虽然为最大，但电动机的电磁转矩并不是最大。这是因为，起动时虽然转子中感应电流 $I_2$ 为最大，但 $\cos\varphi_2$ 却很小，它们的乘积 $I_2\cos\varphi_2$ 不是很大，所以这时的电磁转矩不大。

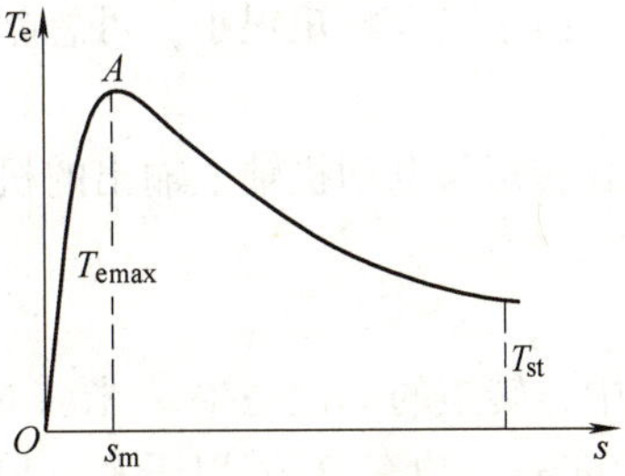

异步电动机的最大转矩以及最大转矩的转差率 $s_m$，可用数学求最大值的方法（略）求得

$$s_m = \frac{R_2}{X_{20}} \tag{3-6}$$

图 3-11 转矩特性曲线

由此可知，当转子绕组的漏感抗 $X_{20}$ 等于转子绕组的电阻 $R_2$ 时，异步电动机所产生的电磁转矩达到最大值。

由于笼型电动机转子绕组电阻 $R_2$ 很小，故 $s_m$ 很小，因此转矩曲线的 $OA$ 段是很陡的。对于绕线转子电动机，如果它的转子电路不接外加电阻而自行闭合，则其电阻也是较小的，故 $s_m$ 也不大。所以就一般而言异步电动机 $s_m$ 大约在 0.04（大型电动机）~ 0.2（小型电动机）之间。

把式(3-6) 的最大转差率代入式(3-5) 可得最大电磁转矩为

$$T_{emax} = K_T' \frac{U_1^2}{2X_{20}} \tag{3-7}$$

由上式可知，异步电动机产生的最大电磁转矩 $T_{emax}$ 和转子绕组电阻 $R_2$ 的大小无关，但 $s_m$ 随 $R_2$ 增大也增大，转矩曲线向右偏移；反之则向左偏移，如图 3-12 所示。利用这一原理，对绕线转子电动机可调其外接电阻进行电动机的调速。

在电动机起动时，$n=0$、$s=1$，由式(3-5) 可得起动转矩为

$$T_{st} = K_T' \frac{R_2 U_1^2}{R_2^2 + X_{20}^2} \tag{3-8}$$

由式(3-8) 可以看出，随着转子绕组中电阻 $R_2$ 的增加，起动转矩 $T_{st}$ 也逐渐增加。当 $R_2 = X_{20}$ 时，$s=s_m=1$，可使最大转矩在起动时出现，这一点在生产上具有实际意义。绕线转子电动机在转子电路中，串入适当的起动电阻，不仅可使转子电流 $I_2$ 减小，而且可使起动转矩增加，这是因为 $R_2$ 增加使功率因数 $\cos\varphi_2$ 增大的缘故。

从式(3-7) 和式(3-8) 还可看出，影响最大转矩 $T_{emax}$ 和起动转矩 $T_{st}$ 的最突出因素是电源电压 $U_1$，它们都与 $U_1$ 的二次方成正比。当电源电压降到额定电压的 70% 时，则转矩只有额定时的 49%。过低的电压会使电动机起动不起来。在运行过程中若电压下降很多，有

可能使电磁转矩低于负载转矩，造成转子转速下降甚至被迫停转。不论转速下降还是停转，都会引起电动机电流增大，以致超过额定电流，如不及时切断电源，电动机就会有烧毁的危险，在使用中必须重视。

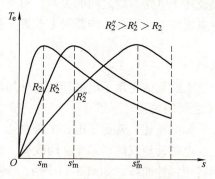

图 3-12　不同 $R_2$ 时的转矩特性曲线

### 3.2.2　转矩与功率的关系

电动机稳定运行时，其电磁转矩 $T_e$ 必须与阻转矩 $T_C$ 相平衡，即

$$T_e = T_C$$

阻转矩主要是机械负载转矩 $T_L$，还有空载损耗转矩 $T_0$，由于空载转矩很小，可忽略不计，故

$$T_e = T_L + T_0 \approx T_L$$

负载转矩与电动机轴上输出的机械功率 $P_2$ 及电动机的转速 $n$ 有关，即

$$T_e \approx T_L = \frac{P_2}{2\pi n/60}$$

式中，转矩的单位是牛·米（N·m）；功率的单位是瓦（W）；转速的单位是转/每分钟（r/min）。功率 $P_2$ 若以千瓦（kW）为单位，则得出常用公式为

$$T_e = 9550 \frac{P_2}{n} \tag{3-9}$$

电动机铭牌上给出的额定输出功率和额定转速，应用式（3-9）便可算出它的额定转矩。

**例 3-1**　一台三相异步电动机，定子绕组接到频率 $f_1 = 50\text{Hz}$ 的三相对称电源上，已知它在额定转速 $n_N = 960\text{r/min}$ 下运行，求：

1）该电动机的磁极对数 $p$ 为多少？

2）额定转差率是多少？

**解**　1）求磁极对数。

由于异步电动机的额定转差率很小，可根据额定转速（960r/min）来估算旋转磁场的同步转速 $n_1 = 1000\text{r/min}$，于是可以计算磁极对数为

$$p = \frac{60 f_1}{n_1} = \frac{60 \times 50}{1000} = 3$$

2）求额定转差率。

$$s_N = \frac{n_1 - n_N}{n_1} \times 100\% = \frac{1000 - 960}{1000} \times 100\% = 4\%$$

**例 3-2**　某三相异步电动机，由铭牌上知 $U_N = 380\text{V}$，$P_N = 45\text{kW}$，$n_N = 1480\text{r/min}$，起动转矩与额定转矩之比 $T_{st}/T_N = 1.9$，试求：

1）额定转差率。

2）起动转矩。

3）如果负载转矩为 510N·m，问在 $U_1 = U_N$ 和 $U_1' = 0.9 U_N$ 两种情况下电动机能否起动？

**解**　1）由额定转速 1480r/min 可推算出同步转速 $n_1 = 1500\text{r/min}$，所以

$$s_N = \frac{n_1 - n_N}{n_1} \times 100\% = \frac{1500 - 1480}{1500} \times 100\% = 1.3\%$$

2）由已知条件可求额定转矩。

$$T_N = 9550 \frac{P_N}{n_N} = 9550 \frac{45}{1480} N \cdot m = 290.4 N \cdot m$$

再计算 $$T_{st} = 1.9 T_N = 1.9 \times 290.4 N \cdot m = 551.8 N \cdot m$$

3）当 $U_1 = U_N$ 时，$T_{st} = 551.8 N \cdot m > 510 N \cdot m$ 可以起动。

当 $U_1 = 0.9 U_N$ 时，$T_{st} = 0.9^2 \times 551.8 = 447 N \cdot m < 510 N \cdot m$，所以不能起动。

### 3.2.3  三相异步电动机机械特性

在电力拖动中，为了便于分析，常把 $T_e$—$s$ 曲线改画成 $n$—$T_e$ 曲线，称为电动机的机械特性，它反映了电动机电磁转矩和转速之间的关系。若把 $T_e$—$s$ 曲线中的横坐标 $s$ 换算成转子的转速 $n$，并按顺时针方向转过 $90°$，即可看到异步电动机的机械特性曲线，如图 3-13 所示。

机械特性曲线分以下两个区段：

（1）$AB$ 区段：在这个区段内，电动机的转速 $n$ 较高，$s$ 值较小。随 $n$ 的减小，$I_2$ 的增加大于 $\cos\varphi_2$ 的减小，因而乘积 $I_2 \cos\varphi_2$ 增加，使电磁转矩随转子转速的下降而增大。

（2）$BC$ 区段：在这个区段内，电动机的转速较低，$s$ 值较大。随着 $n$ 的减小，$I_2$ 的增加小于 $\cos\varphi_2$ 的减小，因而乘积 $I_2 \cos\varphi_2$ 减小，使得电磁转矩随转子转速的下降而减小。

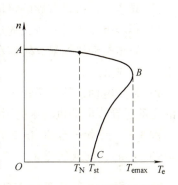

图 3-13　三相异步电动机的机械特性

电动机在接通电源刚被起动的一瞬间，$n = 0$，$s = 1$，此时的转矩称为起动转矩，即图 3-13 中的 $T_{st}$。当起动转矩大于电动机轴上的负载转矩时，转子便旋转起来，并逐渐加速，电动机的电磁转矩沿着 $n$—$T_e$ 曲线的 $C \to B$ 区段上升，经过最大转矩 $T_{emax}$ 后又沿着 $B \to A$ 区段逐渐下降，直至 $T_e$ 等于负载转矩 $T_L$ 时，电动机就以某一转速等速旋转。由此可见，只要异步电动机的起动转矩大于轴上负载转矩，一经起动后，便立即进入机械特性曲线的 $AB$ 区段稳定地运行。

当电动机稳定工作在 $AB$ 区段后，如果负载增大，此时电机的转速将下降，电磁转矩要上升，从而与增加后的负载转矩保持在新的平衡点上。如果负载转矩的增加超过了最大转矩点，电动机的转速将急剧下降，直到 $n = 0$，"停车"为止。因此，电动机的工作区段都是在曲线的 $AB$ 之间，称此段为稳定工作区，而 CB 区段则是不稳定区。

机械特性曲线除包含上述两个区段外，还有三个特殊点，即 $T_{st}$、$T_{emax}$、$T_N$ 三点。$T_N$ 是电动机的额定转矩，它是电动机轴上长期稳定输出转矩的最大允许值。由前面的分析可知，$T_N$ 应小于它的最大转矩 $T_{emax}$，如果把额定转矩设计得很接近最大转矩，则电动机略为过载，便导致停车。为此，要求电动机应具备一定的过载能力。所谓过载能力，就是最大转矩与额定转矩的比值，因此又称电动机的过载系数

$$\lambda_m = \frac{T_{emax}}{T_N} \tag{3-10}$$

过载系数一般取 $\lambda_m = 1.6 \sim 1.8$。

为了反映电动机起动性能，把它的起动转矩与额定转矩之比称为起动能力，即起动系数，用 $\lambda_s$ 表示

$$\lambda_s = \frac{T_{st}}{T_N} \tag{3-11}$$

起动系数一般为 $\lambda_s = 1.1 \sim 1.8$。

如前所述，异步电动机正常运行在特性曲线的 $AB$ 区段，而这一区段几乎是一条稍微向下倾斜的直线，因此，电动机从空载到满载转速下降很少，这样的特性称为 <u>硬特性</u>，一般金属切削机床就需要用这种机械特性"硬"的电动机来拖动。

综合以上分析，可得如下结论：

1）异步电动机具有硬的机械特性，负载的变化在工作区引起的转速变化很小。

2）异步电动机具有较大的过载能力。

3）异步电动机的最大转矩和转子电路中的电阻 $R_2$ 无关，而达到最大转矩时的转差率 $s_m$ 则与 $R_2$ 成正比。

4）异步电动机的电磁转矩与加在定子绕组上电源电压的二次方成正比。因此，电源电压的变动对异步电动机转矩的影响较大。

例 3-3　已知一台 50Hz 三相绕线转子异步电动机，额定功率为 $P_N = 100kW$，额定转速 $n_N = 950r/min$，过载能力 $\lambda_m = 2.4$，求该电动机的额定转矩和最大转矩。

解
$$T_N = 9550\frac{P_N}{n_N} = 9550 \times \frac{100}{950}N \cdot m = 1005.3N \cdot m$$

$$T_{emax} = \lambda_m T_N = 2.4 \times 1005.3N \cdot m = 2412.72N \cdot m$$

## 3.3　三相异步电动机的起动

### 3.3.1　起动性能

电动机接通三相电源后开始起动，转速逐渐增高，一直到达稳定转速为止，这一过程称为起动过程。在生产过程中，电动机经常要起动、停车，其起动性能优劣对生产有很大的影响，所以，要考虑电动机起动性能，选择合适的起动方法至关重要。

异步电动机的起动性能包括起动电流、起动转矩、起动时间、起动设备的经济性和可靠性等，其中最主要的是起动电流和起动转矩。

电动机起动时，转差率 $s = 1$，旋转磁场以最大的相对转速切割绕组。此时转子的感应电动势最大，转子电流也最大，而定子绕组中便跟着出现了很大的起动电流 $I_{st}$，其值约为额定电流 $I_{1N}$ 的 $4 \sim 7$ 倍。

电动机的起动过程是非常短暂的，一般小型电动机的起动时间在 1s 以内，大型电动机的起动时间约为十几秒到几十秒。由于起动过程很短，同时在起动过程中电动机不断地加速，随着 $s$ 的减小，$E_2$、$I_2$ 和 $I_1$ 均随之减小。这表明定子绕组中通过很大的起动电流的时间并不长，如果不是很频繁地起动，则不会使电动机过热而损坏。但过大的起动电流会使电源内部及供电线路上的电压降增大，以致使电网的电压下降，因而影响接在同一线路的其他负载的正常工作，例如，使附近照明灯亮度减弱，使邻近正在工作的异步电动机的转矩减小等。

由此可见，电动机在起动时既要把起动电流限制在一定数值内，同时又要有足够大的起动转矩，以便缩短起动过程，提高生产率。

下面分别来研究笼型异步电动机和绕线转子异步电动机的起动方法。

### 3.3.2 笼型异步电动机的起动

1. 直接起动  直接起动也称全压起动，这种方法是在定子绕组上直接加上额定电压来起动的，其电路如图3-14所示。如果电源的容量足够大，而电动机的额定功率又不太大，则电动机的起动电流在电源内部及供电线路上所引起的电压降较小，对邻近电气设备的影响也较小，此时便可采用直接起动。

一般中小型机床上的电动机，其功率多数在10kW以下，通常都可采用直接起动。

直接起动的优点是设备简单，操作便利，起动过程短，因此只要电网的情况允许，尽量采用直接起动。

2. 减压起动  这种方法是在起动时利用起动设备，使加在电动机定子绕组上的电压 $U_1$ 降低，此时磁通 $\Phi$ 随 $U_1$ 成正比地减小，其转子电动势 $E_2$、转子起动电流 $I_{2st}$ 和定子电路的起动电流 $I_{1st}$ 也随之减小。由于 $T_e \propto U_1^2$，所以在减压起动时，起动转矩也大大降低了。因此，这种方法仅适用于电动机在空载或轻载情况下的起动。

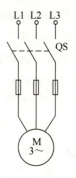

图 3-14  直接起动电路

常用的减压起动方法有下列几种。

（1）定子串接电阻起动：起动电路如图3-15所示。起动时，先合上电源开关 QS1，此时起动电流在电阻 $R$ 上产生电压降，故加到电动机两端的电压减小，使起动电流减小。待转速升高后，再合上开关 QS2，把电阻 $R$ 短接，使电动机在额定电压下工作。由于起动时电路的阻抗主要是感抗，而阻抗是电阻和感抗的"向量和"，所以在这种起动方法中需要串接较大的电阻才能得到一定的电压降，这样就消耗了大量电能。

如在定子电路中串接电抗器，也可达到减小起动电流的目的。其起动电路与图3-15类似，故不赘述。

（2）丫—△起动：如果电动机在正常运转时作三角形联结（例如，电动机每相绕组的额定电压为380V，而电力网的线电压也为380V），则起动时先把它改接成星形，使加在绕组上的电压降低到额定值的 $1/\sqrt{3}$，因而 $I_{1st}$ 减小。待电动机的转速升高后，再通过开关把它改接成三角形，使它在额定电压下运转。丫—△起动的电路如图3-16所示。利用这种方法起动时，其起动转矩只有直接起动的1/3。

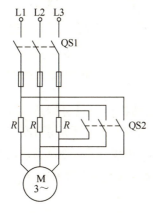

图 3-15  笼型异步电动机定子
串接电阻起动电路

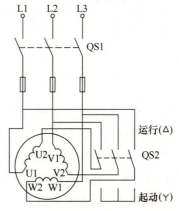

图 3-16  笼型异步电动机丫—△起动电路

丫—△起动的优点是起动设备的费用小，在起动过程中没有电能损失。

（3）自耦变压器起动：如图3-17所示，把开关QS放在起动位置，使电动机的定子绕组接到自耦变压器的二次侧。此时加在定子绕组上的电压小于电网电压，从而减小了起动电流。等到电动机的转速升高后，再把开关QS从起动位置迅速扳到运行位置。电动机便直接和电网相接，而自耦变压器则与电网断开。

容量较大的（尤其是大容量而且在正常工作时作丫联结的）笼型异步电动机采用自耦变压器起动。

### 3.3.3 绕线转子异步电动机的起动

绕线转子异步电动机是在转子电路中接入电阻来进行起动的，其电路如图3-18所示。起动前将起动变阻器调至最大值的位置，当接通定子上的电源开关，转子即开始慢速转动起来，随即把变阻器的电阻值逐渐减小到零位，使转子绕组直接连接，电动机就进入工作状态。电动机切断电源停转后，还应将起动变阻器转回到起动位置。

绕线转子异步电动机转子串入不同电阻时的机械特性如图3-19所示。从图中可以看出，转子回路串联

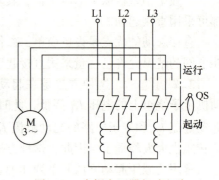

图 3-17 自耦变压器起动电路

电阻后，可以增加起动转矩，如果串入的电阻适当就可以使起动转矩等于最大转矩，以获得较好的起动性能，这很适合于要求满载起动工作机械（如起重机）。采用转子串电阻方法不仅能增大起动转矩，同时减小了起动时的转子电流，也就相应地减小了定子的起动电流，可谓一举两得。

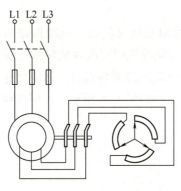

图 3-18 绕线转子异步电动机
转子串电阻起动电路

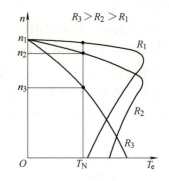

图 3-19 绕线转子异步电动机
转子串电阻的机械特性

尽管绕线转子异步电动机的起动性能较好，但笼型电动机由于具有构造简单、价格便宜、工作可靠等优点，所以在不需要大的起动转矩的生产机械上通常还是采用笼型电动机。

**例3-4** 一台笼型三相异步电动机，已知 $P_N = 60\text{kW}$，$U_N = 380\text{V}$，$I_N = 136\text{A}$，$n_N = 1450\text{r/min}$，起动电流比 $K_i = 6.5$，起动系数 $\lambda_s = 1.1$，求直接起动时的起动电流 $I_{st}$ 和起动转矩 $T_{st}$。

**解** 直接起动时的起动电流

$$I_{st} = K_i I_N = 6.5 \times 136\text{A} = 884\text{A}$$

起动转矩

$$T_{st} = \lambda_s T_N = 1.1 \times 9550 \times \frac{60}{1450} N \cdot m = 434.69 N \cdot m$$

## 3.4 三相异步电动机的调速、反转和制动

### 3.4.1 异步电动机的调速

有些生产机械在工作中需要调速，例如，金属切削机床需要按被加工金属的种类、切削工具的性质等来调节转速。此外，像起重运输机械在快要停车时，应降低转速，以保证工作的安全。

用人为的方法，在同一负载下使电动机的转速从某一数值改变为另一数值，以满足工作的需要，这种情况称为调速。

由转差率 $s = (n_1 - n)/n_1$ 可知，电动机的转速 $n$ 与同步转速 $n_1$ 之间的关系为

$$n = (1 - s)n_1 = (1 - s)\frac{60f_1}{p}$$

因此，可以通过改变电源频率 $f_1$、转差率 $s$ 和磁极对数 $p$ 等方法来调节异步电动机的转速。

**1. 改变电源频率 $f_1$** 电网的交流电频率为50Hz，因此用改变 $f_1$ 的方法来调速，就必须有专门的变频设备，以便对电动机的定子绕组供给不同频率的交流电。起初由于变频设备相当复杂，且费用较大，所以，仅在少数有特殊需要的地方（例如有些纺织机械上）采用这种调速方法。目前，由于变频技术的发展，变频调速的应用已日益广泛。

**2. 改变转差率 $s$** 改变转子绕组的电阻 $R_2$，可以实现改变转差率调速，也就是说在绕线转子异步电动机的转子电路中，接入一个调速变阻器（起动变阻器不可代用），便可用它来进行调速。

**3. 改变定子绕组的磁极对数 $p$** 用这种方法来调速时，定子的每相绕组必须由两个相同的部分所组成，这两部分可以串联也可以并联。在串联时其极对数是并联时的两倍，而转子的转速则为并联时一半。由于定子绕组的磁极对数只能成对的改变，所以转速也只能整倍数来调节。

绕组的磁极对数可以改变的电动机称为多速电动机。最常见的是双速电动机。如果定子上装有两套独立的绕组，而且其中一套绕组可用上述方法产生两种磁极对数，因此总共有三种同步转速，即为三速电动机。

由于上述调速方法比较经济、简便，故常用在金属切削机床上或其他生产机械上，来代替笨重的变速箱。

### 3.4.2 异步电动机的反转

在生产上常需要使电动机反转。如前所述，异步电动机转子的旋转方向是同旋转磁场的旋转方向一致的。因此，只要把接到电动机上的三根电源线中的任意两根对调一下，电动机便会反向旋转。

### 3.4.3 异步电动机的制动

当电动机与电源断开后，由于电动机的转动部分有惯性，所以电动机仍继续转动，要经过一段时间才能停转。但在某些生产机械上要求电动机能迅速停转，以提高生产率，为此，需要对电动机进行制动。制动的方法较多，以下仅对反接制动和能耗制动做简要说明。

**1. 反接制动** 反接制动电路如图 3-20a 所示。在电动机需由运行状态进入制动时，将开关 QS 由上方位置扳向下方位置，由于电源的换相，旋转磁场便反向旋转，转子绕组中的感应电动势及电流的方向也都随之改变，如图 3-20b 所示。此时转子所产生的转矩，其方向与转子的旋转方向相反，故为一制动转矩。在制动转矩的作用下，电动机的转速很快地下降到零。当电动机的转速接近于零时，应立即切断电源，以免电动机反向旋转。

**2. 能耗制动** 当切断图 3-21a 中的开关 QS 使电动机脱离三相电源后，可立即把 QS 扳到向下位置，使定子绕组中通过直流电。于是在电动机内便产生一个恒定的不旋转磁场，如图 3-21b 所示。此时转子由于机械惯性继续旋转，因而转子导线切割磁力线，产生感应电动势和电流。载有电流的导体在恒定磁场的作用下，受到制动力，产生制动转矩，使转子转动迅速停止。这种制动方法就是把电动机轴上的旋转动能转变为电能，消耗在制动电阻上，故称为能耗制动。

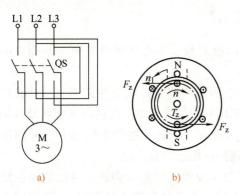
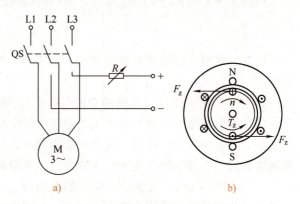

图 3-20　三相异步电动机反接制动　　　　图 3-21　三相异步电动机能耗制动

　　a）反接制动电路 b）反接制动原理　　　　a）能耗制动电路 b）能耗制动原理

两种制动方法相比，各有其优缺点。反接制动的优点是：制动力强，制动迅速，无需直流电源；缺点是：制动过程中冲击强烈，易损坏传动零件，频繁地反接制动，会使电动机过热而损坏。能耗制动的优点是：制动力较强且平稳，无冲击；缺点是：需要直流电源，在电动机功率较大时直流制动设备价格较贵，低速时制动转矩较小。

# 3.5※ 电力拖动系统运动状态分析

由电动机拖动生产机械运动，并完成一定工艺要求的系统，称为电力拖动系统。电力拖动系统一般由控制设备、电动机、传动机构、生产机械和电源等组成，如图 3-22 所示。

电动机是原动机，通过传动机构拖动生产机械工作。生产机械（含传动机构）是电动机的负载；控制设备是根据生产机械的要求，控制电动机的运行状态，从而满足生产机械的各种运动；电源的作用是向电动机和控制设备供电。

当电力拖动系统由某一稳定状态转变到一个新的稳定状态，这种转变不能即时完成，而需要一个过程，这个过程称之为

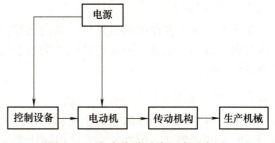

图 3-22　电力拖动系统组成示意图

电力拖动系统的动态过程，即过渡过程。

本节首先介绍电力拖动系统的运动方程式，然后介绍电力拖动系统的负载与负载转矩特性以及电力拖动系统的稳定条件。

### 3.5.1  电力拖动系统的运动方程式

在电力拖动系统中，电动机种类很多，生产机械的性质也各不相同，但是它们都应遵循动力学的普遍规律，所以可以从动力学的角度建立电力拖动系统的运动方程式。

1. 运动方程式  根据牛顿第二定律，物体作直线运动时的平衡方程式为

$$F - F_L = ma$$

由于
$$a = \frac{dv}{dt}$$

所以上式又可以写成

$$F - F_L = m\frac{dv}{dt}$$

式中  $F$——拖动力（N）；

$F_L$——阻力（N）；

$m$——物体的质量（kg）；

$a$——物体获得的加速度（m/s$^2$）；

$v$——物体运动的线速度（m/s）。

与直线运动相似，电动机作旋转运动的平衡关系式为

$$T_e - T_L = J\frac{d\omega}{dt} \tag{3-12}$$

式中  $T_e$——电动机的电磁转矩（N·m）；

$T_L$——生产机械作用到电动机轴上的阻转矩（N·m）；

$J$——拖动系统折算到电动机轴上的转动惯量（kg·m$^2$）；

$\omega$——电动机的旋转角速度（rad/s）。

通过推导（过程略）可得在实际应用中通常采用的电力拖动系统运动方程式为

$$T_e - T_L = \frac{GD^2}{375}\frac{dn}{dt} \tag{3-13}$$

式中  $n$——电动机转速（r/min）；

$GD^2$——拖动系统折算到电动机轴上的飞轮惯量（N·m$^2$）。

2. 系统的运动状态  电力拖动系统的运动状态分为静态和动态两种，静态时系统停止或匀速运行，动态时系统在加速或减速的过程中。系统无论时静态还是动态，都可以由运动方程式来判定。

（1）确定运动方程式中各转矩的正方向

1）任意规定某一旋转方向为正方向，此方向的转速 $n$ 为正值，反之为负值。

2）电磁转矩 $T_e$ 的正方向与规定旋转正方向相同。

3）负载阻转矩 $T_L$ 的正方向与规定旋转正方向相反。

根据上述规定可以判定各转矩的工作性质，以 $n$ 为正值为例：当电磁转矩 $T_e$ 的方向与转速 $n$ 的方向相同时，$T_e$ 为拖动转矩，此时 $T_e$ 为正值；当 $T_e$ 的方向与 $n$ 的方向相反时，$T_e$ 为制动转矩，此时 $T_e$ 为负值；当负载转矩 $T_L$ 的方向与转速 $n$ 的方向相反时，$T_L$ 为制动转

矩，此时 $T_L$ 为正值；当 $T_L$ 的方向与 $n$ 的方向相同时，$T_L$ 为拖动转矩，此时 $T_L$ 为负值。

（2）电力拖动系统运动状态的分析：从运动方程式中可以看出：

1）当 $T_e = T_L$ 时，$dn/dt = 0$，则 $n = 0$ 或 $n = $ 常数，电力拖动系统处于静止或匀速运行的稳定状态。

2）当 $T_e > T_L$ 时，$dn/dt > 0$，电力拖动系统处于加速状态，即处于过渡过程中。

3）当 $T_e < T_L$ 时，$dn/dt < 0$，电力拖动系统处于减速状态，即处于过渡过程中。

由以上分析可知，系统稳态运行时 $T_e = T_L$，转矩处在平衡状态，一旦受到外界干扰，转矩平衡被打破，$dn/dt \neq 0$，转速将发生变化。对于一个稳定的系统，它具有较好的恢复平衡状态的能力。当系统处在动态过程中，转速在变化，若 $T_e - T_L = $ 常数，即 $dn/dt = $ 常数，系统就处在匀加速或匀减速运动状态，这在控制系统中是经常采用的一种加、减速方法。

### 3.5.2 电力拖动系统的负载与负载转矩特性

电力拖动系统的运行状态除了受电动机的机械特性影响外，还与负载的转矩特性有关。负载的转矩特性简称负载特性，它是指生产机械的转速 $n$ 与负载转矩 $T_L$ 的函数关系，即 $n = f(T_L)$。各种生产机械按负载特性的不同，大致可分为恒转矩负载、恒功率负载和通风机型负载三类。

**1. 恒转矩负载** 恒转矩负载是指负载转矩 $T_L$ 的大小不随转速的变化而改变的生产机械。根据 $T_L$ 与运动方向的关系，又分为反抗性恒转矩负载和位能性恒转矩负载两种。

（1）反抗性恒转矩负载：反抗性恒转矩负载是指转矩的大小不变，但负载转矩的方向始终与生产机械运动方向相反，机械运动方向改变，负载转矩的方向也随之改变，总是起着阻碍运动的作用，其特性曲线如图 3-23 所示。属于这类特性的生产机械有轧钢机和机床的平移机构等。

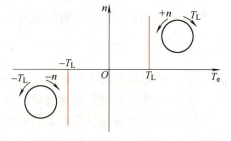

图 3-23  反抗性恒转矩负载特性曲线

（2）位能性恒转矩负载：位能性恒转矩负载是指不论生产机械运动的方向变化与否，负载转矩的大小与方向始终不变的负载。起重机类型负载就属于位能性负载。例如，当起重机提升重物时，负载转矩为阻力矩，其作用方向与旋转方向相反，当下放重物时，负载转矩为驱动转矩，其作用方向与旋转方向相同。若以提升重物时电动机的旋转方向为正方向，那么无论电动机旋转方向是正还是负，负载转矩的大小始终不变，其方向也始终为正，特性曲线如图 3-24 所示。

**2. 恒功率负载** 恒功率负载是指不论转速变化与否，负载所需的功率 $P_L$ 为恒定值。因为 $P_L = T_L \omega = T_L (2\pi n/60) = 2\pi (T_L n)/60$，所以负载转矩 $T_L$ 与转速 $n$ 的乘积为常数，即负载转矩与转速成反比，其特性曲线如图 3-25 所示。机床的切削加工就属于该性质的负载，例如车床的切削加工，在粗加工时，切削量大（$T_L$ 大），用低速；精加工时，切削量小（$T_L$ 小），用高速。

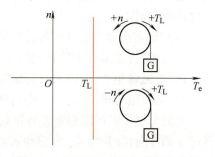

**3. 通风机型负载** 通风机型负载是指负载转矩 $T_L$ 的大小与转速 $n$ 的二次方成正比的生产机械，即 $T_L = $

图 3-24  位能性恒转矩负载特性曲线

$kn^2$，$k$ 为比例常数。常见的这类负载有鼓风机、水泵、油泵等。特性曲线如图 3-26 所示。但应指出，实际生产机械的负载特性往往并不是只具有以上的某一种特性，而是几种类型负载的综合。如起重机提升重物时，除位能性负载转矩外，还要克服传动系统机械摩擦所造成的反抗性转矩。所以负载转矩 $T_L$ 应是上述两个转矩之和。

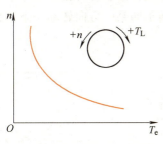

图 3-25　恒功率负载特性曲线

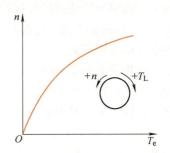

图 3-26　通风机型负载特性曲线

### 3.5.3　电力拖动系统的稳定运行条件

稳定运行是指电力拖动系统在稳定状态下运行受到某种外界因素的作用，偏离了原来的平衡状态，但仍然能在新的稳定状态下运行，若外界的作用消失，系统能回到原来的稳定状态下运行。

在电力拖动系统中，将电动机的机械特性与负载的转矩特性画在同一坐标系中，两条特性有交点，即在某一转速时 $T_e = T_L$，这是系统稳定运行的必要条件，此外，还需这两条特性配合恰当，即在 $T_e = T_L$ 处

$$\frac{\mathrm{d}T_e}{\mathrm{d}n} < \frac{\mathrm{d}T_L}{\mathrm{d}n}$$

这就是电力拖动系统能够稳定运行的充分必要条件。

另外，还可以用另一种方法来判别电力拖动系统是否稳定运行。因为不论什么扰动，都会使转速 $n$ 产生一个增量 $\Delta n$，如果 $\Delta n$ 是正的，即转速上升了 $|\Delta n|$，此时应有 $T_e < T_L$，只有这样当扰动消失后，才能使转速下降，又回到原来的平衡状态。反之，如果 $\Delta n$ 是负的，即转速下降了 $|\Delta n|$，此时则应有 $T_e > T_L$，使转速上升，仍可回到原来的平衡状态。这样的系统就是稳定系统。

## 3.6　单相异步电动机

采用单相交流电源供电的电动机称为单相电动机。单相异步电动机的容量一般在 750W 以下，与同容量的三相异步电动机相比，它的体积较大，运行性能较差。但是它结构简单、成本低廉、运行可靠、维修方便，通常广泛应用在小容量的场合，如电扇、洗衣机、液压泵、砂轮机、空调等。

单相异步电动机根据运行原理的不同分为电容分相单相异步电动机、电阻分相单相异步电动机和单相罩极式电动机。

### 3.6.1　电容分相单相异步电动机

电容分相单相异步电动机在结构上同三相笼型异步电动机在结构上基本相同，也是由定子、转子、机座和端盖几大部分组成。转子多为笼型，定子绕组有所不同，它是由两套绕组

组成。

　　如果定子只有一套单相绕组，当通过单相交流电时，所产生的只是一个变化的脉冲磁场，而不是旋转磁场。这个磁场每一瞬间在空气隙中各点都按正弦规律分布，同时随电流在时间上也做正弦变化，所以是一个"交变脉冲磁场"。理论证明，交变脉冲磁场是由大小相等、方向相反的两个旋转磁场合成的，故在转子上感应产生的合成电磁转矩为零（即一种动态平衡），所以转子不能自行起动。如果通过外力使转子向某一方向转动一下，它就能沿着该方向不停地旋转下去。

　　为了使单相异步电动机能自行起动，电容分相单相异步电动机在定子铁心上安装两套绕组，一套是工作绕组 U1U2（或称主绕组），一套是起动绕组 Z1Z2（或称辅助绕组），这两套绕组在空间位置上相差90°。起动绕组与一电容串联后与工作绕组并联接单相交流电源，如图3-27所示。

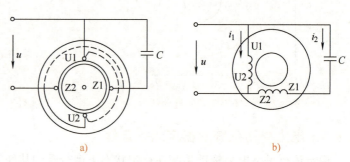

图 3-27　电容分相单相异步电动机
a）结构示意图　b）电路原理图

　　接通电源后，由于起动绕组 Z1Z2 串有电容，将使起动绕组中电流 $i_2$ 被移相，如果电容 $C$ 选择适当可使 $i_2$ 在相位上超前工作绕组电流 $i_1$ 相位90°，这就叫分相。两个电流可分别表示为

$$i_1 = I_{1m}\sin\omega t$$
$$i_2 = I_{2m}\sin(\omega t + 90°)$$

　　它们的波形如图3-28a所示。这样，在空间相差90°的两个绕组，分别通入在相位上相差90°的两相电流，也能产生"旋转磁场"。

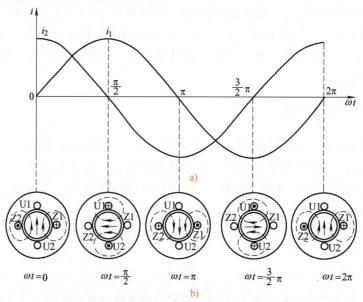

图 3-28　两相旋转磁场的产生
a）分相电流波形　b）两相旋转磁场

仿照三相正弦电流产生旋转磁场的做法，选取图 3-28a 中的 5 个时刻，在图 3-28b 的绕组位置上绘出了磁场的分布情况。可以看到，分相后的"两相"电流产生的磁场也是在空间旋转的。转子也将会跟随磁场按同样方向旋转起来。电动机起动后，电容所在的起动绕组 Z1Z2 可以切除也可以参与运行。因此，根据起动绕组是否参与正常运行，电容分相单相异步电动机又可分为电容运行单相异步电动机（起动绕组参与正常运行）和电容起动单相异步电动机（电动机正常运行后切除起动绕组）。

如果要改变电动机旋转方向，只要将起动绕组的两端 Z1Z2 对调连接即可，当然也可以对调工作绕组的两端 U1U2 来实现。需要注意的是对调电源两根接线是不可以改变电动机旋转方向的。

### 3.6.2　电阻分相单相异步电动机

如果将电容分相单相异步电动机中的电容换成电阻，就构成了电阻分相单相异步电动机，如图 3-29 所示。图中开关 S 一般采用离心开关。离心开关由旋转部分和静止部分组成，旋转部分安装于电动机转轴上，与电动机一起旋转；而静止部分则安装在端盖或机座上。当电动机停止时，离心开关是闭合的，当电动机转动起来并达到一定转速时，离心开关断开。该开关触头的动作是依靠离心力来实现的，故称为离心开关。

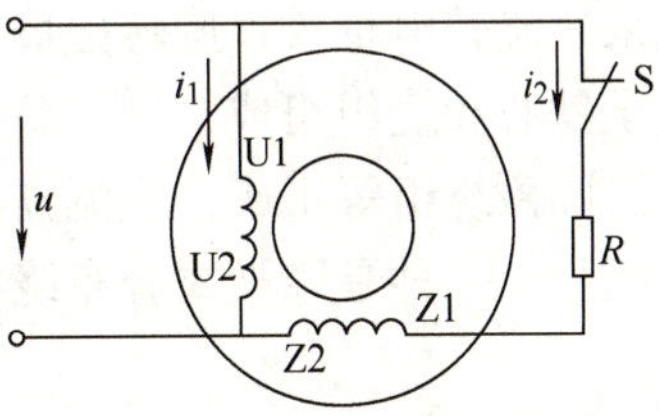

电阻分相单相异步电动机的起动绕组 Z1Z2 的导线比工作绕组 U1U2 的导线细，所以起动绕组的电阻比工作绕组大；另外起动绕组回路中又串入了一个电阻 $R$，这样在电动机接上电源后，流过起动绕组的电流与主绕组中的电流就有了一个相位差，在定子与转子气隙中产生旋转磁场，使转子获得转矩而转动。当转速达到一定数值后，离心开关 S 断开，切除起动绕组，电动机进入运行状态。这种电动机起动转矩不大，宜于空载起动。

图 3-29　电阻分相单相异步电动机原理图

### 3.6.3　单相罩极电动机

单相罩极电动机是一种结构非常简单的电动机，按照磁极形式的不同分为凸极式和隐极式两种，其中凸极式应用较多。图 3-30 所示为一种常见的凸极式单相罩极电动机的结构示意图。

由图可见，定子上制有凸出的磁极，主绕组就绕在凸出的磁极上，在磁极的 1/4 ～ 1/3 的部分有一个凹槽，将磁极分成大小两部分。在磁极小的部分套着一个短路铜环，将这部分磁极罩起来，这种形式的电动机称为罩极电动机。罩极电动机的转子仍为笼型结构。

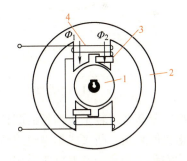

图 3-30　凸极式单相罩极电动机的结构示意图
1—转子　2—定子　3—短路环　4—定子绕组

当绕组中通过单相交流电流 $i$ 时，产生交变磁通 $\Phi_1$，如图 3-31 所示。磁通 $\Phi_1$ 的一部分穿过短路环，将在短路环内产生感应电流，该感应电流产生的磁通 $\Phi_2'$ 将阻碍原磁场的变化，这样短路环内磁极的合成磁通 $\Phi_2$ 为部分 $\Phi_1$ 与 $\Phi_2'$ 的合成，$\Phi_2$ 滞后于 $\Phi_1$。$\Phi_1$ 与 $\Phi_2$ 是两个在空间位置不一致，在时间上又有一定相位差的交变磁通，这就形成了一个旋转磁场，它便使转子产生转矩而起动。

凸极式罩极电动机的旋转方向不易改变，所以通常用于不需要改变旋转方向的电气设备中。

## 3.7<sup>※</sup>　同步电机

同步电机是交流电机的一种，它的转子转速与旋转磁场转速相同，因此称为同步电机。同步电机可分为同步发电机、同步电动机和同步补偿机三类。同步电动机广泛应用于需要恒速运行的机械设备，而微型同步电动机在一些自动控制设备中有着广泛的应用。

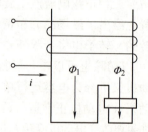

图 3-31　罩极电动机磁极中的磁通

### 3.7.1　三相同步发电机

**1. 三相同步发电机的结构**　三相同步发电机也是由定子和转子两大部分组成。按结构形式分为旋转磁极式和旋转电枢式两种。其中旋转磁极式应用广泛，只有小容量的同步发电机采用旋转电枢式。旋转磁极式同步发电机定子结构与三相异步电动机相同，也是由机座、定子铁心和绕组组成，定子铁心由硅钢片叠成，其槽中嵌放三相对称绕组。转子由转子铁心、励磁绕组等组成，直流励磁绕组电流由电刷和集电环引入励磁绕组。转子根据形状又分为两种，一种是隐极式分布绕组转子，另一种是凸极式集中绕组转子，如图 3-32 所示。

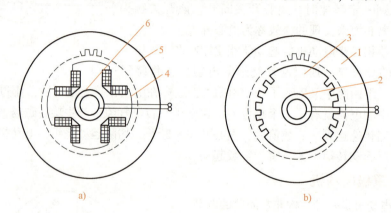

图 3-32　旋转磁极式同步发电机转子类型

a）凸极式　b）隐极式

1、6—集电环　2、5—定子　3—隐极转子　4—凸极转子

隐极式分布绕组转子呈细长的圆柱形，气隙均匀，适于高速旋转，一般为卧式安装，为汽轮发电机所采用；凸极式集中绕组转子呈短粗的盘状，有明显的凸极，适于低速旋转，一般为立式安装，为水轮发电机所采用。

**2. 三相同步发电机的基本工作原理**　三相同步发电机的工作原理如图 3-33 所示。给转子中的励磁绕组通以直流电，建立一恒定磁场，用原动机拖动转子旋转，形成旋转磁场，旋转磁场切割定子的三相绕组感应产生对称三相正弦交流电，其频率为

$$f = \frac{pn}{60} \qquad (3-14)$$

式中　$f$——频率（Hz）；

　　　$p$——发电机磁极对数（图中 $p=1$）；

　　　$n$——转子转速（r/min）。

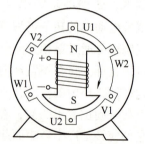

图 3-33　三相同步发电机工作原理

从式 (3-14) 中可以看出同步发电机发出交流电的频率 $f$ 与转速 $n$ 保持严格不变的关系。

**3. 三相同步发电机的并联运行** 同步发电机是现代电力工业的主要发电设备。而在电力系统中，常用到多台发电机的并联运行。它的优点是：可以根据负荷的变化来调节投入运行的机组数目，提高机组的运行效率；另外也便于轮流检修，提高供电的可靠性，减少发电机检修和事故的备用容量。对于由火电厂和水电厂联合组成的电力系统，并联运行还可起到合理调度电能、充分利用水能、降低发电成本的作用。当许多电厂并联在一起，形成强大的电网，负载变化对电压和频率的影响就会很小，从而提高供电的质量。

(1) 同步发电机并联运行的条件：欲并网的发电机的电压必须与电网电压的有效值相等，频率相同，相序、相位相同，波形一致。

(2) 同步发电机的并网方法：

1) 准同步法。该法是使发电机达到并网条件后合闸并网。采用同步指示器，在调节发电机的转速、调整发电机电压的大小和相位后，如基本满足并网条件时就可合闸。该法的优点是对电网基本没有冲击；缺点是手续复杂。

2) 自同步法。发电机先不加励磁，并用一个电阻值等于 5~10 倍励磁电阻的附加电阻接到闭合回路，由原动机带动转子达到接近同步转速就合闸，然后切除附加电阻，加上励磁电流，将同步发电机自动拉入同步。该法的优点是操作简单，并网迅速；缺点是合闸时冲击电流稍大。

### 3.7.2 三相同步电动机

**1. 三相同步电动机的结构与工作原理** 三相同步电动机的基本结构与三相同步发电机相同，但转子一般采用凸极式结构。

在三相定子绕组通入对称三相正弦交流电，由 3.1.2 节内容可知，三相对称绕组流过三相对称电流，产生一个转速为 $n_1$ 的旋转磁场。转子励磁绕组通以直流电产生与定子极数相同的恒定磁场。根据磁场异性相吸的原理，转子便被定子拉着同向同速旋转，其转速为

$$n = n_1 = \frac{60f}{p} \tag{3-15}$$

在理想情况下，定子和转子磁极的轴线重合。带上一定负载时，气隙间的磁力线将被拉长，使定子磁极超前转子磁极一个 $\theta$ 角，这个 $\theta$ 角称为功角。在一定范围内，$\theta$ 角越大，磁力线拉得越长，电磁转矩就越大。若负载一定，增大励磁电流，$\theta$ 角将减小。如果负载过重，$\theta$ 角过大，则磁力线会被拉断，同步电动机将停转，这种现象称为同步电动机的"失步"。只要同步电动机的过载能力允许，采用强行励磁是克服"失步"的有效方法。

**2. 三相同步电动机的起动** 三相同步电动机在起动时，如果把定子绕组直接接通交流电源，定子旋转磁场将立即产生并高速旋转，其转速 $n_1 = 60f/p$。转子由于惯性根本不可能立即旋转，这样定子和转子磁极间就有相对运动，一会儿相吸，一会儿相斥，间隔时间极短，平均转矩为零，因此不能自行起动。这就需要借助其他的方法进行起动。

三相同步电动机的起动方法常用的有 3 种：辅助电动机起动法、变频起动法和异步起动法。异步起动法使用较多。异步起动法的起动原理如图 3-34 所示，具体操作步骤如下：

1) 起动前，励磁绕组不接直流电源，而是串入一适当大小的电阻（通常为一个 10 倍于励磁绕组电阻 $R_f$ 的附加电阻）后闭合。否则，由于励磁绕组匝数很多，起动时定子的旋转磁场将在励磁绕组中产生很高的感应电动势，可能破坏绝缘，且对人身也是不安全的。

2）将定子绕组接三相交流电源，这时定子绕组电流将在转子上的起动绕组中感应一电流，此电流与定子旋转磁场相互作用而产生电磁转矩，使转子转动。

3）同步电动机转速达到同步转速的95%左右时，将励磁绕组所串电阻切除并与直流电源接通，通入直流励磁电流。这时转子磁场和定子旋转磁场的相互吸

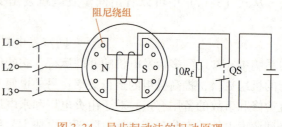

图 3-34 异步起动法的起动原理

引力能将转子拉住，使转子跟随定子磁场以同步转速旋转，即拖入同步，整个起动过程结束。

同步电动机起动时，为减小起动电流，可根据电动机容量、负载的性质、电源的情况，采取直接起动或减压起动的方法。

**3. 三相同步电动机主要运行特性**

（1）机械特性：同步电动机的转速不因负载变化而变化，只要电源频率一定，就能严格维持转速不变，这种机械特性叫绝对硬特性。

（2）转矩特性：由于转速恒定，同步电动机的输出转矩与其从电网吸收的电磁功率成正比。当机械负载增加时，电动机电流直线上升，只要不超过同步电动机的过载能力，就能稳定运行。

（3）过载能力：过载系数 $\lambda_m = T_{emax}/T_N$。通常同步电动机额定运行时，$\lambda_m = 2 \sim 3$，而功角 $\theta = 20° \sim 30°$。如果 $T_L > T_{emax}$，则 $\theta$ 迅速增大，导致失步；如果强行励磁，则定子电流剧增，严重过载将烧毁电动机。

（4）功率因数调节特性：当机械负载一定时，我们可以调节励磁电流，使定子电流达到最小值。由于输入功率 $P_1 = \sqrt{3}\,U_1 I_1 \cos\varphi$，其中 $P_1$、$U_1$ 都一定，$I_1$ 的改变必然伴随 $\cos\varphi$ 的变化。当 $I_1$ 最小时，$\cos\varphi = 1$，同步电动机相当于纯电阻负载，这种情况称为正常励磁，简称正励。当励磁电流减小时，功角 $\theta$ 增大，电流 $I_1$ 增大，且 $I_1$ 滞后 $U_1$，同步电动机相当于电感性负载，这种情况称为不足励磁，简称欠励。当励磁电流从正励增大时，过度励磁，简称过励。这种保持负载不变，定子电流 $I_1$ 随转子励磁电流 $I_F$ 变化的特性叫功率因数调节特性。在过励状态，同步电动机相当于电容性负载，这对于提高电网的功率因数十分有利，因此同步电动机通常都工作在过励区。

### 3.7.3　三相同步补偿机

同步补偿机实际就是一台空载过励运行的同步电动机，它基本上是一个纯电容负载，而且电容性无功功率容量大、调节方便，常被装在变电所中用来调节电网的功率因数。

## 阅读与应用　三相异步电动机的选择、使用和维护

**1. 三相异步电动机的选择**　三相异步电动机的选择，应该从实用、经济、安全等原则出发，根据生产的要求，正确选择其容量、种类、结构形式，以保证生产的顺利进行，现分述如下：

（1）类型的选择：三相异步电动机有笼型和绕线转子两种。笼型电动机结构简单、维修容易、价格低廉，但起动性能较差，一般空载或轻载起动的生产机械方可选用。绕线转子电动机起动转矩大，起动电流小，但结构复杂，起动和维护较麻烦，只用于需要大起动转矩的场合，如起

重设备等，此外还可以用于需要适当调速的机械设备。

（2）转速的选择：三相异步电动机的转速接近同步转速，而同步转速（磁场转速）是以磁极对数 $p$ 来分档的，在两档之间的转速是没有的。电动机转速选择的原则是使其尽可能接近生产机械的转速，以简化传动装置。

（3）容量的选择：电动机容量（功率）大小的选择，是由生产机械决定的，也就是说，由负载所需的功率决定的。例如，某台离心泵，根据它的流量、扬程、转速、水泵效率等，计算出它的容量为 39.2kW，根据计算功率，在产品目录中找一台转速与生产机械相同的 40kW 电动机即可。

**2. 三相异步电动机的运行与维护**　合理选用和正确使用电动机是保证其正常运行的两个重要环节。合理选用如上所述，正确使用应保证以下 3 个运行条件：

（1）电源条件：电源电压、频率和相数应与电动机铭牌数据相等。电源电压为对称系统，电压额定值的偏差不超过 ±5%（频率为额定值时），频率的偏差不得超过 ±1%（电压为额定值时）。

（2）环境条件：电动机运行地点的环境温度不得超过 40℃，适用于通风、干燥处。

（3）负载条件：电动机的性能应与起动、制动、不同定额的负载以及变速或调速等负载条件相适应，使用时应保持负载不得超过电动机额定功率。

正常运行中的维护应注意以下几点：

1）电动机在正常运行时的温度不应超过允许的限度。运行时，值班人员应经常注意监视各部位的温升情况。

2）监视电动机负载电流。电动机过载或发生故障时，都会引起定子电流剧增，使电动机过热。应有电流表监视电动机负载电流，正常运行的电动机负载电流不应超过铭牌上所规定的额定电流值。

3）监视电源电压、频率的变化和电压的不平衡度。电源电压和频率的过高或过低，三相电压的不平衡都会造成电流不平衡，都可能引起电动机过热或其他不正常现象。电流不平衡度不应超过 10%。

4）注意电动机的气味、振动和噪声。绕组因温度过高就会发出绝缘焦味。有些故障，特别是机械故障，很快会反映为振动和噪声，因此在闻到焦味或发现不正常的振动或碰擦声，特大的嗡嗡声或其他杂音时，应立即停电检查。

5）经常检查轴承发热、漏油情况。定期更换润滑油，滚动轴承润滑脂不宜超过轴承室容积的 70%。

6）对绕线转子异步电动机，应检查电刷与集电环间的接触、电刷磨损以及火花情况，如火花严重必须及时清理集电环表面，并校正电刷弹簧压力。

7）注意保持电动机内部清洁，不允许有水滴、油污以及杂物等落入电动机内部。电动机的进风口必须保持畅通无阻。

**‼️ 实验与实训**

# 3.8　三相笼型异步电动机的简单测试与接线

### 1. 目的要求

1）学会识别三相异步电动机的铭牌。

2) 掌握三相绕组同极性端的判定方法。

3) 掌握三相异步电动机的绕组端线的接法。

4) 学会三相异步电动机一些参数的测量方法。

2. **设备与器材** 本实训所需设备、器材见表3-3。

表3-3 实训所需设备、器材

| 序号 | 名称 | 符号 | 型号规格 | 数量 | 备注 |
|---|---|---|---|---|---|
| 1 | 三相笼型异步电动机 | M | Y112M—4, 4kW, 8.8A | 1 | 表中所列设备、器材的型号规格仅供参考, 各校可根据实际情况自定 |
| 2 | 钳形电流表 | | 500A | 1 | |
| 3 | 绝缘电阻表 | | 500V | 1 | |
| 4 | 转速表 | | | 1 | |
| 5 | 指针式万用表 | | MF47型 | 1 | |
| 6 | 开关 | S | | 1 | |
| 7 | 干电池 | E | | 1 | |
| 8 | 导线 | | | 若干 | |
| 9 | 常用电工工具 | | | 若干 | |

3. **实训内容与步骤**

(1) 三相异步电动机铭牌的识别: 根据三相笼型电动机铭牌填写表3-4。

表3-4 电动机铭牌数据

| 型　　号 | | 额定转速 | |
|---|---|---|---|
| 额定功率 | | 绝缘等级 | |
| 接线方式 | | 温升 | |
| 额定电压 | | 定额 | |
| 额定电流 | | 功率因数 | |

(2) 电动机三相绕组首末端的判定: 拆除电动机接线盒内全部连接铜片, 将三相绕组6个端分别用6根导线引出, 并混在一起供判定。

1) 三相绕组的确定及其端点编号的假定: 先用万用表测出各相绕组的两个端点, 并进行假定编号, 如图3-35所示。规定1、4端绕组为U相绕组, 2、5端绕组为V相绕组, 3、6端绕组为W相绕组, 且1 (U1)、2 (V1)、3 (W1) 为绕组首端, 4 (U2)、5 (V2)、6 (W2) 为绕组末端。

2) 确定V相绕组的编号及U相绕组同极性端的判定: V相绕组首末端可以按假定编号确定, 将V相绕组2、5两端分别接万用表的正极端和负极端, 万用表置于微安档; U相绕组的1、4两端串入开关S后分别接干电池E的正负极, 如图3-35所示。观察在开关S闭合的瞬间万用表指针摆动的方向, 若指针正向摆动 (向右), 说

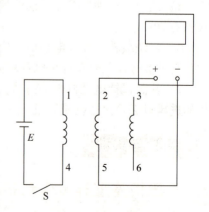

图3-35 电动机三相绕组首末端判断电路

明 U 相绕组 1 端与 V 相绕组 2 端是同极性端，即 U 相绕组编号正确；若反向摆动，则 U 相绕组编号错误，这时只需将 U 相绕组两端编号 1、4 对换即可。

3）再将干电池和开关接到 W 相绕组的 3、6 两端，用同样的方法可以判断 W 相绕组的同极性端，确定 W 相绕组的正确编号。

（3）测量三相绕组的绝缘电阻：用绝缘电阻表测量绕组之间、每相绕组与机壳（地）之间的绝缘电阻，将测量结果记录在表 3-5 中，根据记录数据判断电动机绝缘状态是否完好。

表 3-5　三相异步电动机绝缘电阻测量记录

| 测量内容 | $R_{UV}$ | $R_{VW}$ | $R_{WU}$ | $R_U$ | $R_V$ | $R_W$ |
|---|---|---|---|---|---|---|
| 测量值/MΩ | | | | | | |
| 绝缘状况 | | | | | | |

（4）三相异步电动机绕组的联结。

1）三相异步电动机接线盒内接线柱的排列及其与三相绕组 6 个端点的连接如图 3-36 所示，按图连接绕组端线。

2）三相笼型异步电动机的星形联结与三角形联结，在图 3-36b 的基础上分别画出星形联结与三角形联结的接线图；在电动机的接线盒内用连接铜片分别将三相绕组接成星形联结和三角形联结的接线形式，并将三相电源线引出。

（5）测量电动机各相空载电流、相电压及转速：电动机星形联结，接通三相交流电源使其运转，分别用万用表交流电压档测三相绕组相电压 $U_U$、$U_V$、$U_W$；用钳形电流表测三相绕组空载电流 $I_U$、$I_V$、$I_W$；用转速表测量转速。将测量结果记录在表 3-6 中，并判断数据是否正常。

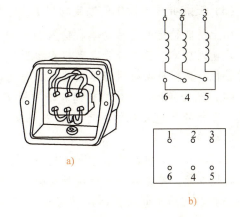

图 3-36　电动机接线盒内绕组端点的连接
a）接线盒　b）接线柱排列及其与绕组端点的连接

表 3-6　三相异步电动机参数测量记录

| 测速内容 | 绕组相电压/V | | | 绕组相电流/A | | | 转速/r·min⁻¹ |
|---|---|---|---|---|---|---|---|
| | $U_U$ | $U_V$ | $U_W$ | $I_U$ | $I_V$ | $I_W$ | |
| 测量值 | | | | | | | |
| 是否正常 | | | | | | | |

### 4. 实训分析

1）在三相绕组首末端的判定中，为何 V 相的首末端可以直接确定？可以直接确定 U 相或 W 相绕组的首末端吗？

2）在绝缘状态正常情况下，电动机的绝缘电阻应不小于多少？

3）三相笼型异步电动机接线盒内接线柱的标号为何上排为 1、2、3，而下排为 6、4、5 呢？

# 学习小结

本学习领域介绍了常用的交流电动机的基本结构、工作原理以及运行特性等。主要内容是：

（1）三相异步电动机主要由定子和转子构成，按转子结构的不同可分为笼型异步电动机和绕线转子异步电动机。笼型异步电动机结构简单、维护方便、价格便宜、应用最为广泛。绕线转子异步电动机可外接变阻器，起动、调速性能好。

（2）三相异步电动机的定子绕组通入三相交流电就产生旋转磁场，旋转磁场与转子绕组之间的相对运动使转子绕组内产生感应电动势与电流，此电流又与旋转磁场相互作用使转子绕组受到电磁力的作用产生转矩而旋转起来。异步电动机的转子绕组与旋转磁场之间必须有相对运动，即转子的额定转速总是低于并接近旋转磁场的转速。

旋转磁场的转速 $n_1 = 60f_1/p$，与电源频率 $f_1$ 成正比，与电动机的磁极对数 $p$ 成反比。旋转磁场的方向与三相定子电流的相序一致，将 3 根电源线中任意两根对调，可使电动机反转。转差率 $s = (n_1 - n)/n_1$。

（3）三相异步电动机的额定功率 $P_N$ 是指电动机电压、电流都为额定值时并且在额定转速下轴上所能输出的机械功率。输入功率 $P_1 = \sqrt{3}\,U_1 I_1 \cos\varphi_1$，额定效率为 $\eta_N = P_N/P_{1N}$，$P_{1N}$ 为额定输入功率。三相异步电动机在接近满载运行时，功率因数和效率都较高，在轻载和空载时较低，选择电动机时应尽量注意此类问题。

（4）三相异步电动机的转速 $n$ 与转矩 $T_e$ 的关系曲线 $n = f(T_e)$ 称为电动机的机械特性曲线。三相异步电动机的额定转矩 $T_N = 9550P_N/n_N$；最大转矩 $T_{emax} = \lambda_m T_N$，$\lambda_m$ 为过载系数；起动转矩 $T_{st} = \lambda_s T_N$，$\lambda_s$ 为起动系数。

三相异步电动机的转矩 $T_e \propto U_1^2$，$U_1$ 降低，$n$、$T_e$ 都降低。$T_e$ 还与 $R_2$ 有关，$R_2$ 增加，机械特性变软。笼型异步电动机具有硬机械特性，负载变化时转速变化不大。

（5）三相异步电动机的起动可分为直接起动和减压起动。直接起动时起动电流较大，对电网和其他用电设备有一定影响。减压起动的方法有：①定子串电阻或电抗器减压起动；②丫—△起动；③自耦变压器起动等。减压起动时，减小了起动电流，但起动转矩也减小了。绕线转子异步电动机可采用在转子电路中串电阻的起动方法，即可减小起动电流，又能增大起动转矩。

（6）三相异步电动机的转速可通过下列方法进行调节：①改变电流频率 $f_1$；②改变旋转磁场的磁极对数 $p$；③改变转差率 $s$。对于绕线转子异步电动机，通过改变串接在转子电路中的电阻来改变转速。

三相异步电动机常用的制动方法有能耗制动和反接制动。能耗制动需要直流电源设备，制动准确、平稳，能量消耗小；反接制动设备简单，制动迅速，但制动时有冲击，制动过程中能量消耗较大。

（7）电力拖动系统一般由控制设备、电动机、传动机构、生产机械和电源组成。电动机是原动机，电动机所拖动的传动机构和生产机械是电动机的负载。

（8）电力拖动系统有稳态和动态两种运动状态，动态过程又称为过渡过程。一个能够稳定运行的系统称为稳定系统。在一个电力拖动系统中，当 $T_e = T_L$ 且满足 ${\rm d}T/{\rm d}n < {\rm d}T_L/{\rm d}n$ 时，则系统为稳定系统。

（9）单相异步电动机的结构、原理与三相异步电动机基本相同，只是产生旋转磁场的方法有所不同，常用的有电容分相式和罩极式两种。电容分相式电动机可通过调换起动绕组或工作绕组的两端接线来改变旋转方向，罩极式电动机结构简单，但不能改变旋转方向。

（10）同步电机可分为同步发电机、同步电动机和同步补偿机三类。同步发电机作为电力系统中的主要发电设备，常采用并联运行方式，它们的并联必须满足一定的条件；同步电动机作为转速恒定的拖动设备，应用很广泛，但其起动常采取异步起动再拉入同步的方法；同步补偿机就是同步电动机的空载运行，并工作在过励状态，用来调节电网的无功功率，改善电网的功率因数。

## ◆ 思考题与习题

1. 简单说明异步电动机的基本结构。
2. 电机的铁心为什么要用硅钢片叠成？
3. 试说明异步电动机的基本工作原理。
4. 三相交流绕组的磁场和单相交流绕组的磁场有什么根本不同？
5. 产生旋转磁场的基本条件是什么？
6. 某异步电动机的额定电压为220/380V，额定电流为11.25/6.5A，额定功率 $P_N = 3kW$，额定功率因数 $\cos\varphi_N = 0.86$，转速 $n_N = 1430r/min$，频率 $f_1 = 50Hz$，求：额定效率 $\eta_N$、额定转差率 $s_N$ 和定子的磁极对数 $p$。
7. 试绘出异步电动机的机械特性曲线，并根据曲线说明电动机的起动过程。解释什么是最大转矩和起动转矩。
8. 某异步电动机的 $T_{st}/T_N = 1.3$，若把电动机的电源电压降低30%（为其额定电压的70%），若起动时，负载转矩 $T_L = 1/2T_N$，问电动机能否起动，为什么？
9. 一台二极三相异步电动机，其频率 $f_1 = 50Hz$，额定转速 $n_N = 2890r/min$，额定功率 $P_N = 7.5kW$，最大转矩 $T_{emax} = 50.96N \cdot m$，求电动机的过载能力。
10. 在绕线转子异步电动机的转子电路中，串联电阻以后的机械特性有什么变化？对电动机的起动过程有什么影响？
11. 异步电动机的起动方式有几种？各有什么特点？
12. 三角形联结的笼型异步电动机，如必须采取减压起动来减小电流，最好采用哪一种方法？
13. 接在电网中运行的三相异步电动机，设由于电网负荷过大，致使电网电压降低为电动机额定电压的90%，问电动机空载和满载两种状态下取用的电流，比额定电压取用的电流是增大还是减小，为什么？
14. 三相异步电动机的各项额定值为：$P_N = 22kW$，$n_N = 2940r/min$，$U_{1N} = 380V$，$I_{1N} = 42A$，$\cos\varphi_N = 0.9$，$I_{1st}/I_{1N} = 7$，$T_{st}/T_N = 1.2$，$T_{emax}/T_N = 2.2$，求 $T_N$、$T_{st}$、$T_{emax}$、$\eta_N$ 以及当电动机作星形联结直接起动时的起动电流 $I_{1st}$。
15. 对于绕线转子异步电动机，如果转子开路，是否能够起动？为什么？
16. 异步电动机有哪几种调速方法？各有什么优缺点？
17. 如何使三相异步电动机反转？反向运转与反接制动有何区别？
18. 三相异步电动机铭牌上的额定电压和额定电流是什么意思？
19. 如何根据电动机铭牌上的额定功率求取额定转矩？
20. 什么是电力拖动系统，它包括哪几个部分，各起什么作用？试举例说明。
21. 电力拖动系统稳定运行的充分必要条件是什么？分析图3-37所示的情况，说明系统能否稳定运行。图中曲线1为电动机机械特性，曲线2为负载转矩特性。
22. 三相异步电动机断相时能否起动？为什么？如果在运行中断了一根相线，能否继续运行？为什么？

这两种情况对电机有何影响?

23. 单相异步电动机的电容起动原理是什么?

24. 单相罩极式异步电动机的工作原理怎样? 它的优、缺点是什么?

25. 怎样改变单相电容电动机的转向?

26. 单相异步电动机是怎样转动起来的, 与三相有何主要不同?

27. 单相电动机两根电源线对调会反转吗? 为什么?

28. 说明同步发电机并联运行的条件和方法。

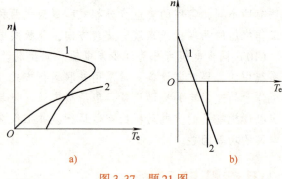

图 3-37  题 21 图

29. 同步电动机在采用异步起动法起动时, 是如何产生异步起动转矩的? 试说明起动过程。

30. 当同步电动机空载时主要作用是什么? 当它的励磁电流改变时, 对它的运行有何影响?

# 学习领域4

# 常用控制电机

## 学习目标 ≫

1) 知识目标：
▲熟悉伺服电动机、测速发电机和步进电动机的基本结构。
▲理解伺服电动机、测速发电机和步进电动机的工作原理。
2) 能力目标：
▲能够认识常用控制电机，并了解其相应应用场景。
3) 素养目标：
▲激发学习兴趣和探索精神，掌握正确的学习方法。
▲培养学生获取新知识、新技能的学习能力。
▲培养学生的团队合作精神，形成优良的协作能力和动手能力。
▲培养学生的安全意识。

## 知识链接 ≫

控制电机是在普通旋转电机基础上发展起来的具有特殊用途的小功率电机，也称特种电机。在自动控制系统中作为执行元件或检测元件，用来转换或传递控制信号。与普通电机相比，控制电机功率小，一般都在 750W 以下，重量轻，体积小，机壳外径一般不大于 160mm，力能指标稍低。

控制电机的种类很多，按电流分类，可分为直流和交流两种；按用途分类，直流控制电机又可分为直流伺服电动机、直流测速发电机和直流力矩电动机等；交流控制电机可分为交流伺服电动机、交流测速发电机、步进电动机和微型同步电动机等。

本学习领域在电机原理的基础上介绍伺服电动机、测速发电机、步进电动机几种常用控制电机的基本结构、工作原理。

## 4.1　伺服电动机

伺服电动机也称执行电动机，它用于把输入的电压信号变换成电动机轴的角位移或者转速输出。它具有服从控制信号的要求而动作的性能，在信号来到之前，转子静止不动；信号来到之后，转子立即转动；当信号消失，转子立刻自行停转，由此得名。

按照自动控制系统的控制要求，伺服电动机必须具备可控性好、稳定性高和适应性强等基本性能。可控性好是指信号消失以后，能立即自行停转；稳定性高是指转速随转矩的增加而均匀下降；适应性强是指反应快、灵敏。

常用的伺服电动机有直流伺服电动机和交流伺服电动机两大类。

### 4.1.1 直流伺服电动机

**1. 结构特点和工作原理** 普通直流伺服电动机结构与小型普通直流电动机基本相同，分为永磁式和他励式两种，实质上就是一台他励式直流电动机。与普通直流电动机相比，直流伺服电动机有以下特点：气隙小，磁路不饱和；电枢电阻大，机械特性为软特性；电枢细长，转动惯量小。

直流伺服电动机的工作原理和普通直流电动机相同，如图 4-1 所示。在励磁绕组中通入直流电流产生主磁场，当电枢绕组中通过电流时，电枢电流与主磁场相互作用产生电磁转矩使伺服电动机投入工作。这两个绕组中的一个断电时，电动机立即停转，它不像交流伺服电动机那样有"自转"现象，所以直流伺服电动机也是自动控制系统中一种很好的执行元件。

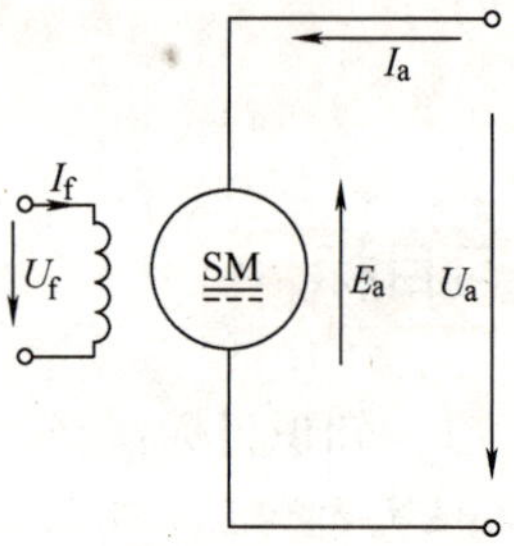

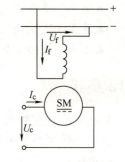

图 4-1　直流伺服电动机原理

**2. 控制方式** 直流伺服电动机的励磁绕组和电枢绕组分别装在定子和转子上，直流伺服电动机有电枢控制和磁场控制两种控制方式。电枢控制是由励磁绕组进行励磁，电枢绕组接控制电压 $U_c$，如图 4-2 所示。磁场控制是在电枢绕组上施加恒压，而励磁绕组作为控制绕组，接控制电压 $U_c$。这两种控制方式的特性有所不同。其中电枢控制的特性优于磁场控制，因此自动控制系统中大多采用电枢控制，而磁场控制只用于小功率电动机中。

**3. 运行特性** 下面以电枢控制方式为例，简要分析其主要的机械特性和调节特性，以便正确使用直流伺服电动机。为便于分析起见，假定磁路不饱和，并不计电枢反应，在小功率的直流伺服电动机中，这两个假定是允许的。

图 4-2　电枢控制原理

（1）机械特性：机械特性是指控制电压恒定时，电动机的转速与电磁转矩之间的关系，即 $U_c =$ 常数时，转速 $n$ 与电磁转矩 $T_e$ 之间的关系 $n = f(T_e)$。采用电枢控制时，直流伺服电动机的机械特性方程和他励直流电动机改变电枢电压时的人为机械特性方程一样，其表达式为

$$n = \frac{U_c}{C_e \Phi_N} - \frac{R_a}{C_e C_m \Phi_N^2} T_e = n_0 - \beta T_e \tag{4-1}$$

由此可见，机械特性为一条向下倾斜的直线，改变电枢电压，可得到一组平行的直线，如图 4-3a 所示。

（2）调节特性：调节特性是指电磁转矩恒定时，电动机的转速与控制电压之间的关系，即 $T_e =$ 常数时，转速 $n$ 与控制电压之间的关系 $n = f(U_c)$。电枢控制直流伺服电动机转速公式为

$$n = \frac{U_c}{C_e \Phi} - \frac{R_a}{C_e \Phi} I_a \tag{4-2}$$

由式（4-2）便可画出调节特性，如图 4-3b 所示。它们也是一组平行的直线。

由图 4-3 可知，当采用电枢控制时，直流伺服电动机的机械特性和调节特性都是线性的，并且特性的线性关系与电枢电阻无关，这种特性是很可贵的，这是直流伺服电动机突出

的优点，交流伺服电动机无法与之相比。而磁场控制时，调节特性是非线性的，这是磁场控制最严重的缺陷。所以直流伺服电动机多采用电枢控制方式。

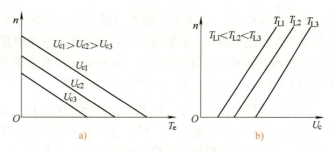

图 4-3 电枢控制特性
a) 机械特性 b) 调节特性

### 4.1.2 交流伺服电动机

**1. 基本结构** 交流伺服电动机在结构上为两相异步电动机，其定子上有空间相差 90°电角度的两相绕组。定子绕组的一相作为励磁绕组，运行时接到电压为 $U_f$ 的交流电源上，另一相作为控制绕组，输入控制信号电压 $U_c$。电压 $U_f$ 和 $U_c$ 同频率，一般为 50Hz 或 400Hz。

常用的转子结构有两种形式：高电阻笼型转子和非磁性空心杯转子。高电阻笼型转子的交流伺服电动机目前应用较广泛，其结构和普通笼型异步电动机一样，但是为了减小转子的转动惯量，常将转子做成细而长的形状。笼型转子的导条和端环可以采用高电阻率的材料（如黄铜、青铜等）制造，也可采用铸铝转子。

非磁性空心杯转子的结构如图 4-4 所示。电动机中除了有和一般异步电动机一样的定子外，还有一个内定子。内定子是由硅钢片叠压而成的圆柱体，通常内定子上无绕组，只是代替笼型转子铁心作为磁路的一部分，作用是减少主磁通磁路的磁阻。在内外定子之间有一个细长的、装在转轴上的杯形转子，杯形转子通常用非磁性材料铝或铜制成，壁很薄，一般只有 0.2~0.8mm，因而具有较大的转子电阻和很小的转动惯量。杯形转子可以在内外定子间的气隙中自由旋转，电动机依靠杯形转子内感应的涡流与气隙磁场作用而产生电磁转矩。可见，非磁性空心杯转子

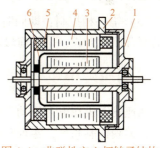

图 4-4 非磁性空心杯转子结构
1—端盖 2—机壳 3—内定子
4—外定子 5—定子绕组 6—杯形转子

交流伺服电动机的优点为转动惯量小，摩擦转矩小，因此快速响应好；另外，由于转子上无齿槽，所以运行平稳，无抖动，噪声小。其缺点是由于这种结构的电动机的气隙较大，励磁电流也较大，致使电动机的功率因数较低，效率也较低，它的体积和容量要比同容量的笼型转子交流伺服电动机大得多。

**2. 工作原理** 交流伺服电动机的工作原理与单相异步电动机相似，其原理如图 4-5 所示。图中 f 和 c 表示装在定子上的两个绕组，它们在空间相差 90°电角度。绕组 f 称为励磁绕组；绕组 c 称为控制绕组。转子为笼型。当它在系统中运行时，励磁绕组固定地接到电源上。

当控制绕组上未加控制电 $\dot{U}_c$ 时，气隙内磁场为脉振磁场，电动机无起动转矩，转子静止不动。

当给控制绕组加上控制电压 $\dot{U}_c$，且控制绕组的电流和励磁绕组的电流不同相（理想情况下应互差 90°）时，则在电动机气隙内产生旋转磁场。因此电动机有了起动转矩，转子就旋转起来。当控制

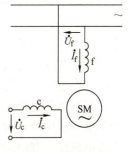

图 4-5 交流伺服
电动机原理

绕组上的控制电压 $\dot{U}_c$ 反相时，交流伺服电动机便可反转。这种伺服性仅仅表现在伺服电动机原来处于静止状态下。伺服电动机在自动控制系统中起执行命令的作用，因此不仅要求它在静止状态下能服从控制电压的命令而转动，而且要求它在受控起动以后，一旦信号消失，即控制电压除去，电动机能立即停转。

当控制电压 $\dot{U}_c$ 取消后，如果伺服电动机的结构和参数选择同一般单相异步电动机相似，它就会和单相异步电动机一样，电动机一经转动，即使在单相励磁下，还会继续转动，这样，电动机就失去控制，伺服电动机的这种失控而自行旋转的现象称为"自转"。

自转现象不符合可控性的要求。克服交流伺服电动机"自转"现象的有效方法是增大转子电阻。前面讲到的转子结构的两种特殊结构形式正是为了满足这种要求而设计的。

**3. 控制方法**　伺服电动机不仅需要具有起动和停止的伺服性，而且还需要具有转速的大小和方向的可控性。交流伺服电动机的控制方法有以下三种：

（1）幅值控制：即保持控制电压 $\dot{U}_c$ 的相位不变，使 $\dot{U}_c$ 与 $\dot{U}_f$ 的相位差始终保持90°电角度，仅仅改变其幅值来改变电动机的转速。

（2）相位控制：即保持控制电压 $\dot{U}_c$ 的幅值不变，仅仅改变其相位来控制电动机的转速，这种控制方式较少采用。

（3）幅—相控制：即同时改变 $\dot{U}_c$ 的幅值和相位来进行控制。这种控制方式是幅值—相位的复合控制方式，是目前最常用的一种控制方式。

# 4.2　测速发电机

测速发电机在电力拖动系统中用来测量转速，即把机械转速信号变换成对应的电压信号，反馈到控制系统，实现对转速的调节和控制。测速发电机有直流和交流两大类。

## 4.2.1　直流测速发电机

直流测速发电机是一种微型直流发电机，其作用是把拖动系统的旋转角速度转变为电压信号。它广泛用于自动控制、测量技术和计算技术。

**1. 基本结构及工作原理**　直流测速发电机的定、转子结构与普通小型直流发电机相同。按励磁方式可分为永磁式和他励式两种。

直流测速发电机的工作原理与一般直流发电机相同。图4-6所示为他励直流测速发电机工作原理。励磁绕组中流过直流电流时，产生沿空间分布的恒定磁场，电枢由被测机械拖动旋转，以恒定速度切割磁场，在电枢绕组中感应电动势，从电刷两端引出的直流电动势为

$$E_a = C_e \Phi n = K_e n \tag{4-3}$$

式中　$K_e$——电动势系数，$K_e = C_e \Phi$。

对于已制成的电机，当保持磁通不变时，$K_e$ 为常数，即电枢感应电动势的大小与转子的转速成正比。

直流测速发电机在空载时，电枢电流 $I_a = 0$，输出电压和电枢感应电动势相等，即 $U_a = E_a$。因此，直流测速发电机在空载时的输出电压与转速成正比。

直流测速发电机带负载时，其电枢电流 $I_a \neq 0$，$R_L$ 中流过电枢电流，并在电枢回路产生电阻压降，使输

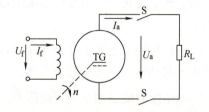

图4-6　他励直流测速发电机工作原理

出电压减小，即

$$I_a = \frac{U_a}{R_L} \tag{4-4}$$

$$U_a = E_a - I_a R_a \tag{4-5}$$

式中　$R_a$——电枢回路总电阻，包括电枢绕组内阻和电刷接触电阻。

将式（4-4）代入式（4-5），得出测速发电机的输出特性为

$$U_a = \frac{E_a}{1 + \frac{R_a}{R_L}} = \frac{C_e \Phi}{1 + \frac{R_a}{R_L}} n \tag{4-6}$$

**2. 输出特性**　输出特性表征电枢电压与转子转速的函数关系，即 $U_a = f(n)$。它是测速发电机的主要特性之一。

由式（4-6）可知，理想情况下，$R_a$、$R_L$、$\Phi$ 均为常数，输出电压与转速成正比。取不同的 $R_L$ 值，可得一组输出特性直线，如图4-7a所示。当 $R_L = \infty$ 时，为空载时的输出特性；$R_L$ 减小，输出特性曲线的斜率减小，输出电压降低。

**3. 误差**　直流测速发电机输出电压 $U$ 与转速 $n$ 为线性关系的条件是 $\Phi$、$R_a$ 和 $R_L$ 保持不变。实际上，直流测速发电机在运行时，周围环境温度的变化，直流测速发电机有负载时电枢反应的去磁作用，电刷与换向器接触电阻的变化都将在输出特性上引起线性误差。

直流测速发电机的实际输出特性如图4-7b所示。

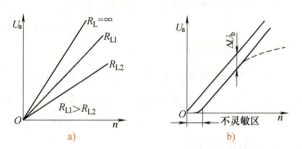

图4-7　直流测速发电机的输出特性
a）理想特性　b）实际特性

## 4.2.2　交流测速发电机

交流测速发电机又分为同步和异步两种。对于同步测速发电机，由于输出电压频率随转速而改变，不适用于自动控制系统，通常交流测速发电机是指异步测速发电机。本节介绍空心杯转子交流异步测速发电机。

**1. 基本结构**　异步测速发电机的基本结构与普通异步电动机相似。定子上安装两对称绕组，转子为笼型或杯型两种结构。相比之下，笼型转子的惯性大、特性较差。因此，对精度要求较高的控制系统多采用空心杯转子。空心杯转子交流测速发电机的结构和空心杯转子交流伺服电动机的结构相同，如图4-4所示。定子上有两相互相垂直的绕组，其中一相为励磁绕组，另一相为输出绕组。转子为空心杯结构，用高电阻率的硅锰青铜或铝锌青铜制成，是非磁性材料，壁厚 $0.2 \sim 0.3mm$。杯子里还有一个内定子，目的是减小磁路的磁阻。

**2. 基本原理**　空心杯转子交流异步测速发电机的工作原理如图4-8所示。图中，励磁绕组的轴线为 d 轴，输出绕组的轴线为 q 轴。工作时，励磁绕组接单相交流电源，频率为 $f$，d 轴方向的脉振磁通为 $\dot{\Phi}_d$，发电机转子逆时针方向旋转，转速为 $n$。

当电机的励磁绕组外施电压 $\dot{U}_1$ 时，便有电流 $\dot{I}_1$ 流过绕组，在电机气隙中沿励磁绕组轴线（d 轴）产生一频率为 $f$ 的脉动磁通 $\dot{\Phi}_1$。

转子不动时，d 轴的脉振磁通在空心杯转子中感应出电动势 $\dot{E}_{rd}$，这一电动势将产生转

子电流 $\dot{I}_{rd}$，此电流所产生的磁通 $\dot{\Phi}'_1$ 与励磁绕组产生的磁通在同一轴线上，阻碍 $\dot{\Phi}_1$ 的变化，两者的合成磁通为沿 d 轴的磁通 $\dot{\Phi}_d$。而输出绕组的轴线和励磁绕组轴线空间位置相差 90° 电角度，它与 d 轴磁通没有耦合关系，故不产生感应电动势，输出电压为零，如图 4-8a 所示。

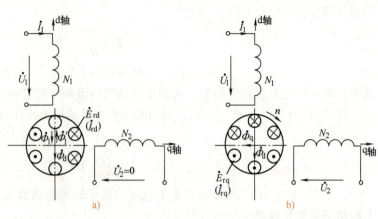

图 4-8  交流异步测速发电机工作原理

转子转动后，转子绕组中除了感应 $\dot{E}_{rd}$ 外，同时因转子导体切割磁通 $\dot{\Phi}_d$，而在转子绕组中感应一旋转电动势 $\dot{U}_{rq}$，其有效值为

$$E_{rq} = C_q \Phi_d n \propto \Phi_d n \tag{4-7}$$

式中，$C_q$ 为比例常数。

由于 $\dot{\Phi}_d$ 随频率 $f$ 交变，所以 $\dot{E}_{rq}$ 也随频率 $f$ 交变。在 $\dot{E}_{rq}$ 的作用下，转子将产生电流 $\dot{I}_{rq}$。由 $\dot{I}_{rq}$ 所产生的磁通 $\dot{\Phi}_q$ 也是交变的，$\dot{\Phi}_q$ 的大小与 $\dot{I}_{rq}$ 也就是与 $\dot{E}_{rq}$ 的大小成正比，即

$$\Phi_q = K E_{rq} \tag{4-8}$$

式中，$K$ 为比例常数。

$\dot{\Phi}_q$ 的轴线与输出绕组轴线（q 轴）重合，如图 4-8b 所示。由于 $\dot{\Phi}_q$ 作用在 q 轴，因而在定子的输出绕组中感应出交变的电动势，其频率仍为 $f$，而有效值为

$$E_2 = 4.44 f N_2 K_{N2} \Phi_q \tag{4-9}$$

式中   $N_2 K_{N2}$——输出绕组的有效匝数，对特定的电机，其值为常数。

考虑到 $E_2 \propto \Phi_q \propto E_{rq} \propto \Phi_d n$，$U_2 \approx E_2$，故输出电压 $U_2$ 可写成

$$U_2 \propto \Phi_d n = C_1 n \tag{4-10}$$

式中，$C_1$ 为比例常数。

通过式（4-10）可看出，输出绕组中所感应产生的电压 $U_2$ 与转速 $n$ 成正比。若转子转动方向相反，则转子中的旋转电动势 $\dot{E}_{rq}$、电流 $\dot{I}_{rq}$ 及其所产生的磁通 $\dot{\Phi}_q$ 的相位均随之相反，因而输出电压 $\dot{U}_2$ 的相位也相反。这样，异步测速发电机就能将转速信号转变成电压信号输出，实现测速的目的。

## 4.3  步进电动机

步进电动机是一种将输入脉冲信号转换成输出轴的角位移或直线位移的执行元件。这种电动机每输入一个脉冲信号，输出轴便转过一个固定的角度，即向前迈进一步，故称为步进电动机或脉冲电动机。因而，步进电动机输出轴转过的角位移量与输入脉冲数量成正比，而输出轴的转速或线速度与脉冲频率成正比。

步进电动机的种类很多，按工作原理分，有反应式、永磁式和感应式三种。其中反应式步进电动机具有步距小、响应速度快、结构简单等优点，广泛应用于数控机床、自动记录仪、计算机外围设备等数控设备。

## 4.3.1　反应式步进电动机的结构及工作原理

图4-9是反应式步进电动机的结构原理。定子和转子均为叠片式结构，定子上有6个磁极均匀分布，每个极上都绕有控制绕组，由两个相对的磁极组成一相，同一相的控制绕组可以串联或并联，组成3个独立的绕组，称为三相绕组，独立绕组数称为步进电动机的相数。除三相以外，步进电动机还可以做成四、五、六等相数。为简单方便，假设转子上只有4个齿，齿上不装绕组，只构成主磁路。

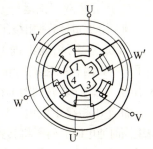

图4-9　反应式步进电动机的结构原理

由图4-9可见，由于结构的原因，沿转子圆周表面各处气隙不同，因而磁阻不相等，齿部磁阻小，两齿之间磁阻大。当控制绕组中流过脉冲电流时，产生的主磁通总是沿磁阻最小的路径闭合，即经转子齿、铁心形成闭合回路。因此，转子齿会受到切向磁拉力而转过一定的机械角度，称**步距角** $\theta_s$。如果控制绕组按一定的脉冲分配方式连续通电，电动机就按一定的角频率运行。改变控制绕组的通电顺序，电动机就可反转。

对于定子有六个磁极的三相步进电动机，有三相单三拍、三相双三拍和单、双六拍3种运行方式。

（1）三相单三拍运行方式：三相步进电动机最简单的运行方式为三相单三拍。所谓"三相"是指三相步进电动机具有三相定子绕组；"单"是指每次只有一相绕组通电；"三拍"是指通电三次完成一个通电循环。也就是说，这种运行方式是按U→V→W→U或相反顺序通电的。其工作原理如图4-10所示。

当U相绕组单独通电时，由于磁力线总是力图从磁阻最小的路径通过，即要建立以UU'为轴线的磁场，因此在反应转矩的作用下，转子将从前一步的位置转到齿1、3与定子UU'极对齐的位置，如图4-10a所示。当U相绕组断电，V相绕组单独通电时，又会建立以VV'为轴线的磁场，如图4-10b所示。靠近V相的转子齿

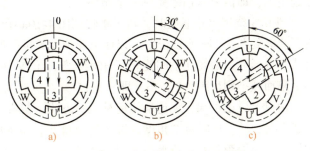

图4-10　三相单三拍运行方式工作原理

2、4将转到与VV'极对齐的位置。同理，当V相绕组断电而W相绕组单独通电时，如图4-10c所示，靠近W相的转子齿3、1将转到与WW'极对齐的位置。以后重复上述过程。可见，当三相绕组按U→V→W→U的顺序通电时，转子将顺时针方向旋转。若改变三相绕组的通电顺序，即按U→W→V→U的顺序通电，转子就会变成逆时针方向旋转，通电一个循环，磁场在空间旋转了360°，而转子只转过了一个齿距角（转子相邻两齿中心线之间的夹角）。显然，齿距角 $\theta_z$ 与转子齿数 $z$ 之间的关系为

$$\theta_z = \frac{360°}{z} \tag{4-11}$$

对于 4 个转子齿的步进电动机来说，$\theta_z = 90°$。在单三拍运行时，步距角 $\theta_s$（每输入一个脉冲时转子转过的角度）却只有齿距角的 1/3，即

$$\theta_s = \frac{1}{3}\theta_z = \frac{90°}{3} = 30°$$

在上述的三相单三拍运行方式中，由于每次只有一相绕组通电吸引转子，容易使转子在平衡位置附近产生振荡，影响运行稳定性。因此，实用中很少采用这种运行方式，而采用三相双三拍或单、双六拍的工作方式。

（2）三相双三拍运行方式：这种运行方式是按 UV→VW→WU→UV 或相反的顺序通电的，即每次同时给两相绕组通电。其工作原理如图 4-11 所示。

当 U、V 两相绕组同时通电时，由于 U、V 两相的磁极对转子齿都有吸引力，故转子将转到图 4-11a 所示位置。而当 U 相绕组断电，V、W 两相绕组同时通电时，转子将转到图 4-11b 所示位置。而当 V 相绕组断电，W、U 两相绕组同时通电时，转子将转到图 4-11c 所示位置。可见，当三相绕组

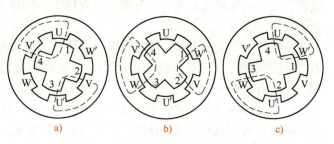

图 4-11　三相双三拍运行方式工作原理

按 UV→VW→WU→UV 顺序通电时，转子顺时针方向旋转。改变通电顺序，使其按 UV→WU→VW→UV 顺序通电时，即可改变转子旋转的方向。通电一个循环，磁场在空间旋转了 360°时，而转子也只转了一个齿距角。双三拍运行时，步距角仍等于齿距角的 1/3，即 $\theta_s = 30°$。

在三相双三拍运行方式中，由于总有一相持续通电，对转子具有电磁阻尼作用，故电动机运转比较平稳。

（3）单、双六拍运行方式：这种运行方式是按 U→UV→V→VW→W→WU→U 或相反顺序通电的，即需要六拍才完成一个循环。

当 U 相绕组单独通电时，转子将转到图 4-10a 所示位置，当 U 和 V 相绕组同时通电时，转子将转到图 4-11a 所示位置，以后情况依此类推。所以采用这种运行方式时，经过六拍即完成一个循环，磁场在空间旋转了 360°，转子仍只转了一个齿距角，但步距角却因拍数增加 1 倍而减小到齿距角的 1/6，即 $\theta_s = 15°$。

由以上讨论可知，无论采用何种运行方式，步进电动机从一种通电状态依次转换到另一种状态时，转子所转过的角度，称为齿距角 $\theta_z$。步进电动机经过一次完整的通电状态循环，才转过一个齿距角 $\theta_z$。由此得出步距角 $\theta_s$ 为

$$\theta_s = \frac{\theta_z}{N} = \frac{360°}{Nz} = \frac{360°}{mKz} \tag{4-12}$$

式中　$N$——运行拍数；

　　　$m$——定子绕组相数；

　　　$K$——与通电方式有关的系数，$K = N/m$。

例如，上述的步进电动机（$z = 4$，$m = 3$）在单三拍或双三拍运行方式时，$K = 1$，步距角 $\theta_s = 360°/(3 \times 1 \times 4) = 30°$；在三相六拍运行时，$K = 2$，步距角 $\theta_s = 360°/(3 \times 2 \times 4) = 15°$。

步进电动机的步距角越小，其位置控制精度就越高。由式(4-12)可知，增加相数（磁极数）或增加转子齿数，可以减小步距角。由于增加磁极数因此应尽量增加转子的齿数。

图 4-11 所示的步进电动机，步距角太大，不能满足要求。要想减小步距角，由式（4-12）可知，一是增加相数 $m$；二是增加转子的齿数 $z$。由于相数越多，驱动电源就越复杂，同时还要受到电动机尺寸和结构的限制，所以较好的解决方法还是增加转子的齿数。小步距角步进电动机典型结构如图 4-12 所示，转子的齿数增加了很多（图中为 40 个齿），定子每个极上也相应地开了几个齿（图中为 5 个齿）。当 U 相绕组通电时，U 相磁极下的定、转子齿应全部对齐，而 V、W 相下的定、转子齿应依次错开 $1/m$ 个齿距角。这样在 U 相断电而别的相通电时，转子才能继续转动。

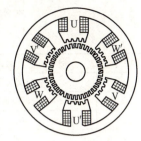

图 4-12　小步距角步进
电动机典型结构

　　既然转子每经过一个步距角相当于转了 $1/(zN)$ 圈，若脉冲频率为 $f$，则转子每秒钟就转了 $f/(zN)$ 圈，故转子每分钟转速为

$$n = \frac{60f}{zN}$$
（4-13）

式中　$f$——控制脉冲的频率（Hz）；

　　　　$n$——步进电动机的转速（r/min）。

　　由式 4-13 可知，当步进电动机的转子齿数和拍数一定时，电动机的转速与控制脉冲的频率成正比。因此，通常采用调节控制脉冲频率的高低，来改变步进电动机的转速。

### 4.3.2　步进电动机的驱动电源

　　步进电动机应由专用的驱动电源来供电，由驱动电源和步进电动机组成一套伺服装置来驱动负载工作。步进电动机的驱动电源主要包括变频信号源、脉冲分配器和脉冲放大器 3 个部分，如图 4-13 所示。变频信号源是一个频率从几十赫兹到几千赫兹的可连续变化的信号发生器，可以采用多种线路，最常见的有多谐振荡器和单结晶体管构成的弛张振荡器两种，它们都是通过调节电阻 $R$ 和电容 $C$ 的大小来改变电容充放电的时间常数，以达到选取脉冲信号频率的目的。脉冲分配器是由门电路和双稳态触发器组成的逻辑电路，它根据指令把脉冲信号按一定的逻辑关系加到放大器上，使步进电动机按一定的运行方式运转。目前，随着微型计算机特别是单片机的发展，变频信号源和脉冲分配器的任务均可由单片机来承担，这样不但工作更可靠，而且性能更好。从脉冲分配器输出的电流只有几个毫安，不

图 4-13　步进电动机的驱动电源

能直接驱动步进电动机，因为步进电动机的驱动电流为几安到几十安，因此在脉冲分配器后面都接有功率放大电路作为脉冲放大器，经功率放大后的电脉冲信号可直接输出到定子各相绕组中去控制步进电动机工作。

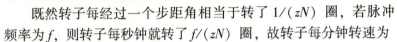

### 4.4　交流伺服电动机的操作使用

#### 1. 目的要求

1）学会交流伺服电动机的接线。

2) 测试交流伺服电动机的性能。

2. 设备与器材  本实训所需设备、器材见表4-1。

表4-1  实训所需设备、器材

| 序号 | 名称 | 符号 | 规格 | 数量 | 备注 |
|------|------|------|------|------|------|
| 1 | 三相交流调压电源 | | | 1 | |
| 2 | 交流伺服电动机 | | | 1 | |
| 3 | 变压器 | | 127/220V | 1 | |
| 4 | 调压器 | | 220/0~250V | 1 | |
| 5 | 交流电压表 | | | 2 | |
| 6 | 转速表 | | | 1 | |
| 7 | 导线 | | | 若干 | |

3. 实训内容与步骤

1) 绘制交流伺服电动机的工作电路。参考电路如图4-14所示，电路的接线如图4-15所示。交流电压表选用300V量程，交流电源输出电压调至最小，控制绕组调压器输出调至最小。

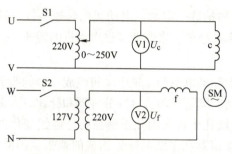

图4-14  交流伺电动机的工作电路

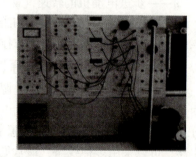

图4-15  交流伺服电动机的实训接线

2) 接通励磁电源开关S2，升高交流电源输出电压，使励磁电压 $U_f = 220V$。再接通控制电源开关S1，慢慢升高控制电压 $U_c$，注意观察并记录交流伺服电动机的起动电压。

$$U_{st} = \_\_\_\_ V$$

3) 继续升高交流伺服电动机的控制电压和转速，直至 $U_c = 220V$。

4) 逐渐减小控制电压使电动机减速，用手持式转速表测量交流伺服电动机对应于不同控制电压时的转速，记录对应的电压和转速，测取7~8组数据，记录于表4-2中。

表4-2  交流伺服电动机的调速特性记录表

| $U_c/V$ | | | | | | | | |
|---------|---|---|---|---|---|---|---|---|
| $n/(r/min)$ | | | | | | | | |

5) 测试结果经指导教师确认后，依次断开开关S2和S1。

6) 注意事项。

① 控制绕组的调压器接到U、V相，引入线电压 $U_{UV}$，励磁绕组的变压器接到W相，引入相电压 $U_W$，这样才能使 $U_f$ 与 $U_c$ 相位差90°。

② 测试过程中注意变压器和电动机的电压不能调得过高，以防发生事故。

4. 实训分析

1) 伺服电动机的作用是什么？自动控制系统对伺服电动机有什么要求？

2）交流伺服电动机有哪几种控制方式？如何使其反转？

3）什么叫"自转"现象？交流伺服电动机是如何消除"自转"现象的？

4）技能训练中，交流伺服电动机是如何获得相位差90°电角度的两相对称交流电的？其原理是什么？

## 4.5  步进电动机的运行与基本特性的测定

### 1. 目的要求

1）了解步进电动机的驱动电源和接线操作。

2）学会步进电动机基本特性的测定方法。

### 2. 设备与器材  本实训所需设备、器材见表4-3。

表4-3  实训所需设备、器材

| 序号 | 名称 | 符号 | 规格 | 数量 | 备注 |
|---|---|---|---|---|---|
| 1 | 步进电动机控制箱 | | | 1 | |
| 2 | 三相反应式步进电动机 | | | 1 | 见图4-16 |
| 3 | 导线 | | | 若干 | |

步进电动机控制箱面板控制键盘功能说明（见图4-17）：

1）设置键：手动单步运行方式和连续运行方式的选择。

2）拍数键：单三拍、双三拍、三相六拍等运行方式的选择。

3）相数键：电机相数（三相、四相、五相）的选择。

4）转向键：电机正、反转选择。

5）数位键：预置步数的数据位设置。

6）数据键：预置步数位的数据设置。

7）执行键：执行当前运行状态。

8）复位键：由于意外原因导致系统死机时按此键复位。

图4-16  三相反应式步进电动机

### 3. 实训内容与步骤

1）开启电源开关，面板上的三位数字频率计将显示000。由六位LED数码管组成的步进电动机运行状态显示器自动进入：9999→8888→7777→6666→5555→4444→3333→2222→1111→0000动态自检过程，而后显示停止在系统的初态。

2）控制系统试运行。暂不接步进电动机绕组，开启电源进入系统初态后，即可进入试运行操作。先用设置键设置成手动单步运行方式，按执行键后观察显示情况；再设置成连续运行方式，观察按下执行键后的显示情况；最后转动速度调节旋钮，观察脉冲和运行状态的显示情况。

3）单步操作运行。将步进电动机绕组与控制箱面板的输出端相连接，设置成手动单步运行方式，按执行键。

4）观察步进电动机电脉冲频率与转速关系。控制系统置于连续运行状态，按执行键，步进电动机连续运转后，转动速度调节旋钮使频率升高，观察步进电动机转速的变化情况。

图4-17  步进电动机
控制箱面板

5）空载突跳频率的测定。步进电动机连续运转后，调节速度调节旋钮使频率提高至某频率（自动指示当前频率）。按设置键让步进电动机停转，再重新起动电机（按执行键），观察电动机能否运行正常；如正常，则继续提高频率，直至电动机不失步起动的最高频率，则该频率为步进电动机的空载突跳频率，记录 $f_{st}$ = _____ Hz。

6）空载最高连续工作频率的测定。步进电机空载连续运转后，缓慢调节速度调节旋钮使频率提高，仔细观察电动机是否失步；如不失步，则再缓慢提高频率，直至电动机能连续运转的最高频率，则该频率为步进电动机空载最高连续工作频率，记录 $f_0$ = _____ Hz。

### 4. 实训分析

1）步进电动机的作用是什么？其转速是由哪些因素决定的？

2）什么是步进电动机的步距角？一台三相步进电动机可以有两个步距角，这是什么意思？什么是单三拍、双三拍和六拍工作方式？

3）一台三相步进电动机，可采用三相单三拍或三相单双六拍工作方式，转子齿数 $z$ = 50，电源频率 $f$ = 2kHz，分别计算两种工作方式的步距角和转速。

4）步进电动机的起动频率和运行频率与负载大小有什么关系？

# 学习小结

本学习领域主要介绍几种常用控制电机的结构特点、工作原理和工作特性等。主要内容是：

（1）伺服电动机在自动控制系统中作为执行元件，把输入的电压信号转换为轴上的角位移和角速度输出，输入的电压信号称为控制电压。改变控制电压可以改变伺服电动机的转速和转向。伺服电动机可分为交流伺服电动机和直流伺服电动机。

交流伺服电动机的基本特点是可控性好，可采用增大转子电阻的办法改善其机械特性、克服"自转"现象。采用空心杯转子除能克服"自转"现象外，还可以提高响应速度，减小转动惯量，提高起动转矩。

直流伺服电动机实质上是一台他励直流电动机，采用电枢控制方式的机械特性与调节特性均是线性的，励磁功率小，响应迅速。

与直流伺服电动机相比，交流伺服电动机自身的机械特性和调节特性较差。

（2）测速发电机是一种测量转速的信号元件，它将输入的机械转速转换为电压信号输出，发电机的输出电压与转速成正比。测速发电机分为交流测速发电机和直流测速发电机两类。

（3）步进电动机是一种把电脉冲信号转换成角位移或直线位移的执行元件，在数字控制系统中被广泛应用。步进电动机由控制脉冲通过驱动电源来控制其一步一步地转动。步进电动机每输入一个脉冲，转子转动一个固定的角度，其步距角与运行拍数和转子齿数成反比，转子转速与转角分别对应于脉冲频率与总的脉冲数目。

# 思考题与习题

1. 交流伺服电动机的控制方法有几种？
2. 什么是交流伺服电动机的自转现象？怎样克服"自转"？

3. 有一台交流伺服电动机，额定转速为725r/min，额定频率为50Hz，空载转差率为0.0067，试求极对数、同步转速、空载转速、额定转差率和转子电动势频率。

4. 什么条件下交流测速发电机的输出电压与转速成正比？实际的输出电压不能完全满足这个要求，主要的误差有哪些？

5. 什么叫步进电动机？

6. 什么是步进电动机的步距角？一台三相步进电动机可以有两个步距角，这是什么意思？什么是单三拍、双三拍和六拍工作方式？

7. 步进电动机的驱动电路包括哪些部分？

8. 一台五相十拍运行的步进电动机，$z=48$，$f=600$Hz，试求 $\theta_s$ 和 $n$ 各为多少？

9. 步距角为 1.5°/0.75° 的反应式三相六拍步进电动机转子有多少齿？若频率为 2000Hz，电动机转速是多少？

# 学习领域5

# 常用低压电器

## 学习目标 ▶▶

1) 知识目标：
▲熟悉常用低压电器的分类、功能、基本结构及主要参数。
▲理解常用低压电器的工作原理和型号意义。
▲熟记常用低压电器的图形符号和文字符号。

2) 能力目标：
▲能够识别、选用、安装和使用常用低压电器。
▲能进行常用低压电器的测试、拆装、检修和维护。

3) 素养目标：
▲激发学习兴趣和探索精神，掌握正确的学习方法。
▲培养学生获取新知识、新技能的学习能力。
▲培养学生的团队合作精神，形成优良的协作能力和动手能力。
▲培养学生的安全意识。

## 知识链接 ▶▶

凡是对电能的生产、传输、分配和使用起到切换、保护、检测、控制或调节等作用的器件统称为电器。通常，额定电压在交流 1200V、直流 1500V 及其以下的电器称为低压电器。无论在低压供电系统，还是在控制生产过程的电力拖动系统中，都大量使用各种类型的低压电器。

## 5.1 常用低压电器的基本知识

### 5.1.1 低压电器的分类

低压电器的工作原理不同、结构各异、功能多样、用途广泛，因而其种类繁多且分类方法也是各种各样。

#### 1. 按低压电器的用途分类

（1）低压配电电器：主要用于配电线路，对电路及设备进行通断、保护以及转换电源和负载。如刀开关、熔断器、低压断路器等。

（2）低压控制电器：用于各种控制电路和控制系统中，控制用电设备并使其达到预期工作状态要求的电器。如手动电器有转换开关、按钮开关等，自动电器有接触器、继电器、电磁阀等，自动保护电器有热继电器、熔断器等。

（3）终端电器：用于线路末端的一种小型化、模数化的组合式开关电器，可根据需要组合，对电路和用电设备进行配电、保护、控制、调节、报警等，包括各种智能单元、信号指示、防护外壳和附件等。

（4）执行电器：用于完成某种动作或传送功能的电器。如电磁铁、电磁离合器等。

（5）通信用低压电器：带有计算机接口和通信接口，可与计算机网络连接的电器。如智能化断路器、智能化接触器及电动机控制器等。

（6）其他电器：包括变频调速器、可编程序控制器、软起动器、稳压与调压电器等。

**2. 按低压电器的动作性质分类**　可分为自动切换电器和非自动切换电器。自动切换电器是依靠本身参数或外来信号自动进行动作的；非自动切换电器又称手动电器，它是用手来直接操作进行切换的。

**3. 按低压电器的工作条件分类**　可分为一般用途电器、矿用电器、船用电器、牵引电器和航空电器等。

**4. 按低压电器有无触头的结构特点分类**　可分为有触头电器和无触头电器。目前有触头电器仍占多数，随着电子技术的发展，无触头电器的应用会日趋广泛。

## 5.1.2　电磁机构

电磁机构是电磁式继电器和接触器等低压电器的主要组成部件之一，它是将电磁能转换为机械能，从而带动触头动作。此外，电磁机构还用于某些设备的电磁执行机构。

**1. 电磁机构的结构形式**　电磁机构主要由磁路和吸引线圈两个部分组成，其中磁路包括铁心、铁轭、衔铁和气隙，吸引线圈由骨架、导线和绝缘构成。图5-1所示为几种常用电磁机构的结构示意图。按照不同的依据，电磁机构的分类情况如下。

（1）按衔铁的运动方式分类

1）衔铁沿棱角转动的拍合式铁心，如图5-1a所示。衔铁绕铁轭的棱角而转动，磨损较

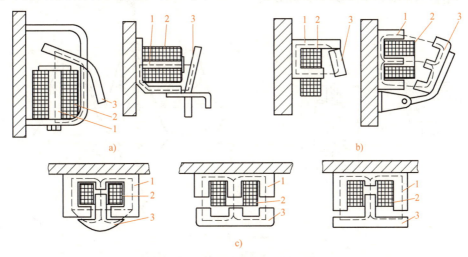

图 5-1　常用电磁机构的结构示意图
a）衔铁沿棱角转动的拍合式铁心　b）衔铁沿轴转动的拍合式铁心　c）衔铁直线运动的直动式铁心
1—铁心　2—线圈　3—衔铁

小，铁心用软铁，适用于直流接触器。

2）衔铁沿轴转动的拍合式铁心，如图 5-1b 所示。衔铁可绕轴转动，铁心用硅钢片叠成，用于交流接触器。

3）衔铁直线运动的直动式铁心，如图 5-1c 所示。衔铁在线圈内直线运动，多用于交流接触器中。

（2）按磁路系统形状分类：电磁机构可分为 U 形和 E 形，如图 5-1b 所示。

（3）按线圈与电路的连接方式分类：可分为并联（电压）线圈和串联（电流）线圈两种。并联（电压）线圈通常用绝缘性能好的电磁线绕制而成；串联（电流）线圈匝数少、导线粗、阻抗小、电流大，故通常用粗圆铜线或扁铜线制成。

（4）按吸引线圈通电的种类分类：可分为直流线圈和交流线圈两种。

**2. 电磁机构的工作原理**　当吸引线圈通以一定的电压或电流时，通过铁心和气隙产生磁场，这一磁场将对衔铁产生电磁吸力，并通过气隙将电磁能转换为机械能，从而使衔铁吸合。衔铁吸合时带动其他机械机构动作，实现相应的功能，如打开阀门、实现抱闸等，或带动触头动作以完成触头的分断和接通。在衔铁上除作用一个使其吸合的电磁吸力外，还作用一个使衔铁释放的力，这个力称之为反力。当吸引线圈无电压或电流时，电磁吸力消失，衔铁在反力的作用下释放，此时衔铁带动其他机械机构动作，实现与上述相反的功能。

**3. 单相交流电磁机构短路环的作用**　单相交流电磁机构的吸力是脉动的，衔铁将产生振动和噪声。为削弱振动和噪声，在单相交流电磁机构的铁心柱端面上 2/3 处开一个槽，槽内嵌以由铜材料制成的短路环，如图 5-2a 所示。铁心柱端面上嵌上短路环后，经过气隙的磁通被分成两部分，一部分是不穿过短路环进入气隙的磁通 $\Phi_1$，另一部分是穿过短路环进入气隙的磁通 $\Phi_2$。由于短路环的作用，磁通 $\Phi_2$ 的相位滞后于磁通 $\Phi_1$ 的相位一个角度 $\psi$，它们分别产生的电磁吸力 $F_1$ 和 $F_2$ 的相位也相差一个角度 $\Psi$。总电磁吸力 $F$ 是 $F_1$ 与 $F_2$ 的叠加，虽然总吸力仍是脉动的，但其最小吸力 $F_{min}$ 不再为零，如图 5-2b 所示。如果短路环设计得比较理想，使 $\Psi = 90°$，且 $F_1$ 与 $F_2$ 近乎相等，将使总吸力 $F$ 比较平坦，只要 $F_{min}$ 大于反力，衔铁的振动和噪声就会大大削弱。

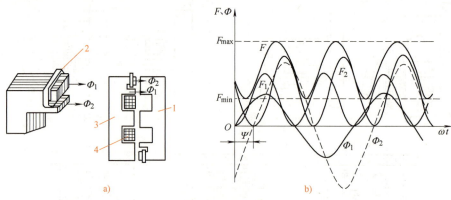

图 5-2　短路环的作用原理

a）短路环与磁通　b）磁通与力的变化

1—衔铁　2—短路环　3—铁心　4—线圈

### 5.1.3　低压电器的触头系统和灭弧系统

**1. 触头系统**　触头是电磁式继电器、接触器等电器的执行部件，这些电器就是通过触头的动作来接通和分断电路的。触头工作的好坏直接影响电器的工作性能，因此要求触头有良好的导电、导热能力。

触头的接触形式和结构形式很多，按触头的接触形式可分为3种，即点接触、面接触和线接触，如图5-3a～c所示；按触头的结构形式可分为指形、桥式、分裂式和片簧式等，如图5-3d～g所示。小型继电器中常采用分裂式和片簧式触头。按触头控制的电路，可分为主触头和辅助触头。主触头一般用于接通或分断主电路，允许通过较大的电流；辅助触头一般用于接通或分断控制电路，只允许通过较小的电流。

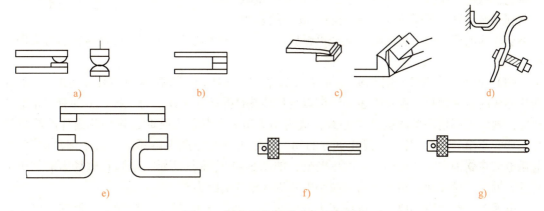

图 5-3　触头的接触形式和结构形式

a）点接触　b）面接触　c）线接触　d）指形　e）桥式　f）分裂式　g）片簧式

线接触触头通常采用指形结构，指形触头在接通时有一个滚动过程，消耗了撞击能量，防止了触头的跳动。同时接通和分断点均在触头的端部，工作点在触头的底部，即接通和分断点与工作点不在同一点，这样有利于电弧的转移，减少了电器磨损，还能清除触头表面的氧化膜，保证触头的良好接触。图5-4所示为指形触头的接通和分断过程。接通时的接触位置从A滚动到B，分断时的接触位置从B滚动到A。指形触头常用于直流接触器和低压断路器中。

触头有接通和分断两个状态。按原始状态的不同（原始状态是指未操作或电磁机构线圈未通电时，触头的状态），触头可分为常开和常闭两种。在未操作或电磁机构线圈未通电时，处于分断状态的触头称为常开触头，处于接通状态的触头称为常闭触头；操作后或电磁机构线圈通电后，常开触头接通，常闭触头分断。

**2. 灭弧系统**　在触头接通和分断的短时间内，触头间隙处往往产生电弧。电弧的存在不仅延迟了电路的分断，触头产生电磨损，而且还可能烧坏电器的其他部件，甚至引起火灾。因此，应尽量减小电弧和尽快熄灭电弧，以保证电器的正常工作。

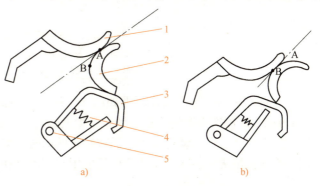

图 5-4　指形触头的接触过程

a）接通瞬间　b）接通结束

1—静触头　2—动触头　3—触头支架　4—触头弹簧　5—触头支架销孔

常用的灭弧装置有以下几种：

（1）桥式结构双断点触头灭弧：图 5-5 所示为桥式结构双断点触头的灭弧原理。当触头分断时，在断口中产生电弧，流过两电弧的电流 $I$ 方向相反，电弧受到互相排斥的磁场力 $F$，在 $F$ 的作用下，电弧向外运动并被拉长。这时电弧迅速进入冷却介质，加快了电弧冷却。这种双断点触头在分断时形成两个断点，将一个电弧分为两个电弧，从而使电弧减小以利灭弧。这种灭弧方法效果较弱，故一般多用

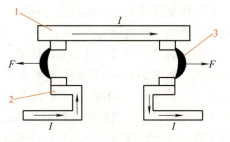

图 5-5　桥式结构双断点触头的灭弧原理
1—动触头　2—静触头　3—电弧

于小功率的电器。但用金属栅片配合灭弧后，也可用于大功率的电器。交流接触器常采用这种灭弧方法。

（2）金属栅片灭弧：图 5-6a 所示为金属栅片灭弧原理。灭弧罩内装有许多由 2～3mm 钢片冲成的金属栅片，栅片外表面镀铜以增加传热性并防止生锈。每一栅片上冲有三角形的缺口，缺口底部稍许偏离栅片中心线，成为不等边三角状。安装时，将相邻栅片的缺口错开，如图 5-6b 所示。当位于栅片下方的动、静触头分断并产生电弧时，由于栅片的存在，电弧电流在周围空间产生的磁场发生畸变，如图 5-6b 中虚线所示。电弧在磁场力的作用下而进入栅片。栅片缺口错开是为了减小电弧进入栅片的阻力。

电弧进入栅片后，被分割成许多串联的短弧，如图 5-6c 所示。当触头上所加的电压是交流时，交流电产生的交流电弧要比直流电弧容易熄灭。因为每个周期有两次过零点，电压在过零点时电弧显然容易熄灭。因此，交流电器常用金属栅片灭弧装置。另外灭弧栅片还具有散热作用，可降低电弧温度，更有利于灭弧。

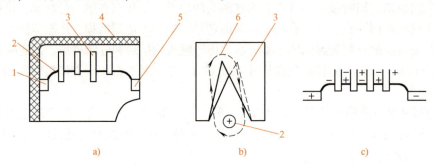

a)　　　　　　　　　b)　　　　　　　　c)

图 5-6　金属栅片灭弧原理
a）灭弧装置结构　b）栅片形状　c）栅片将电弧分成短弧
1—动触头　2—电弧　3—金属栅片　4—灭弧罩　5—静触头　6—磁通

（3）磁吹灭弧：磁吹灭弧原理如图 5-7 所示。将磁吹线圈与主电路串联，主电路的电流 $I$ 流过磁吹线圈产生磁场。触头分断产生电弧时，在磁场力 $F$ 的作用下，使电弧在灭弧罩窄缝中向上运动，在运动过程中电弧被拉长的同时，电弧又被冷却，从而产生强烈的消电离作用，将电弧熄灭。磁吹灭弧装置广泛应用于直流接触器等直流电器中。

## 5.2　主令电器

主令电器是在自动控制系统中发出指令的电器。主令电器应用广泛，种类繁多，按其作用可分为控制按钮、行程开关、接近开关、万能转换开关、主令控制器等。这里只介绍几种

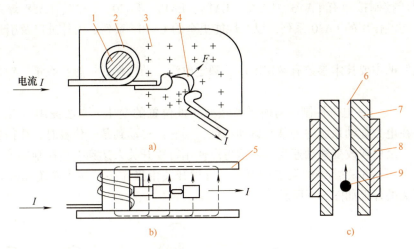

图 5-7　磁吹灭弧原理

a) 磁吹线圈产生的磁场力　b) 俯视图　c) 窄缝灭弧室

1—铁心　2—线圈　3—磁通　4—电弧　5—磁轭　6—窄缝　7—灭弧室　8—磁性夹板　9—电弧

常用的主令电器。

**1. 控制按钮**　控制按钮通常用来接通或分断控制电路，以控制接触器、继电器、电磁起动器等电器，从而控制电动机或电气设备的运行，或用于信号电路和电气联锁电路。

（1）控制按钮的结构及工作原理：控制按钮一般由按钮帽、复位弹簧、触头和外壳等组成，其外形和结构如图 5-8a、b 所示。当按下按钮时，桥式触头随着推杆一起往下移动，常闭触头分断；桥式触头继续往下移动，直到和下面一对静触头接触，于是常开触头接通。松开按钮后，复位弹簧使推杆和触头复位，常开触头恢复为分断状态，常闭触头恢复为接通状态。根据需要，按钮中触头数量可装配成 1 常开 1 常闭到 6 常开 6 常闭，触头一般采用桥式结构。

控制按钮的文字符号为 SB，其常开触头、常闭触头和复合触头的图形符号见图 5-8c。

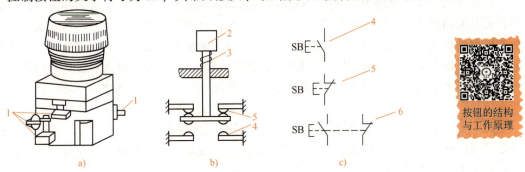

按钮的结构
与工作原理

图 5-8　按钮外形、结构及符号

a) 按钮外形　b) 按钮的结构原理　c) 符号

1—触头接线柱　2—按钮帽　3—复位弹簧　4—常开触头　5—常闭触头　6—复合触头

（2）控制按钮类型及主要技术参数。按保护形式分，控制按钮有开启式、保护式、防水式和防腐式等。按结构形式分，控制按钮有嵌压式、紧急式、带灯紧急式、钥匙式、旋钮式、带信号灯式、带灯揿钮式等。控制按钮的颜色有红、黑、绿、黄、白、蓝等，以示不同用途，一般红色按钮用作停止按钮，绿色按钮用作起动按钮。

常用国产控制按钮有 LAY3、LAY6、LA18、LA19、LA20、LA25、LA38 等系列，另外还有防尘、防溅作用的 LA30 系列，以及性能更全的 LA101 系列。国外进口及引进产品的种类也很多。

控制按钮的主要技术参数有额定电压、额定电流、结构形式、触头数量、钮数、按钮颜色等。

2. 行程开关　在电气控制中有时需要按照物件位置的变化，来改变用电设备的工作情况。例如，在电力拖动系统中的某些运动部件，当它们移动到某一位置时，往往要求电动机能自动停止、反向或改变移动速度等，这可以使用行程开关来达到上述控制要求。

（1）行程开关的基本结构及工作原理：行程开关由操作头、触头系统和外壳三部分组成，行程开关的外形如图 5-9 所示。

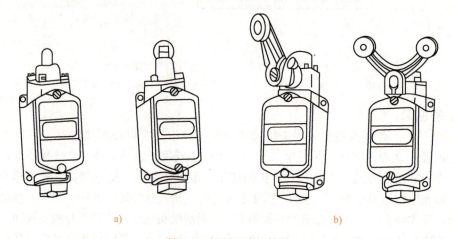

图 5-9　行程开关的外形

a）直动式　b）转动式

行程开关的工作原理为：当生产机械的运动部件到达某一位置时，运动部件上的挡块碰压行程开关的操作头，使行程开关的触头改变状态，对控制电路发出接通、断开或变换某些控制电路的指令，以达到设定的控制要求。行程开关的触头一般都具有速动结构，使触头瞬时动作，可以保证动作的可靠性、行程控制的位置精度，还可减少电弧对触头的灼伤。

行程开关的文字符号为 SQ，其常开触头、常闭触头、复合触头的图形符号如图 5-10 所示。

（2）行程开关的类型及主要技术参数：行程开关也叫限位开关，它的种类很多。按运动形式可以分为直动式、转动式和微动式行程开关；按复位方式可分为自动复位和非自动复位行程开关；按有无触头可以分为有触头和无触头行程开关等。

常用的行程开关有 LX、LXW、JLXK1、JLXW5、JW2 等系列。行程开关的主要技术参数有额定电压、额定电流、结构形式、触头对数、动作行程（距离或角度）、超行程（距离或角度）等。

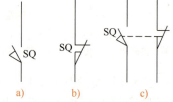

图 5-10　行程开关的文字符号和图形符号

a）常开触头　b）常闭触头　c）复合触头

3. 接近开关　电子式接近开关是当运动的物

体与之接近到一定距离时，便发出接近信号，它不需施以机械力。由于接近开关具有电压范围宽、重复定位精度高、响应频率高及抗干扰能力强、安装方便、使用寿命长等特点，它的用途已远超出一般行程控制和限位保护，在检测、计数、液面控制以及计算机和可编程序控制器的传感器上获得广泛的应用。

常用的接近开关有 LJ、LXJ、CWY 等系列。

接近开关的技术参数除工作电压、输出电流或控制功率外，还有动作距离、重复精度、操作频率和复位行程等。

接近开关的文字符号为 SP，常开触头和常闭触头的图形符号如图 5-11 所示。

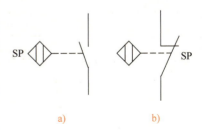

图 5-11　接近开关的文字
符号和图形符号
a) 常开触头　b) 常闭触头

**4. 万能转换开关**　万能转换开关是一种手控主令电器，主要作为电气控制电路和电气测量仪表的转换开关以及配电设备的遥控开关，也可用作小容量三相异步电动机不频繁起动、制动、调速和换向的控制开关。由于它具有多档位和多触头，能控制多个回路，适应复杂线路的控制要求，故有"万能"转换开关之称。

万能转换开关由接触系统、凸轮机构、转轴、手柄和定位机构等主要部件组成，其外形如图 5-12a 所示。接触系统由 1～30 层触头座叠装起来，每层均可装 2～3 对触头，并由触头座中套在转轴上的凸轮来控制这些触头的接通和分断。由于各层凸轮可制成不同形状，因此当手柄转到不同位置时，通过凸轮的作用，可使各对触头按所需的变化规律接通或分断，以适应不同线路的控制需要。万能转换开关的结构示意如图 5-12b 所示。

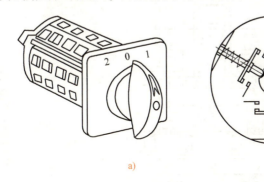

万能转换开
关的结构与
工作原理

图 5-12　万能转换开关的外形和结构示意图
a) 外形　b) 结构示意
1—触头　2—凸轮　3—转轴

万能转换开关的文字符号为 SA，图形符号如图 5-13a 所示。图形符号中，每一横线代表一个触头，而用三条竖的虚线代表手柄的三个位置。手柄在某一位置时，触头下方的虚线上有黑点表示该触头接通，无黑点表示该触头分断。触头的状态用通断表来表示，表中"×"表示触头接通，空白表示触头分断，如图 5-13b 所示。

万能转换开关的主要技术参数有额定电压、额定电流、触头技术数据、操作频率、触头数及档数、操作方式等。

常用的万能转换开关有 LW2、LW5、LW6、LW8、LW16 等系列。

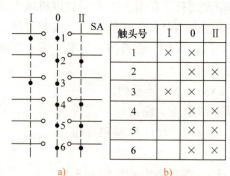

图 5-13　万能转换开关的符号及触头状态

a）图形符号　b）触头通断表

## 5.3　电磁式接触器

接触器在正常工作条件下，主要用作频繁地接通或分断电动机等主电路，且可以远距离控制的开关电器。它具有操作频率高、使用寿命长、工作可靠、性能稳定、结构简单、维护方便等优点。

### 5.3.1　电磁式接触器的结构及工作原理

**1. 电磁式接触器的结构**　电磁式接触器由电磁机构、触头系统、弹簧、灭弧装置及支架底座等部分组成。交流接触器的结构如图 5-14 所示。

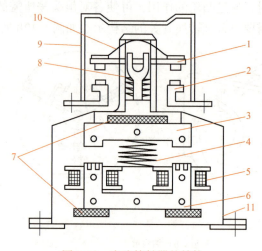

接触器动作
原理

图 5-14　交流接触器的结构

1—动触头　2—静触头　3—衔铁　4—缓冲弹簧　5—电磁线圈
6—铁心　7—垫毡　8—触头弹簧　9—灭弧罩　10—触头压力弹簧　11—底座

电磁机构由铁心、衔铁和电磁线圈组成。接触器的触头有主触头和辅助触头两种，主触头用在主电路中，按其容量大小有桥式触头和指形触头两种形式。直流接触器和电流在 20A 以上的交流接触器均装有灭弧装置。辅助触头用在控制电路中，触头容量较小。辅助触头有常开与常闭触头之分。

**2. 电磁式接触器的工作原理**　接触器的电磁线圈通电后，在铁心中产生磁通，于是在衔铁气隙处产生电磁吸力，使衔铁吸合，经传动机构带动主触头和辅助触头动作。而当接触器的电磁线圈断电或电压显著降低时，电磁吸力消失或减弱，衔铁在弹簧作用下释放，使主触头与辅助触头均恢复到原来状态。

接触器的文字符号为 KM，图形符号如图 5-15 所示。

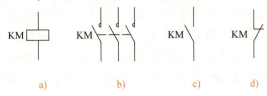

图 5-15　接触器的文字符号和图形符号

a）线圈　b）主触头　c）辅助常开触头　d）辅助常闭触头

### 5.3.2　电磁式接触器的分类及主要技术参数

**1. 电磁式接触器的分类**　按接触器主触头接通或分断电流性质的不同，可分为直流接触器与交流接触器；按接触器电磁线圈励磁方式不同，可分为直流励磁方式与交流励磁方式；按接触器主触头极数，直流接触器一般可分为单极与双极两种，交流接触器一般有三极、四极和五极三种。

**2. 电磁式接触器的主要技术参数**　主要技术参数有接触器额定电压、额定电流，接触器线圈额定电压，主触头接通与分断能力，接触器机械寿命与电寿命，接触器额定操作频率，接触器线圈起动功率与吸持功率等。

（1）接触器额定电压：接触器额定电压是指主触头之间正常工作电压值。该值标注在接触器铭牌上。

交流接触器常用的额定电压等级为：220V、380V、660V 及 1140V 等。

直流接触器常用的额定电压等级为：110V、220V、440V 及 750V 等。

（2）接触器额定电流：接触器额定电流是指接触器主触头正常工作的电流值。该值也标注在接触器铭牌上。常用接触器的额定电流等级为：

交流接触器：10A、20A、40A、60A、100A、150A、250A、400A 及 600A 等。

直流接触器：40A、80A、100A、150A、250A、400A 及 600A 等。

（3）线圈额定电压：线圈额定电压是指接触器电磁线圈正常工作的电压值。常用接触器线圈的额定电压等级为：

交流线圈：24V、36V、48V、110V、127V、220V、380V 及 660V 等。

直流线圈：24V、48V、110V、220V 及 440V 等。

（4）主触头接通与分断能力：主触头接通与分断能力是指主触头在规定条件下，能可靠地接通和分断的电流值。在此电流值下接通电路时，主触头不会发生熔焊。断开电路时，主触头不应产生长时间的燃弧。当电流大于此值时，在电路中的熔断器、自动开关等保护电器应当起作用。

主触头的接通与分断能力与接触器的使用类别有关，接触器的使用类别代号通常在产品手册中给出或在产品铭牌中标注，它用额定电流的倍数来表示，具体含义是：AC-1 和 DC-1 类要求接触器主触头允许接通和分断额定电流；AC-2 和 DC-3、DC-5 类要求主触头允许接通和分断 4 倍的额定电流；AC-3 类要求主触头允许接通 6 倍额定电流和分断额定电流；AC-4 类要求主触头允许接通和分断 6 倍的额定电流。

（5）操作频率：操作频率是指接触器在每小时内可能实现的最高操作循环次数。交流接触器额定操作频率有 1200 次/h、600 次/h、300 次/h 等；直流接触器额定操作频率有 1200 次/h、600 次/h 等。操作频率不仅直接影响接触器的电寿命和灭弧罩的工作条件，还影响到交流接触器电磁线圈的温升。

由于交流电路的使用场合比直流电路广泛，交流电动机使用又特别多，所以交流接触器的品种和规格更为繁多。常用的有 CJ20、B、3TB、LC1－D 与 CJ40 等系列交流接触器。

直流接触器常用于远距离接通和分断直流电压至 440V、直流电流至 1600A 的电力线路，并适用于直流电动机的频繁起动、停止、正反转或反接制动等。常用直流接触器有 CZ0 系列与 CZ18 系列等。

## 5.4　电磁式继电器

继电器是一种当输入量的变化达到规定值时，使输出量发生预定阶跃变化的自动开关电器。其输入量可以是电压、电流等电量，也可以是温度、速度、压力等非电量。输出量是触头的接通和断开。

继电器的种类很多，依据不同分类情况也不一样。按动作原理分，有电磁式、感应式、电动式、电子式和热继电器等；按输入量不同，可分为电压继电器、电流继电器、时间继电器、热或温度继电器、速度继电器和压力继电器等；按用途分，可分为控制继电器、保护继电器和通信继电器。其中电磁式继电器应用最为广泛。

电磁式继电器的文字符号为 K×（×根据不同种类有所不同），线圈的电气图形符号同接触器，触头的电气图形符号与接触器的辅助触头相同。

### 5.4.1　电磁式继电器的基本知识

**1. 电磁式继电器的原理与分类**　电磁式继电器的工作原理与电磁式接触器相同，是根据输入的电压、电流等电量，利用电磁机构衔铁的动作，带动触头动作，来接通或断开控制电路，从而改变被控制对象的工作状态。

电磁式继电器种类很多，按用途分有控制继电器、保护继电器和通信继电器。按输入量分有电压继电器、电流继电器、时间继电器和中间继电器等。按线圈电流种类不同，有交流继电器和直流继电器。

**2. 电磁式继电器的结构**　电磁式继电器的结构和电磁式接触器相似，由电磁机构、触头系统、调节装置和支架底座等构成。

（1）电磁机构：直流继电器是指线圈通直流电的继电器，其电磁机构形式为 U 形拍合式，铁心和衔铁均由电工软铁制成。为了加大闭合后的气隙，在衔铁的内侧装有非磁性垫片。直流电磁式继电器的结构原理如图 5-16 所示。

交流继电器是指线圈通交流电的继电器，其电磁机构形式有 U 形拍合式、E 形直动式等结构形式。U 形拍合式和 E 形直动式的铁心及衔铁均由硅钢片叠成，且在铁心柱端面上装有短路环，以削弱振动和噪声。

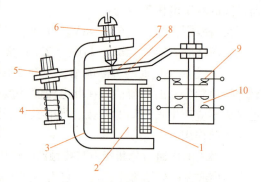

图 5-16　直流电磁式继电器的结构原理

1—线圈　2—铁心　3—磁轭　4—弹簧　5—调节螺母
6—调节螺钉　7—衔铁　8—非磁性垫片
9—常闭触头　10—常开触头

（2）触头系统：由于继电器触头是接在小电流的控制电路中，故不装设灭弧装置。触头一般为桥式结构，有常开和常闭两种形式。

### 3. 电磁式继电器的特性

继电器的特性是用输入—输出特性来表示的，当改变继电器输入量大小时，对于输出量触头的动作只有"通"与"断"两个状态，所以继电器的输出量也只有"有"和"无"两个量。图5-17为继电器的输入—输出特性。

当输入量 $X$ 从零开始增加时，在 $X < X_0$ 的过程中，输出量 $Y$ 为零；当 $X = X_0$ 时，衔铁吸合，通过其触头的输出量由零跃变为 $Y_1$；再增加 $X$ 时，$Y_1$ 值不变。而当输入量减小时，在 $X > X_r$ 的过程中，$Y$ 仍保

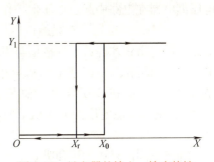

图5-17　继电器的输入—输出特性

持 $Y_1$ 值不变；当 $X$ 减小到 $X_r$ 时，衔铁打开，输出量由 $Y$ 突降为零；$X$ 再减小，$Y$ 值保持为零。图中 $X_0$ 称为继电器的吸合值，$X_r$ 称为继电器的释放值。它们均为继电器的动作参数。

## 5.4.2　电磁式电流继电器

电磁式电流继电器的线圈与电路串接，线圈中流过电路的电流，触头是否动作决定于线圈中电流的大小。按线圈电流种类，有交流电流继电器和直流电流继电器两种。按动作电流大小，又可分为过电流继电器和欠电流继电器两种。

### 1. 过电流继电器

过电流继电器在正常工作时，继电器线圈中流过负载电流，即便达到额定负载电流，衔铁也不会吸合。当出现比额定负载电流大一定值的电流时，衔铁才被吸合，从而带动触头动作。在电力拖动控制系统中，常用过电流继电器来做电路的过电流保护。

电磁式过电流继电器动作原理

### 2. 欠电流继电器

欠电流继电器在正常工作时，由于流过线圈的负载电流大于继电器的吸合电流值，所以衔铁处于吸合状态。当负载电流降低至继电器的释放电流值时，则衔铁释放，从而使触头动作。在直流电动机上，如果励磁回路断线，可能会产生飞车的严重后果，故用直流欠电流继电器作为直流电动机励磁回路的欠电流保护。因在交流电路中无需欠电流保护，故无交流欠电流继电器这种产品。

电磁式欠电流继电器动作原理

### 3. 电流继电器动作电流的整定

在不同的使用场合，电流继电器需要有不同的动作电流值，这个电流的调整过程称为电流的整定。电流的整定值应根据被控制对象的要求来确定。过电流继电器对释放电流值无要求，故不需要整定，但吸合电流值必须整定；对于直流欠电流继电器，释放电流是一重要参数，必须进行整定。

## 5.4.3　电磁式电压继电器

电压继电器与电流继电器的区别主要在线圈上，前者是电流线圈，后者是电压线圈。电磁式电压继电器线圈并联在电路上，其触头是否动作与线圈两端的电压大小有关。按线圈所加电压的种类，分为交流电压继电器和直流电压继电器；按动作电压大小又可分为过电压继电器和欠电压继电器。

### 1. 过电压继电器

当过电压继电器线圈加额定电压时，衔铁不会吸合，仍处于释放状态，只有当线圈电压高于其额定电压时衔铁才会吸合。在衔铁吸合后，当电路电压降低到继电器释放电压值时，衔铁又返回释放状态。所

电磁式过电压继电器动作原理

以过电压继电器释放值小于吸合值。

由于直流电路一般不会出现过电压现象，所以在产品中没有直流过电压继电器。交流过电压继电器在电路中起过电压保护作用。

**2. 欠电压继电器**　在线圈电压低于额定电压时衔铁就会吸合，而当线圈电压很低时衔铁才释放。释放值与吸合值之比称为返回系数，用 $K_V$ 表示。欠电压继电器可作为电路或电动机等用电电器的欠电压保护，一般要求高返回系数，其 $K_V$ 值在 0.6 以上。如某欠电压继电器 $K_V = 0.66$，吸合电压为 $0.9U_N$，则当电源电压低于 $0.6U_N$ 时继电器动作，起到欠电压保护的作用。

**3. 电压继电器动作电压的整定**　在不同的使用场合，电压继电器需要有不同的动作电压，即有不同的释放电压和吸合电压。过电压继电器对释放电压无要求，故一般释放电压不需要整定，但吸合电压必须调整。而欠电压继电器的释放电压必须按电路的要求进行整定。

### 5.4.4　电磁式中间继电器

电磁式中间继电器实质上是一种电压继电器，其触头数量较多，在控制电路中起增加触头数量和中间放大作用。

根据电磁式中间继电器线圈电压种类不同，有直流与交流两种。有的电磁式直流继电器，当更换不同的线圈时，可做成直流电压、直流电流及直流中间继电器；如果在铁心上套装阻尼套筒，还可做成电磁式时间继电器。因此，这类继电器从结构上看，它具有通用性，故又称为通用直流继电器。

### 5.4.5　常用电磁式继电器

常用的继电器有 JL14 系列交直流电流继电器，JZ7、JZ11、JZ14、JZ15 系列中间继电器，JT4 系列交流电磁式通用继电器，JT18 系列直流电磁式通用继电器，JL17 系列交流起动用电流继电器。

## 5.5　时间继电器

继电器的感测元件在感受外界信号后，经过一段时间才使执行部分动作，这类继电器称为时间继电器。按其动作原理可分为电磁阻尼式、空气阻尼式、电动机式和电子式等；按延时方式可分为通电延时型和断电延时型两种。

时间继电器的文字符号为 KT，线圈和触头的电气图形符号如图 5-18 所示。

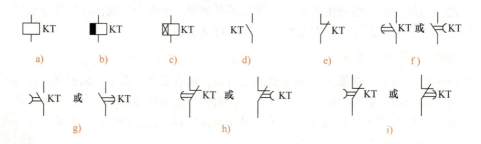

图 5-18　时间继电器的文字符号和图形符号

　a) 线圈一般符号　b) 断电延时线圈　c) 通电延时线圈　d) 瞬动常开触头　e) 瞬动常闭触头

　f) 延时闭合常开触头　g) 延时断开常开触头　h) 延时断开常闭触头　i) 延时闭合常闭触头

### 5.5.1　电磁阻尼式时间继电器

**1. 工作原理**　对于 JT18 系列通用电磁式继电器，在直流电压继电器的铁心柱上套装一个阻尼铜套，便成为电磁阻尼式时间继电器，如图 5-19 所示。由电磁感应定律可知，在线圈接通电源时，将在阻尼铜套内产生感应电动势和感应电流，感应电流产生感应磁通，在感应磁通作用下，使气隙磁通增加减缓，使达到吸合磁通值的时间延长，从而使衔铁延时吸合，触头延时动作；当线圈断开直流电源时，由于阻尼铜套的作用，使气隙磁通减小变慢，从而使达到释放磁通值的时间延长，衔铁延时打开，触头也延时动作。因此，在直流电压继电器

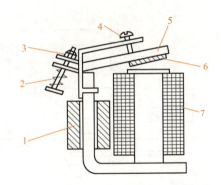

图 5-19　电磁阻尼式时间继电器结构原理
1—阻尼铜套　2—释放弹簧　3—调节螺母
4—调节螺钉　5—衔铁　6—非磁性垫片
7—电磁线圈

的磁路上加上铜套，无论线圈在通电还是断电时，在铜套作用下都能产生延时作用。

这种时间继电器，线圈通电吸合延时不显著，一般只有 0.1~0.5s 的延时。线圈断电获得的释放延时比较显著，可达 0.3~5s 的延时。在电力拖动控制系统中通常采用线圈断电延时。

**2. 延时时间的调整方法**　不同的使用场合，对延时时间长短的要求有不同，因此需要调整时间继电器的延时时间，以满足控制要求。延时时间有如下调整方法：

（1）改变非磁性垫片厚度：垫片厚时延时时间短，垫片薄时延时时间长。由于垫片厚度增减是阶跃式的变化而不是连续的，故此调整方法是释放延时的粗调。改变非磁性垫片厚度对通电吸合延时无影响。

（2）调整释放弹簧：释放弹簧越松，释放磁通越小，释放延时越长。因延时时间可以连续调节，故调整释放弹簧是释放延时的细调。释放弹簧的调节是有限的，太松则因剩磁而不能释放，太紧则不能吸合。调整释放弹簧同时影响吸合延时时间，释放弹簧越松，吸合磁通越小，吸合延时越短。

### 5.5.2　空气阻尼式时间继电器

空气阻尼式时间继电器是利用空气阻尼作用达到延时的目的。JS7-A 系列空气阻尼式时间继电器的结构原理如图 5-20 所示。

**1. 结构**　空气阻尼式时间继电器的结构由电磁系统、触头系统、空气室及传动机构等部分组成。

1）电磁系统包括铁心、线圈、衔铁、复位弹簧等。

2）触头系统由两个微动开关组成，根据动作情况不同，有瞬时触头和延时触头两种。

3）空气室内有一块橡皮膜，随空气量的增减而移动。气室上面有调节螺钉，通过调节进气的快慢来调节延时的长短。

4）传动机构包括推板、推杆、杠杆及宝塔弹簧等。

**2. 工作原理**　空气阻尼式时间继电器有通电延时与断电延时两种。

图 5-20a 为通电延时型时间继电器，它是在线圈通电后触头要延时一段时间才动作；而线圈失电时，触头立即复位。工作原理是：当线圈 1 通电时，衔铁 2 克服复位弹簧 3 的阻力与固定铁心立即吸合，活塞杆 14 在弹簧 4 的作用下向上移动，使与活塞 13 相连的橡皮膜 6 也向上运动，但受到进气孔 8 进气速度的限制，这时橡皮膜 6 下面形成负压，对活塞的移动

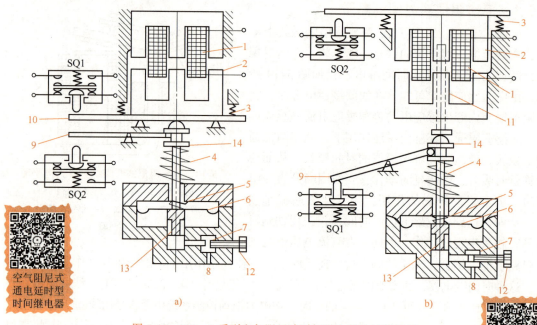

**图5-20　JS7－A系列空气阻尼式时间继电器的结构原理**

a）通电延时型　b）断电延时型

1—线圈　2—衔铁　3—复位弹簧　4、5—弹簧　6—橡皮膜　7—节流孔　8—进气孔
9—杠杆　10—推板　11—推杆　12—调节螺钉　13—活塞　14—活塞杆

产生阻尼作用。随着空气由进气孔8进入气囊，经过一段时间，活塞13才能完成全部行程而压动微动开关SQ2，使常闭触头延时断开，常开触头延时闭合。延时时间的长短决定于节流孔7的节流程度，进气越快，延时越短。旋动节流孔调节螺钉12可调节进气孔的大小，从而达到调节延时时间长短的目的。微动开关SQ1在衔铁吸合后，通过推板10立即动作，使常闭触头瞬时断开，常开触头瞬时闭合。

当线圈1断电时，衔铁2在复位弹簧3的作用下，通过活塞杆14将活塞13推向最下端，这时橡皮膜6下方气室内的空气通过橡皮膜6、弹簧5和活塞13的局部所形成的单向阀迅速从橡皮膜6上方气室缝隙中排掉，使得微动开关SQ2的常闭触头瞬时闭合，常开触头瞬时断开。同时SQ1的触头也立即复位。

图5-20b所示为断电延时型时间继电器。它可看成将通电延时型的电磁铁翻转180°度安装而成，其工作原理与通电延时型时间继电器相似。当线圈通电时，微动开关SQ1和SQ2的触头立即动作；而当线圈断电时，微动开关SQ1的触头瞬时复位，而微动开关SQ2的触头要延时一段时间才能复位。

**3. 型号与技术数据**　空气阻尼式时间继电器是应用较为广泛的一种时间继电器，常用的有JS7－A系列、JS23系列、JSK系列等。

时间继电器的主要技术数据有触头额定电压、触头额定电流、线圈额定电压、额定操作频率、延时范围、延时触头和瞬动触头数量、机械寿命和电气寿命等。

### 5.5.3　晶体管式时间继电器

阻容式时间继电器是常用的晶体管式时间继电器，它利用电容对电压变化的阻尼作用来实现延时。这类产品具有延时范围广、精度高、体积小、耐冲击、耐振动、调节方便以及寿命长等优点。常用产品有 JS13、JS14、JS15 及 JS20 等系列。

### 5.5.4　电动式时间继电器

电动式时间继电器是由微型同步电动机拖动减速齿轮，经传动机构获得触头延时动作的时间继电器。延时方式有通电延时型和断电延时型两种。

这种类型时间继电器的优点是，延时值不受电源电压波动和环境温度变化的影响，延时范围大、延时精度高，延时过程能通过指针直观地表示出来。这种继电器还有断电记忆功能，即当断电时，由断电记忆杠杆将已经走过的时间记忆，当电压恢复后，可以继续走完余下的时间；也可以通过手动复位后，将其回复到原始位置。其缺点是机械结构复杂，不适用于频繁动作，延时误差受电源频率的影响，价格较高且寿命低。其中常用电动式时间继电器有国产的 JS11、JS17 系列和引进国外制造技术生产的 7PR 系列等。

## 5.6　热继电器

热继电器是电流通过发热元件产生的热量，使检测元件的物理量发生变化，从而使触头改变状态的一种继电器。

### 5.6.1　热继电器的结构及工作原理

1. 双金属片式热继电器的结构及工作原理　所谓双金属片，是将两种线胀系数不同的金属片用机械碾压方式使之形成一体。线胀系数大的为主动层，线胀系数小的为被动层。双金属片受热后产生线膨胀，由于两层金属的线胀系数不同，且两层金属又紧密地压合在一起，因此，使得双金属片向被动层一侧弯曲，由双金属片弯曲产生的机械力经传动机构使触头动作。

双金属片的加热方式有直接加热、间接加热、复式加热和电流互感器加热等多种。直接加热是把双金属片当作发热元件，让电流直接通过。间接加热是用与双金属片无电气联系的加热元件产生的热量来加热。复式加热是直接加热与间接加热相结合。电流互感器加热是间接加热的应用，多用于电动机容量大的场合，发热元件不直接串接在电动机主电路，而是接于电流互感器的二次侧，这样减小了通过发热元件的电流。

双金属片热继电器结构原理如图 5-21 所示。采用复合加热，主双金属片 11 与加热元件 12

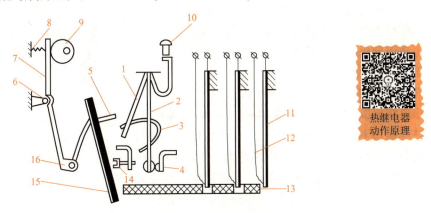

图 5-21　双金属片热继电器的结构原理

1、2—片簧　3—弓簧　4—触头　5—推杆　6—轴　7—杠杆　8—压簧　9—电流调节凸轮
10—手动复位按钮　11—主双金属片　12—加热元件　13—导板　14—复位调节螺钉
15—补偿双金属片　16—轴

串联后接于电动机定子电路，当流过过载电流时，主双金属片受热向左弯曲，推动导板13，向左推动补偿双金属片15，补偿双金属片15与推杆5固定为一体，它可绕轴16顺时针方向转动，推杆推动片簧1向右，当向右推动到一定位置时，弓簧3的作用力方向改变，使片簧2向左运动，常闭触头4断开。由片簧1、2与弓簧3构成一组跳跃机构，实现快速动作。

电流调节凸轮9是用来调节整定电流的。为了减少发热元件的规格，要求热继电器的整定电流能在发热元件额定电流的66%~100%范围内调节。旋转电流调节凸轮9，改变杠杆7的位置，也就改变了补偿双金属片15与导板13之间的距离，也就是改变了热继电器动作时主双金属片11弯曲的距离，即改变了热继电器的整定电流值。

补偿双金属片15可在规定范围内补偿环境温度对热继电器的影响。如果周围环境温度升高，主双金属片11向左弯曲程度加大，此时，补偿双金属片15也向左弯曲，使导板13与补偿双金属片之间距离不变。这样，热继电器的动作电流将不受环境温度变化的影响。有时可采用欠补偿，即同一环境温度下使补偿双金属片向左弯曲的距离小于主双金属片向左弯曲的距离，以便在环境温度较高时，热继电器动作较快，更好地保护电动机。

若要使热继电器手动复位时，将复位调节螺钉14向左拧出少许。当按下手动复位按钮10时，迫使片簧1退回原位，片簧2随之往右跳动，使常闭触头4闭合。若要使热继电器自动复位，应将复位调节螺钉14向右旋转一定长度即可实现。

由于热继电器的发热元件有热惯性，在电路中不能做瞬时过载保护，更不能做短路保护，主要用于电动机的过载保护、断相保护和三相电流不平衡运行的保护以及其他电气设备发热状态的控制。

**2. 带断相保护的热继电器的工作原理**　带断相保护的热继电器可对三相异步电动机进行断相保护，其导板为差动机构，如图5-22所示。

差动机构由上导板1、下导板2及装有顶头4的杠杆3组成，它们之间均用转轴连接。图5-22a为通电前机构各部件的位置。图5-22b为在不大于整定电流下工作时，三相双金属片均匀受热而同时向左弯曲，上、下导板同时向左平行移动一小段距离，但顶头4尚未碰到补偿双金属片5，热继电器不动作。图5-22c是三相同时均匀过载，此时，三相双金属片同时向左弯曲，推动下导板，也同时带动上导板左移，顶头4碰到补偿双金属片端部，使热继电器动作。图5-22d为一相发生断路的情况，此时断路相的双金属片逐渐冷却，

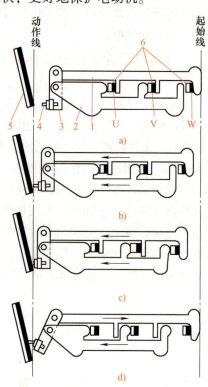

图 5-22　带断相保护热继电器的工作原理
a）通电前　b）三相电流不大于整定电流时
c）三相均匀过载　d）W 相断路
1—上导板　2—下导板　3—杠杆　4—顶头
5—补偿双金属片　6—主双金属片

其端部向右移动，推动上导板向右移动，而另外两相双金属片在电流加热下端部仍向左移动。由于上、下导板一右一左地移动，产生了差动作用，通过杠杆的放大作用，迅速推动补偿双金属片5，使热继电器动作。

热继电器的文字符号为 FR，热元件和触头的电气图形符号如图 5-23 所示。

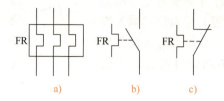

a)　　　　　　　b)　　　　　　　c)

图 5-23　热继电器的文字符号和图形符号

a）热继电器的热元件　b）热继电器的常开触头　c）热继电器的常闭触头

## 5.6.2　常用的热继电器

常用热继电器的型号有 JR0、JR15、JR16、JR20 等系列。

## 5.7　速度继电器

速度继电器是当转速达到规定值时动作的继电器。它常被用于电动机反接制动的控制电路中。当反接制动使电动机转速下降到接近于零时，速度继电器的触头复位，通过控制电路的作用自动及时地切断电源，以防电动机反向运转。

感应式速度继电器是根据电磁感应原理实现触头动作的，其电磁系统与交流电动机的电磁系统相似，即由定子和转子组成。

JFZ0 系列速度继电器由转子、定子和触头系统三部分组成。转子是一个圆柱形永久磁铁。定子是一个笼型空心圆环，由硅钢片叠压而成，并装有笼型导体，如图 5-24 所示。

速度继电器的转轴 10 与电动机轴相连接，当电动机转动时，继电器的转子 11 随着一起转动，使永久磁铁的磁场变成旋转磁场。定子 9 内的笼型导体 8 因切割磁力线而产生感应电动势并产生感应电流。载流导体与旋转磁场相互作用产生电磁转矩，于是定子向转子旋转的方向偏转一个角度。转子转速越高，定子导体内产生的电流就越大，电磁转矩就越大，定子偏转的角度也就越大。当定子偏转到一定角度时，杠杆 7 就会推动推杆 12，使常闭触头 3 断开，常开触头 5 闭合。在杠杆 7 推动推杆 12 的同时，也压缩弹簧 2，其作用力阻止定子继续偏转。当电动机转速下降时，速度继电器转子的转速也随之下降，定子导体内产生的电流也相应减小，因而电

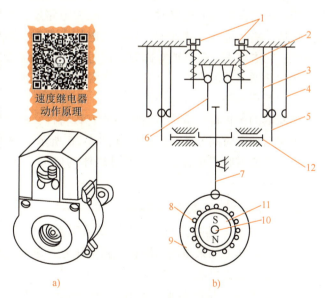

速度继电器
动作原理

a)　　　　　　　　　b)

图 5-24　速度继电器的外形及结构原理

a）外形　b）结构原理

1—调节螺钉　2—弹簧　3—常闭触头　4—动触头　5—常开
触头　6—返回杠杆　7—杠杆　8—笼型导体
9—定子　10—转轴　11—转子　12—推杆

磁转矩也相应减小。当速度继电器转子的速度下降到一定数值时，电磁转矩小于弹簧的反作用力矩，定子便返回到原来的位置，使对应的触头恢复到原来状态。调节螺钉1可以调节弹簧反作用力大小，从而可以调节触头动作时所需转子的转速。

常用的感应式速度继电器有 JFZ0 和 JY1 系列，速度继电器的文字符号为 KS，电气图形符号见图 5-25。

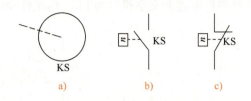

图 5-25　速度继电器的文字符号
和电气图形符号
a）转子　b）常开触头　c）常闭触头

## 5.8　熔断器

熔断器是一种结构简单、体积小、重量轻、使用维护方便、价格低廉的保护电器，广泛地应用于低压配电系统和控制电路中，主要作为短路保护元件，也可作为单台电气设备的过载保护元件。

### 5.8.1　熔断器的结构、原理及保护特性

熔断器的种类很多，按结构形式分有插入式、螺旋式、无填料密封管式、有填料密封管式和自复式熔断器。按用途分有一般工业用熔断器、半导体器件保护用快速熔断器、自复式熔断器等。熔断器的文字符号为 FU。

熔断器主要由熔体、绝缘底座（熔管）及导电部件等部件组成。熔体是熔断器的核心部分，它既是感测元件又是执行元件。熔体常做成丝状或片状，其材料有两类：一类为低熔点材料，如铅锡合金、锌等；另一类为高熔点材料，如银、铜、铝等。熔断器接入电路时，熔体串联在电路中，负载电流流过熔体，由于电流的热效应，当电路电流正常时，熔体的温度较低；当电路发生过载或短路时，流过熔体的电流增大，熔体发热快速增多使温度急剧上升，熔体温度达到熔点便自行熔断，从而断开电路，起到保护作用。

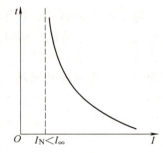

图 5-26　熔断器的保护特性

熔断器的保护特性也称熔断特性或安秒特性，是指熔体的熔断电流与熔断时间的关系曲线，如图 5-26 所示。图中 $I_\infty$ 为最小熔化电流或临界电流，即当通过熔体的电流小于 $I_\infty$ 时熔体不会熔断。

### 5.8.2　熔断器的主要技术参数

1. 额定电压　熔断器的额定电压是从灭弧的角度出发，熔断器长期工作时和分断后能正常工作的电压。如果熔断器所接电路电压超过其额定电压，长期工作时可能使绝缘击穿，或熔体熔断后电弧可能不能熄灭。

2. 额定电流　熔断器额定电流是指熔断器长期工作，各部件温升不超过允许值时，所允许通过的最大电流。额定电流分为熔管额定电流和熔体额定电流，熔管额定电流的等级比较少，而熔体额定电流的等级比较多。在一个额定电流等级的熔管内可选用若干个额定电流等级的熔体，但熔体的额定电流不可超过熔管的额定电流。

3. 极限分断能力　是指熔断器在额定电压下工作时，能可靠分断的最大电流值。它取

决于熔断器的灭弧能力，与熔体的额定电流无关。

### 5.8.3　常用熔断器

**1. 插入式熔断器**　插入式熔断器具有结构简单、价格低廉、更换熔体方便等优点，被广泛用于照明电路和小容量电动机的短路保护。其外形结构如图 5-27 所示。

**2. 螺旋式熔断器**　螺旋式熔断器用于电压在 500 V 及其以下的电路，作过载和短路保护用。其中 RL1 系列多用于机床电路中，RL6、RL7、RL96 系列熔断器用于电缆和线路保护，RL96 系列适用于船舶。其外形结构如图 5-28 所示。

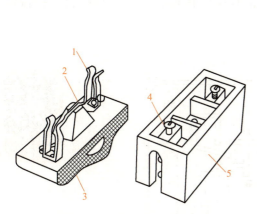

图 5-27　插入式熔断器外形结构

1—动触头　2—熔丝　3—瓷盖　4—静触头　5—瓷座

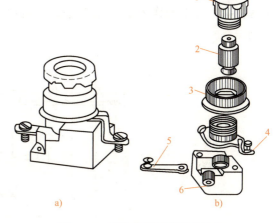

图 5-28　螺旋式熔断器外形结构

a）外形　b）结构

1—瓷帽　2—熔管　3—瓷套　4—上接线端

5—下接线端　6—底座

**3. 无填料密闭管式熔断器**　这种熔断器是一种可拆卸的熔断器，其特点是当熔体熔断时，管内产生高气压，能加速灭弧。熔体熔断后，工作人员可自行拆开，装上新熔体后即可使用，以便尽快恢复供电。它具有分断能力大、保护特性好和运行安全可靠等优点，常用于频繁发生过载和短路故障的场合。其结构如图 5-29 所示。

**4. 有填料封闭管式熔断器**　有填料封闭管式熔断器具有分断能力强、保护特性好、带有醒目的熔断指示器、使用安全等优点，广泛用于具有高短路电流的电网或配电装置中，作为电缆、导线、电动机、变压器以及其他电器设备的短路保护和电缆、导线的过载保护。其缺点是熔体熔断后必须更换熔管，经济性较差。

常用的有填料封闭管式熔断器有 RT 系列和引进国外技术生产的 NT 系列等。

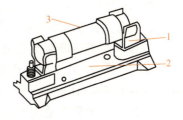

图 5-29　无填料密闭管式
熔断器结构

1—静触头　2—底座　3—熔管

## 5.9　低压断路器

低压断路器常称为自动开关或空气开关等。在功能上，它相当于刀开关、熔断器、热继电器、过电流继电器以及欠电压继电器的组合，是一种既有手动开关的作用，又能实现欠电压、失电压、过载、短路和漏电保护功能的电器。

### 5.9.1　低压断路器的结构和工作原理

各种低压断路器在结构上都具有主触头及灭弧装置、各种脱扣器、自由脱扣机构和操作机构三个部分。

图 5-30 所示为一个三极断路器。主触头 2 串接于三相电路中且处于闭合状态,传动杆 3 由锁扣 4 钩住,分闸弹簧 1 已被拉伸。当主电路出现过电流故障且达到过电流脱扣器 6 的动作电流时,则过电流脱扣器 6 的衔铁吸合,顶杆向上将锁扣 4 顶开,在分闸弹簧 1 作用下使主触头断开。如果主电路出现欠电压、失电压及过载故障时,则欠电压、失电压脱扣器 8 及过载脱扣器 7 分别将锁扣顶开,使主触头分开。分励脱扣器 9 可由主电路电源或由其他控制电源供电,可由操作人员发出命令或继电保护信号使线圈通电,其衔铁吸合,使断路器跳闸。

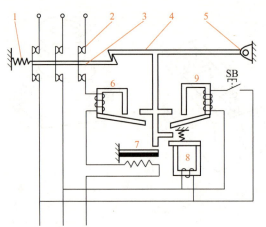

低压断路器
工作原理

图 5-30　低压断路器的工作原理

1—分闸弹簧　2—主触头　3—传动杆　4—锁扣　5—轴　6—过电流脱扣器
7—过载脱扣器　8—欠电压、失电压脱扣器　9—分励脱扣器

### 5.9.2　低压断路器的型号及主要技术参数

**1. 常用低压断路器**　常用的塑料外壳式断路器有国产 DZ 系列,引进国外技术生产的有 T 系列、H 系列、3VE 系列、C45 系列等,电子式 CM1E 系列等。常见的万能式断路器有国产 DW 系列,引进国外技术生产的有 ME 系列、AE 系列、3WE 系列等。

DZ15 系列低压断路器适用于交流 50Hz 或 60Hz、电压 500V 及其以下、电流 40~100A 的电路中,作为配电、电动机和照明电路的过载及短路保护,也可作为线路的不频繁切换和电动机不频繁起动用。

DZ20 系列断路器适用于交流 50Hz 或 60Hz、额定电压 500V 及其以下或直流额定电压 220V 及以下、额定电流 100~1250A 的电路中,作为配电、线路及电源设备的过载、短路和欠电压保护;额定电流 200A 及其以下和 Y 型 400A 的断路器也可作为保护电动机的过载、短路和欠电压保护。在正常情况下,断路器可作为线路的不频繁切换和电动机不频繁起动用。

**2. 低压断路器的主要技术参数**

(1) 额定电压:是指断路器在规定条件下长期运行所能承受的工作电压,一般指线电压。常用的有 220V、380V、500V、660V 等。

（2）额定电流：是指在规定条件下断路器可长期通过的电流，又称脱扣器额定电流。

（3）壳架等级额定电流：断路器的框架或塑料外壳中能安装的最大脱扣器的额定电流。

（4）通断能力：是指在规定操作条件下，断路器能接通和断开短路电流的值。

（5）动作时间：是指从出现短路的瞬间开始，到触头分离、电弧熄灭、电路被完全断开所需的全部时间。一般断路器的动作时间为 30 ~ 60ms，限流式和快速断路器的动作时间通常小于 20ms。

（6）保护特性：是指断路器的动作时间与动作电流的关系曲线。

## !!! 实验与实训

## 5.10　常用低压电器的拆装与检测

### 1. 目的要求

1）熟悉常用低压电器的结构，了解各部分的作用。

2）正确进行常用低压电器的拆装。

3）正确地进行常用低压电器的检测。

### 2. 设备与器材　本实训所需设备、器材见表 5-1。

表 5-1　实训所需设备、器材

| 序号 | 名称 | 符号 | 规格 | 数量 | 备注 |
|---|---|---|---|---|---|
| 1 | 按钮 | SB | LA10 | 1 | |
| 2 | 交流接触器 | KM | CJ10 | 1 | |
| 3 | 热继电器 | FR | JR6 | 1 | |
| 4 | 时间继电器 | KT | JSZ3 | 1 | |
| 5 | 钢丝钳、尖嘴钳、螺钉旋具等常用工具 | | | 1 | |
| 6 | 万用表 | | | 1 | |
| 7 | 绝缘电阻表 | | | 1 | |

### 3. 实训内容与步骤

1）把一个按钮的可拆卸部分使用工具拆开，观察其内部结构，将主要零部件的名称及作用记入表 5-2 中。然后将按钮组装还原，使用万用表的电阻档测量各触头之间的接触电阻，将测量结果记入表 5-2 中。

表 5-2　按钮的结构与测量记录

| 型号 | | 额定电流/A | | 主要零部件 | |
|---|---|---|---|---|---|
| | | | | 名称 | 作用 |
| 触头数量（对） | | | | | |
| 常开 | | 常闭 | | | |
| | | | | | |
| 触头阻值/Ω | | | | | |
| 常开 | | 常闭 | | | |
| 动作前 | 动作后 | 动作前 | 动作后 | | |
| | | | | | |

2）把一个交流接触器拆开，观察其内部结构，将拆装步骤、主要零部件的名称及作用、各对触头动作前后的电阻值、各类触头的数量、线圈的数据等记入表 5-3 中，然后再将交流接触器组装还原。

表 5-3　交流接触器的结构与测量记录

| 型号 | | 额定电流/A | | 主要零部件 | |
| --- | --- | --- | --- | --- | --- |
| | | | | 名称 | 作用 |
| | | | | | |
| 触头数量（对） | | | | | |
| 主触头 | 辅助触头 | 常开触头 | 常闭触头 | | |
| | | | | | |
| 触头阻值/Ω | | | | | |
| 常开 | | 常闭 | | | |
| 动作前 | 动作后 | 动作前 | 动作后 | | |
| | | | | | |
| 电磁线圈 | | | | | |
| 线径 | | 匝数 | | 工作电压/V | 直流电阻/Ω |
| | | | | | |

3）把一个热继电器拆开，观察其内部结构，用万用表测量各热元件的电阻值，将零部件的名称、作用和相关阻值写入表 5-4 中，然后再将热继电器还原。

表 5-4　热继电器的结构与测量记录

| 型号 | | 极数 | 主要零部件 | |
| --- | --- | --- | --- | --- |
| | | | 名称 | 作用 |
| | | | | |
| 热元件电阻/Ω | | | | |
| L1 | L2 | L3 | | |
| | | | | |
| 整定电流调整值/A | | | | |
| | | | | |

4）观察时间继电器的结构，用万用表测量线圈的电阻值，将主要零部件的名称、作用、触头数量及种类写入表 5-5 中。

表 5-5　时间继电器的结构与测量记录

| 型号 | 线圈电阻/Ω | 主要零部件 | |
| --- | --- | --- | --- |
| | | 名称 | 作用 |
| 常开触头（对） | 常闭触头（对） | | |
| | | | |
| 延时触头（对） | 瞬时触头（对） | | |
| | | | |
| 延时断开触头（对） | 延时闭合触头（对） | | |
| | | | |

4. 注意事项　在拆装低压电器时，需仔细认真，避免丢失相关零部件。

5. 实训分析

1）额定电压为220V的交流线圈，若误接到 AC 380V 或 AC 110V 的电路上，分别会引起什么后果？为什么？

2）有人为了观察接触器主触头的电弧情况，将灭弧罩取下后起动电动机，这样的做法是否被允许？为什么？

3）电磁机构的结构形式和工作原理分别是什么？

4）实验时，有无异常现象出现，其原因是什么？

## 学习小结

本学习领域主要介绍电气控制电路中常用低压电器的主要结构、工作原理、型号及主要技术参数，主要内容是：

（1）低压电器通常可按用途、动作性质、工作条件和结构特点进行分类。电磁机构主要由磁路和吸引线圈两个部分组成，它是利用衔铁吸合或释放时带动机械机构动作来实现相应的功能，交流电磁机构铁心上的短路环是为削弱振动和噪声而设置的。触头系统是电磁式继电器、接触器等电器的执行部件，这些电器就是通过触头的动作来接通和分断电路的。由于在触头接通和分断时，触头间隙处往往产生电弧进而产生不良后果，因此，应尽量减小电弧和尽快熄灭电弧。常用的灭弧装置有3种，即桥式结构双断点灭弧、金属栅片灭弧和磁吹灭弧。

（2）在自动控制系统中发出指令的电器称为主令电器，主要有控制按钮、行程开关、接近开关、万能转换开关、主令控制器等。

（3）接触器主要用作频繁地接通或分断电动机等主电路，且可以远距离控制的开关电器。电磁式接触器由电磁机构、触头系统、弹簧、灭弧装置及支架底座等部分组成。其基本工作原理是通过线圈的通断电使电磁机构动作，从而带动触头的接通和断开。电磁式接触器的主要技术参数有接触器额定电压、接触器额定电流、线圈额定电压、主触头接通与分断能力、操作频率等。

（4）继电器是一种当输入量的变化达到规定值时，使输出量发生预定阶跃变化的自动开关电器。其输入量可以是电压、电流等电量，也可以是温度、速度、压力等非电量；输出量是触头的接通和断开。继电器可按动作原理、输入量、用途等进行分类，其中电磁式继电器应用最为广泛。电磁式继电器按用途分有控制继电器、保护继电器和通信继电器；按输入量分有电压继电器、电流继电器、时间继电器和中间继电器等；按线圈电流种类不同有交流继电器和直流继电器。

（5）时间继电器按动作原理可分为电磁阻尼式、空气阻尼式、电动机式和电子式等。按延时方式可分为通电延时型和断电延时型两种。空气阻尼式时间继电器是利用空气阻尼作用而达到延时的目的，它是应用最广泛的一种时间继电器。时间继电器的主要技术数据有触头额定电压、触头额定电流、线圈额定电压、额定操作频率、延时范围、延时触头和瞬动触头数量等。

（6）热继电器是利用电流通过发热元件产生的热量，使检测元件的物理量发生变化，从而使触头改变状态的一种继电器。双金属片式热继电器是应用最广泛的一种热继电器，它有带断相保护和不带断相保护两种，主要用于电动机的过载保护、断相保护和三相电流不平衡运行的保护以及其他电气设备发热状态的控制。

（7）速度继电器是当转速达到规定值时动作的继电器。它常被用于电动机反接制动的控制电路中。

（8）熔断器主要由熔体、绝缘底座（熔管）及导电部件等部件组成，它利用电流的热效应，使熔体发热熔断，从而断开电路，起到保护作用。常用的熔断器有插入式、螺旋式、无填料密闭管式、有填料封闭管式等。熔断器的主要技术参数有额定电压、额定电流、极限分断能力等。

（9）低压断路器是一种既能接通和分断电路，又能实现欠电压、失电压、过载、过电流、短路和漏电保护功能的开关电器。低压断路器在结构上都具有主触头及灭弧装置、各种脱扣器、自由脱扣机构和操作机构3个部分。常用的断路器有塑料外壳式和万能式两种。主要技术参数有额定电压、额定电流、壳架等级额定电流、通断能力、动作时间、保护特性等。

## ◆◆ 思考题与习题

1. 何为低压电器？何为低压控制电器？

2. 从外部结构特征上如何区分直流电磁机构与交流电磁机构？怎样区分电压线圈与电流线圈？

3. 为什么直流电磁机构的铁心无短路环，而交流电磁机构的铁心有短路环？

4. 直流电磁线圈误接入额定电压的交流电源，交流电磁线圈误接入额定电压的直流电源，将发生什么问题？为什么？

5. 电弧有哪些危害？有哪些灭弧方法？有哪几种灭弧装置？

6. 主令电器有哪些常用类型？分别起什么作用？

7. 按钮开关和行程开关有哪些类型？分别有哪些主要技术参数？

8. 交流接触器与直流接触器用什么来区分？接触器有哪些主要技术参数？

9. 接触器主触头在使用中产生过热的原因是什么？交流接触器在使用中线圈产生过热的原因是什么？

10. 交流电磁式继电器与直流电磁式继电器用什么来区分？

11. 中间继电器与电压继电器在结构上有哪些异同点？在电路中各起什么作用？

12. 电磁式继电器有哪些主要技术参数？

13. 简述电磁阻尼式时间继电器延时工作原理及调节延时的方法。

14. 电磁阻尼式、空气阻尼式、电动机式、电子式时间继电器分别适用于什么场合？

15. 简述双金属片式热继电器的工作原理。

16. 热继电器与熔断器在电路中功能有何不同？

17. 熔断器的额定电流、熔体的额定电流和熔断器的极限分断电流，三者有何不同？

18. 低压断路器各脱扣机构的工作原理是怎样的？断路器在电路中起什么作用？

19. 常用低压断路器有哪些类型？有哪些主要技术参数？

# ·学习领域6·

# 电动机的基本电气控制电路

## 学习目标 >>

1）知识目标：

▲熟悉电气控制系统中电气原理图、电器布置图及安装接线图的画法。

▲掌握电气原理图画法及国家电气制图标准。

▲理解、分析三相异步电动机全压起动、减压起动、电气制动和变极调速等控制过程，掌握其控制电路的设计及绘制原则。

▲理解、分析绕线转子三相异步电动机起动控制过程，掌握其控制电路的设计及绘制原则。

▲了解直流电动机起动、制动控制的控制过程。

2）能力目标：

▲掌握电气原理图的绘制方法。

▲能设计和绘制较复杂的三相异步电动机电气控制原理图。

▲可以进行电气控制电路的元器件布局、电气接线、功能调试。

▲能够进行电气控制电路的测试、维护与故障检修。

3）素养目标：

▲激发学习兴趣和探索精神，掌握正确的学习方法。

▲培养学生获取新知识、新技能的学习能力。

▲培养学生的团队合作精神，形成优良的协作能力和动手能力。

▲培养学生的安全意识、质量意识、信息素养、工匠精神和创新思维。

▲培养学生严谨求实的工作作风。

## 知识链接 >>

继电器-接触器控制是应用较早的控制系统，其控制电路由接触器、继电器、按钮、行程开关等各种有触头电器组成，用来控制电动机起动、制动、正反转、调速等和保护电力拖动系统，实现生产加工的自动化。这种控制系统具有结构简单、易于掌握、维护调整简便、价格低廉等优点，因而获得广泛应用。由于各种生产机械的工作过程不同，其控制电路也千差万别，但都遵循一定的原则和规律，都是由一些比较简单的基本电气控制电路组合而成。本学习领域将对电动机基本电气控制电路进行分析，掌握其规律，为进一步阅读机械设备电气图和设计电气控制电路打下基础。

## 6.1 电气图

用电气图形符号绘制的图称为电气图，它是电工技术领域中重要的信息提供方式。电气图的种类很多，包括电气原理图、电器元件布置图、安装接线图等。

### 6.1.1 电气图用符号

**1. 文字符号**　电气图中的文字符号应符合国家标准规定，适用于电气技术领域技术文件的编制，也可表示在电气设备、装置和元器件上或其近旁，以标明电气设备、装置和元器件的名称、功能、状态和特征。文字符号分为基本文字符号和辅助文字符号。

（1）电气设备基本文字符号。基本文字符号有单字母符号与双字母符号两种。将各种电气设备、装置和元器件划分为若干大类，每一大类用一个字母表示，即为单字母符号。如"C"表示电容器类、"R"表示电阻器类等。双字母符号由表示种类的单字母符号后接另一字母组成。只有当用单字母符号不能满足要求、需要将大类进一步划分时，才采用双字母符号。如"F"表示保护器件类，而"FU"表示熔断器，"FR"表示具有延时动作的限流保护器件，"FV"表示限压保护器件等。双字母中在后的字母通常选用该类设备、装置和元器件的英文名词的首位字母，这样，双字母符号可以较详细和更具体地表述电气设备、装置和元器件的名称。例如，"RP"代表电位器，"RT"代表热敏电阻，"MD"代表直流电动机，"MC"代表笼型异步电动机。

（2）电气设备辅助文字符号。辅助文字符号用以表示电气设备、装置和元器件以及线路的功能、状态和特征，通常也是由英文单词的前一两个字母构成的。例如，"DC"代表直流（Direct Current），"IN"代表输入（Input），"S"代表信号（Signal）。

（3）补充文字符号。当规定的基本文字符号和辅助文字符号不满足使用时，可按国家标准中规定的文字符号组成规律和原则予以补充。

**2. 接线端子标记**　接线端子标记是指连接器件和外部导电件的标记。主要用于基本件（如电阻器、熔断器、继电器、变压器、旋转电动机等）和这些器件组成的设备（如电动机控制设备）的接线端子标记，也适用于执行一定功能的导线线端（如电源接地、机壳接地等）的识别。根据国家标准规定，常用标记介绍如下。

交流系统三相电源导线和中性线用 L1、L2、L3、N 标记，直流系统电源正、负极导线和中间线用 L₊、L₋、M 标记，保护接地线用 PE 标记，接地线用 E 标记。

带 6 个接线端子的三相电器，首端分别用 U1、V1、W1 标记，尾端用 U2、V2、W2 标记，中间抽头用 U3、V3、W3 标记。

对于同类型的三相电器，其首端或尾端在字母 U、V、W 前冠以数字来区别，即 1U1、1V1、1W1 与 2U1、2V1、2W1 来标记两个同类三相电器的首端，而 1U2、1V2、1W2 与 2U2、2V2、2W2 为其尾端标记。

控制电路接线端采用阿拉伯数字编号，一般由三位或三位以下的数字组成。标注方法按"等电位"原则，根据由上而下、由左而右的顺序编号，凡是被线圈、绕组、触头或电阻、电容等元件所间隔的线段，都应标以不同的电路标号。

**3. 图形符号**　图形符号通常是指用于图样或其他文件表示一个设备或概念的图形、标记或字符。图形符号由符号要素、一般符号及限定符号构成。

（1）符号要素。符号要素是一种具有确定意义的简单图形，必须同其他图形组合才能构成一个设备或概念的完整符号。例如，三相异步电动机是由定子、转子及各自的引线等几个符号要素构成的，这些符号要求有确切的含义，但一般不能单独使用，其布置也不一定与符号所表示设备的实际结构相一致。

（2）一般符号。用于表示同一类产品和此类产品特性的一种很简单的符号，它们是各类元器件的基本符号。例如，一般电阻器、电容器和具有一般单向导电性的二极管的符号。一般符号不但可以广义上代表各类元器件，也可以表示没有附加信息或功能的具体元件。

（3）限定符号。限定符号是用以提供附加信息的一种加在其他符号上的符号。例如，在电阻器一般符号的基础上，加上不同的限定符号就可组成可变电阻器、光敏电阻器、热敏电阻器等具有不同功能的电阻器。也就是说使用限定符号以后，可以使图形符号具有多样性。

限定符号一般不能单独使用。一般符号有时也可以作为限定符号。例如，电容器的一般符号加到二极管的一般符号上就构成变容二极管的符号。

**图形符号的几点注意事项：**

①所有符号均应按无电压、无外力作用的正常状态。例如，按钮未按下、闸刀未合闸等。

②在图形符号中，某些设备元件有多个图形符号，在选用时，应该尽可能选用优选形。在能够表达其含义的情况下，尽可能采用最简单形式，在同一图中使用时，应采用同一形式。图形符号的大小和线条的粗细应基本一致。

③为适应不同需求，可将图形符号根据需要放大和缩小，但各符号相互间的比例应该保持不变。图形符号绘制时方位不是强制的，在不改变符号本身含义的前提下，可将图形符号根据需要旋转或成镜像放置。

④图形符号中导线符号可以用不同宽度的线条表示，以突出和区分某些电路或连接线。一般常将电源或主信号导线用加粗的实线表示。

常用的电气图形符号和文字符号见附录A。

## 6.1.2　电气原理图

电气控制电路按功能可分为主电路和辅助电路。主电路是电源向负载直接输送电能的电路，又称一次电路。辅助电路为监视、测量、控制以及保护主电路的电路，其中给出监视信号的电路称为信号电路或信号回路；测量各种电气参数的电路称为测量电路或测量回路；控制用电设备的电路称为控制电路或控制回路。

电气原理图是用符号来表示电路中各个电器元件之间的连接关系和工作原理的电气图。在电气原理图中，并不考虑电器元件的外形、实际安装位置和实际连线情况，只是把各元件按接线顺序、功能布局用符号绘制在平面上，用直线将各电器元件连接起来。

电气原理图是电气技术中使用最广泛的电气图，它用于详细解读电气线路、设备或成套装置及其组成部分的作用原理，作为编制接线图的依据，为测试和寻找故障提供信息。绘制电气原理图时应按照国家标准规定的原则进行。

图6-1为CA6140型车床电气原理图。

在绘制电气原理图时应注意以下几点：

（1）电气原理图中各元器件的文字符号和图形符号必须按标准绘制和标注。同一电器的所有元件必须用同一文字符号标注。

（2）电气原理图应按功能来组合，同一功能的电气相关元件应画在一起，但同一电器的各部件不一定画在一起。电路应按动作顺序和信号流程自上而下或自左向右排列。

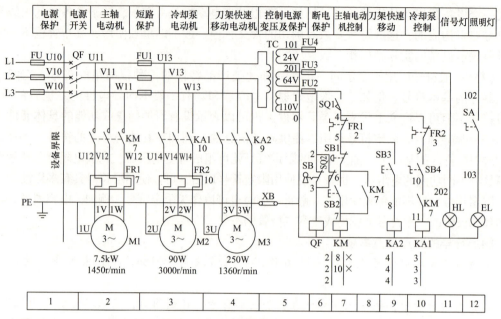

图 6-1　CA6140 型车床电气原理图

（3）电气原理图分主电路和控制电路，一般主电路在左侧，辅助电路在右侧。

（4）电气原理图中各电器应该是未通电或未动作的状态，二进制逻辑元件应是置零的状态，机械开关应是循环开始的状态，即按电路"常态"画出。

（5）在图中每个接触器线圈下方画出两条竖直线，分成左、中、右三栏，把受其控制而动作的触头所处的图区号填入相应的栏内，对备而未用的触头，在相应的栏内用记号"×"标出或不标出任何符号，见表6-1。

表 6-1　接触器触头在电气原理图中位置的标记

| 栏目 | | | 左栏 | 中栏 | 右栏 |
|---|---|---|---|---|---|
| 触头类型 | | | 主触头所处的图区号 | 辅助常开触头所处的图区号 | 辅助常闭触头所处的图区号 |
| 举例 KM | | | | | |
| 2 | 8 | × | 表示3对主触头均在图区2 | 表示一对辅助常开触头在图区8，另一对常开触头在图区10 | 表示2对辅助常闭触头未用 |
| 2 | 10 | × | | | |
| 2 | | | | | |

（6）在图中每个继电器线圈下方画出一条竖直线，分成左、右两栏，把受其控制而动作的触头所处的图区号填入相应的栏内。同样，对备而未用的触头，在相应的栏内用记号"×"标出或不标出任何符号，见表6-2。

表 6-2　继电器触头在电路图中位置的标记

| 栏目 | | 左栏 | 右栏 |
|---|---|---|---|
| 触头类型 | | 常开触头所处的图区号 | 常闭触头所处的图区号 |
| 举例 KA2 | | | |
| 4 | | 表示3对常开触头均在图区4 | 表示常闭触头未用 |
| 4 | | | |
| 4 | | | |

在阅读电气原理图时应注意以下几点：

阅读电气原理图的一般方法是先看主电路，再看辅助电路，并用辅助电路的回路去研究主电路的控制程序。

（1）看主电路的方法步骤

1）看用电器。用电器是指消耗电能的用电设备或用电器具，如电动机、电弧炉、电阻炉等。看图时首先要看清楚有几个用电器以及它们的类别、用途、接线方式、特殊要求等。以电动机为例，从类别上讲，有交流电动机和直流电动机之分；而交流电动机又有异步电动机和同步电动机之分；异步电动机又分笼型和绕线转子。从用途来讲，有的电动机带动机械主轴，有的电动机带动冷却液泵。

2）看用电器是什么电器元件控制的。控制用电器的方法很多，有的直接用开关控制，有的用接触器或继电器控制，有的用各种起动器控制。

3）看主电路中其他元器件的作用。通常主电路中除了用电器和控制用电器的接触器或继电器外，还常接有电源开关、熔断器以及保护器件。

4）看电源。看主电路电源电压是380V还是220V；主电路电源是由母线汇流排或配电柜供电的（一般为交流电），还是由发电机供电的（一般为直流电）。

（2）看辅助电路的方法步骤

1）看电源。要搞清楚辅助电源的种类是交流电还是直流电，电源是从什么地方接来的以及电压等级。通常辅助电路的电源是从主电路的两根相线上接来的，其电压为单相380V。如果是从主电路的一根相线和一根中性线上接来的，电压就是单相220V。如果是从控制变压器上接来的，常用电压为127V、36V等。当辅助电电源为直流电时，其电压一般为24V、12V、6V等。

2）看辅助电路是如何控制主电路的。在电气原理图中，整个辅助电路可以看成是一个大回路，习惯上我们称为二次回路。在这个大回路中又可分成几个具有独立性的小回路。每个小回路控制一个用电器或用电器的一个动作。当某个小回路形成闭合回路并有电流流过时，控制主电路的电器元件（如接触器或继电器）就得电动作，把用电器（如电动机）接入电源或从电源切除。

3）研究电器元件之间的相互关系。电路中电器元件之间往往存在相互控制，如用B电器元件控制C电器元件。这种互相制约的关系有时表现在同一个回路，有时表现在不同的几个回路中，这就是控制电路中的电气连锁。

4）研究其他电气设备和电器元件。如整流设备、照明灯和信号灯等，要了解它们的线路走向和作用。比如信号灯一般以绿色或者白色表示正常工作，以红色表示停止或者出现故障。

### 6.1.3　电器元件布置图

电器元件布置图是表示成套装置、设备或装置中各个项目位置的一种图。它是提供电气设备各个单元的布局和安装工作所需数据的图样。例如，电动机要和被拖动的机械装置在一起，行程开关应画在获取行程信息的地方，操作手柄应画在便于操作的地方，一般电器元件应放在电气控制柜中。图6-2为CA6140型车床控制盘电器元件布置图，图6-3为CA6140型车床电气设备安装位置图。

在阅读和绘制电器元件布置图时应注意以下几点：

（1）按电气原理图要求，应将动力、控制和信号电路分开布置，并各自安装在相应的位置，以便于操作和维护。

（2）电气控制柜中各元件之间，上、下、左、右之间的连线应保持一定间距，并且应

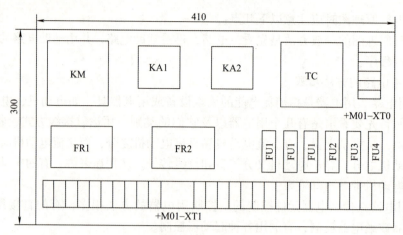

图 6-2　CA6140 型车床控制盘电器元件布置图

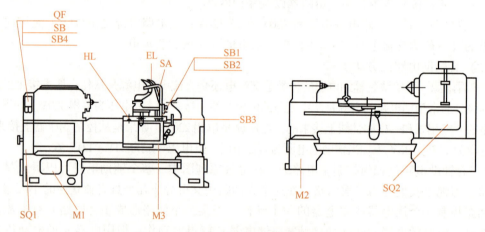

图 6-3　CA6140 型车床电气设备安装位置图

考虑元件的发热和散热因素，应便于布线、接线和检修。

（3）给出部分元器件型号和参数。

（4）图中的文字符号应与电气原理图和电气设备清单一致。

## 6.1.4　安装接线图

安装接线图表示成套装置、设备或装置的连接关系，用于安装接线、线路检查、线路维修和故障处理等，在实际应用中安装接线图通常需要与电气原理图和电器元件布置图一起使用。安装接线图分为单元接线图、互连接线图、端子接线图、电缆配置图等。

单元接线图表示单元内部的连接情况，通常不包括单元之间的外部连接，但可给出与之有关的互连接线图图号。

互连接线图表示单元之间的连接情况，通常不包括单元内部的连接，但可给出与之有关的电路图或单元接线图的图号。

端子接线图表示单元和设备的端子及其与外部导线的连接关系，通常不包括单元或设备的内部连接，但可提供与之有关的图号。

电缆配置图表示单元之间外部电缆的敷设，也可表示线缆的路径情况。图 6-4 为 CA6140 型车床安装接线图。

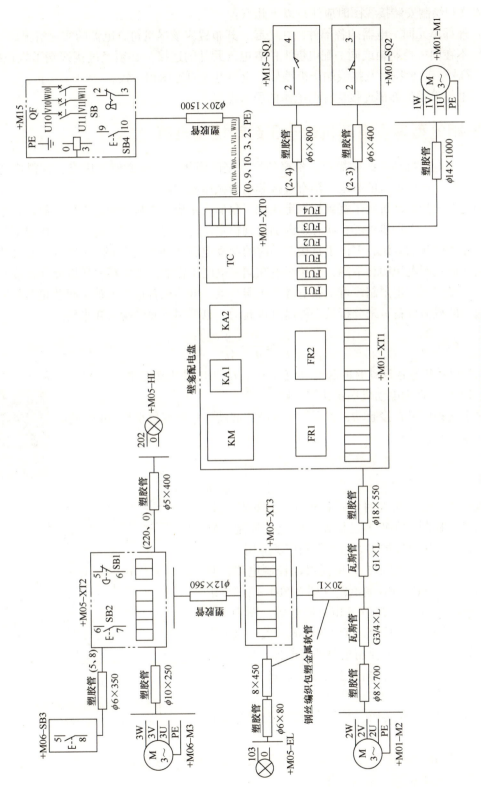

图6-4 CA6140型车床安装接线图

在阅读和绘制安装接线图时应注意以下几点：

（1）外部单元同一电器的各部件画在一起，其布置应该尽量符合电器的实际情况。

（2）不在同一控制柜或同一配电屏上的各电气元件的连接，必须经过接线端子板进行。图中文字符号、图形符号及接线端子板编号，应与电气原理图一致。

（3）电气设备的外部连接应标明电源的引入点。

## 6.2 三相笼型异步电动机的全压起动控制电路

三相笼型电动机具有结构简单、价格便宜、坚固耐用、维修方便等优点，获得广泛应用。三相笼型异步电动机的起动控制有直接起动与减压起动两种。

三相笼型异步电动机定子绕组按规定接成三角形或星形，再接到额定电压、额定频率的三相交流电源上，电动机由静止状态逐渐加速到稳定运行状态，称直接起动。直接起动是一种简单、经济的起动方法，但由于直接起动时的起动电流为额定电流的 4~7 倍，过大的起动电流会造成电网电压明显下降，直接影响在同一电网工作的其他负载，所以允许直接起动的电动机容量受到一定限制。可根据电源变压器容量、电动机容量、电动机起动频繁程度和电动机拖动的机械设备等来分析是否可以直接起动，也可用下面经验公式来确定：

$$\frac{I_{st}}{I_N} \leq \frac{3}{4} + \frac{S}{4P}$$

式中，$I_{st}$ 为电动机直接起动时的起动电流（A）；$I_N$ 为电动机额定电流（A）；$S$ 为电源变压器容量（kVA）；$P$ 为电动机额定功率（kW）。

满足上述条件可直接起动，否则应采取减压起动。一般容量小于 10kW 的电动机可以采用直接起动。

### 6.2.1 三相笼型异步电动机单向运转控制电路

**1. 电动机单向点动控制电路** 点动是指按下按钮时电动机转动，松开按钮时电动机停止。这种控制是最基本的电气控制，在很多机械设备的电气控制电路上，特别是在机床电气控制电路上得到广泛应用。

（1）工作原理。图 6-5 为单向点动控制电路，它由主电路（图 6-5a）和控制电路（图 6-5b）两部分组成，主电路和控制电路共用三相交流电源。图中 L1、L2、L3 为三相交流电源线路，QF 为电源开关，FU1 为主电路的熔断器，FU2 为控制电路的熔断器，KM 为接触器，SB 为按钮，M 为三相笼型异步电动机。

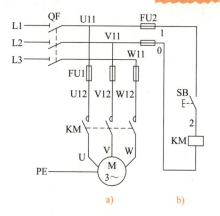

单向点动控制电路

图 6-5 单向点动控制电路

a）主电路 b）控制电路

点动控制的操作及动作过程如下：

首先合上电源开关 QF，接通主电路和控制电路的电源。

按下按钮 SB→SB 常开触头接通→接触器 KM 线圈通电→接触器 KM（常开）主触头接通→电动机 M 通电起动并进入工作状态

松开按钮 SB→SB 常开触头断开→接触器 KM 线圈断电→接触器 KM 主触头（常开）断开→电动机 M 断电并停止工作

由上述可见，当按下按钮SB（应按到底且不要放开）时，电动机转动；松开按钮SB时，电动机M停止。

熔断器FU1为主电路的短路保护，熔断器FU2为控制电路的短路保护。由于本电路不存在过载，所以不设过载保护。

（2）基本控制电路故障检修方法

1）通电试验法。通电试验法是在不扩大故障范围、不损坏电气设备和机械设备的前提下，对电路进行通电试验，通过观察电气设备和电气元件的动作，看其是否正常，各控制环节的动作程序是否符合要求，找出故障发生部位或回路。

2）逻辑分析法。逻辑分析法是根据电气控制电路的工作原理、控制环节的动作程序以及它们之间的联系，结合故障现象进行具体分析，迅速地缩小故障范围，从而判断故障所在。这种方法是一种以准为前提、以快为目的的检查方法，特别适用于对复杂电路的故障检查。

3）测量法。测量法是利用电工工具和仪表（如测电笔、万用表、钳形电流表、兆欧表等）对电路进行带电或断电测量，是查找故障点的有效方法。主要包括电压分阶测量法和电阻分阶测量法。

① 电压分阶测量法。测量检查时，首先将万用表的转换开关置于交流电压500V的档位上，然后按图6-6a所示方法进行测量。

断开主电路，接通控制电路的电源。若按下起动按钮SB时，接触器KM不吸合，则说明控制电路有故障。

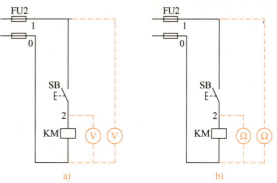

图6-6　测量法

a）电压分阶测量法　b）电阻分阶测量法

检测时，需要两人配合进行。一人先用万用表测量0和1之间的电压，黑表笔接0，红表笔接1，若电压为380V，则说明控制电路的电源电压正常。然后由另一人按下SB不放，一人把黑表笔依旧固定在0上，红表笔移到2上。若0～2之间电压为0V，则按钮SB接触不良；若0～2电压为380V，则接触器线圈断路。

这种方法向下（或上）依次测量电压，所以叫电压分阶测量法。

② 电阻分阶测量法。测量检查时，首先将万用表的转换开关置于倍率适当的电阻档，然后按图6-6b所示方法进行测量。

断开主电路，接通控制电路电源。若按下起动按钮SB时，接触器KM不吸合，则说明控制电路有故障。

检测时，首先切断控制电路电源（这点与电压分阶测量法不同），然后一人按下SB不放，另一人用万用表依次测量0～1、0～2之间的电阻值，若0～1之间阻值为无穷大且0～2之间有一定阻值（取决于线圈），则SB接触不良；如果0～1、0～2之间阻值均为无穷大，则接触器线圈断路。

以上是用测量法查找确定控制电路的故障点，对于主电路的故障点，结合图6-5说明如下：

首先测量接触器电源端的U12—V12、U12—W12、W12—V12之间的电压。若均为380V，说明U12、V12、W12三点至电源无故障，可进行第二步测量。否则可再测量U11—

V11、U11 — W11、W11 — V11 顺次至 L1 — L2、L2 — L3、L3 — L1 直到发现故障。

其次断开主电路电源，用万用表的电阻档（一般选 $R \times 10$ 以上档位）测量接触器负载端 U — V、U — W、W—V 之间的电阻，若电阻均较小（电动机定子绕组的直流电阻），说明 U、V、W 三点至电动机无故障，可判断为接触器主触头有故障。否则可再测量 U—V、U—W、W—V 到电动机接线端子处，直到发现故障。

根据故障点的不同情况，采用正确的维修方法或更换元器件，排除故障。

**2. 电动机单向连续运转控制电路** 在各种机械设备上，电动机最常见的一种工作状态是单向连续运转。图6-7为电动机单向连续运转控制电路，它由主电路和控制电路两部分组成。图中 L1、L2、L3 为三相交流电源，QF 为电源开关，FU1、FU2 分别为主电路与控制电路的熔断器，KM 为接触器，SB2 为停止按钮，SB1 为起动按钮，FR 为热继电器，M 为三相异步电动机。

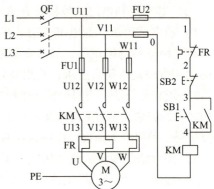

图6-7 电动机单向连续运转控制电路

接触器自锁控制电路工作原理

（1）工作原理。首先合上电源开关 QF，接通主电路和控制电路的电源。

起动：

按下按钮SB1→SB1常开触头接通 → 接触器KM线圈通电┐

┌→接触器KM常开辅助触头接通（实现自锁）
└→接触器KM（常开）主触头接通→电动机M通电起动并进入工作状态

当接触器 KM 常开辅助触头接通后，即使松开按钮 SB1 仍能保持接触器 KM 线圈通电，所以此常开辅助触头称为自锁触头。

停止：

按下按钮SB1→SB2常闭触头断开→ 接触器KM线圈断电┐

┌→KM常开辅助触头断开（解除自保持）
└→KM（常开）主触头断开 → 电动机M断电并停止工作

控制电路的保护环节：

1）短路保护。由熔断器 FU1、FU2 分别实现主电路与控制电路的短路保护。

2）过载保护。当电动机出现长期过载时，串接在电动机定子电路中热继电器 FR 的发热元件使双金属片受热弯曲，经联动机构使串接在控制电路中的常闭触头断开，切断接触器 KM 线圈电路，KM 触头复位，其中主触头断开电动机的电源、常开辅助触头断开自保持电路，使电动机长期过载时自动断开电源，从而实现过载保护。

3）欠电压和失电压保护。自保持电路具有欠电压与失电压保护的作用。欠电压保护是指当电动机电源电压降低到一定值时，能自动切断电动机电源的保护；失电压（或零压）保护是指运行中的电动机因电源断电而停转，而一旦恢复供电时，电动机不致在无人监视的情况下自行起动的保护。

在电动机运行中，当电源电压下降时，控制电路电源电压相应下降，接触器线圈电压下降，将引起接触器磁路磁通下降，电磁吸力减小，衔铁在反作用弹簧的作用下释放，自保持触头断开（解除自保持），同时主触头也断开，切断电动机电源，避免电动机因电源电压降低引起电动机电流增大而烧毁电动机。

在电动机运行中，电源停电则电动机停转。当恢复供电时，由于接触器线圈已断电，其主触头与自保触头均已断开，主电路和控制电路都不构成通路，所以电动机不会自行起动。只有按下起动按钮 SB1，电动机才会再起动。

（2）电路故障检修方法。

1）电压分阶测量法。以检修图 6-8 示例电路为例，说明电压分阶测量法。检修时，应两人配合，一人测量，一人操作按钮，但是操作人必须听从测量人口令，不得擅自操作，以防发生触电事故。

① 断开主电路，然后接通控制电路电源。

② 按下 SB1，若接触器 KM 不吸合，说明控制电路有故障。

③ 将万用表转换开关旋到交流电压 500V 档位。

④ 按图 6-9 所示，用万用表测量 0 和 1 两点间电压。若没有电压或电压很低，检查熔断器 FU2；若有 380V 电压，说明控制电路的电源电压正常，进行下一步操作。

⑤ 按图 6-10 所示，万用表黑表笔搭接到 0 点，红表笔搭接到 2 点，若没有电压，说明热继电器 FR 的常闭触头有问题；若有 380V 电压，说明 FR 的常闭触头正常，进行下一步操作。

⑥ 按图 6-11 所示，万用表黑表笔搭接到 0 点，红表笔搭接到 3 点。若没有电压，停止按钮 SB2 触头有问题；若有 380V 电压，说明 SB2 触头正常，进行下一步操作。

⑦ 一人按住按钮 SB1 不放，另一人把万用表黑表笔搭接到 0 点，红表笔搭接到 4 点，如图 6-12 所示。若没有电压，说明起动按钮 SB1 有问题；若有 380V 电压，说明 KM 线圈断路。

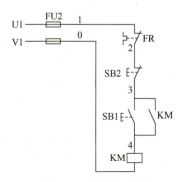

图 6-8　示例电路

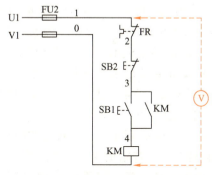

图 6-9　万用表测量 0 与 1 点之间的电压

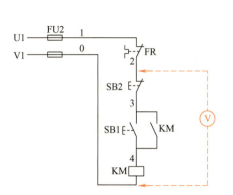

图 6-10　万用表测量 0 与 2 点之间的电压

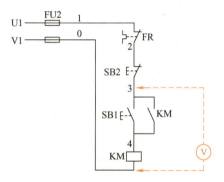

图 6-11　万用表测量 0 与 3 点之间的电压

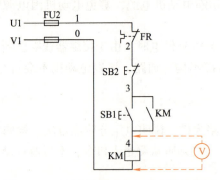

图 6-12　万用表测量 0 与 4 点之间的电压

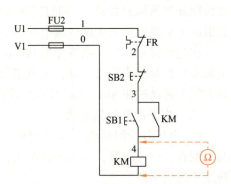

图 6-13　万用表测量线圈电阻

测量结果见表 6-3。表中符号"×"表示不需再测量。

表 6-3　电压分阶测量方法测量故障点

| 故障现象 | 测量状态 | 0—2 | 0—3 | 0—4 | 故障点 |
|---|---|---|---|---|---|
| 按下 SB1 时，接触器 KM 不吸合 | 按下 SB1 不放 | 0 | × | × | FR 常闭触头接触不良 |
| | | 380V | 0 | × | SB2 常闭触头接触不良 |
| | | 380V | 380V | 0 | SB1 常开触头接触不良 |
| | | 380V | 380V | 380V | KM 线圈断路 |

2）电阻分阶测量法。断开主电路，接通控制电路电源。若按下起动按钮 SB1 时，接触器 KM 不吸合，则说明控制电路有故障。

① 检测时，首先切断电路的电源（这点与电压分阶测量法不同），将万用表的转换开关置于倍率适当的电阻档（$R×10$ 或 $R×1$ 档位）。

② 按图 6-13 所示，万用表黑表笔搭接到 0 点，红表笔搭接到 4 点，若阻值为"∞"，说明 KM 线圈断路；若有一定阻值（取决于线圈），说明 KM 线圈正常，进行下一步操作。

③ 按图 6-14 所示，一人按住按钮 SB1 不放，另一人把万用表黑表笔搭接到 0 点，红表笔搭接到 3 点，若阻值为"∞"，说明 SB1 接触不良；若有一定阻值（取决于线圈），说明 SB1 正常，进行下一步操作。

④ 按图 6-15 所示，一人按住按钮 SB1 不放，另一人把万用表黑表笔搭接到 0 点，红表笔搭接到 2 点。若阻值为"∞"，说明 SB2 常闭触头接触不良；若有一定阻值（取决于线圈），说明 SB2 正常，问题有可能出现在热继电器 FR 的辅助常闭触头。可以采用同样方式测量 0 与 1 之间的电阻值，进行准确判断。

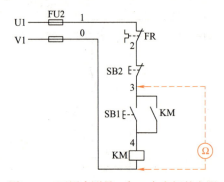

图 6-14　万用表测量 0 与 3 点之间的电阻

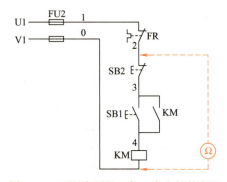

图 6-15　万用表测量 0 与 2 点之间的电阻

测量结果见表6-4。

表6-4　电阻分阶测量法查找故障点

| 故障现象 | 0—2 | 0—3 | 0—4 | 故障点 |
|---|---|---|---|---|
| 按下SB1时，KM不吸合 | × | × | ∞ | KM 线圈断路 |
| | × | ∞ | $R$ | SB1 常开触头接触不良 |
| | $R$ | $R$ | $R$ | FR 常闭触头接触不良 |
| | ∞ | $R$ | $R$ | SB2 常闭触头接触不良 |

注：$R$ 为接触器 KM 线圈的电阻值。

用电阻分段测量法时，如果为便利或为判断是触头问题还是线路问题，可以直接测量电器元件触头的电阻值。此时测量的电阻值应为"0"，否则说明触头有问题；如果阻值为"0"，说明是线路接触不良或断线。

3）主电路故障测量。以上是用测量法查找确定控制电路的故障点，对于主电路的故障点，结合图6-7说明如下：

首先测量接触器电源端的 U12—V12、U12—W12、W12—V12 之间的电压。若均为380V，说明 U12、V12、W12 三点至电源无故障，可进行第二步测量。否则可再测量 U11—V11、U11—W11、W11—V11 顺次至 L1—L2、L2—L3、L3—L1 直到发现故障。

其次断开主电路电源，用万用表的电阻档（一般选 $R \times 10$ 以上档位）测量接触器负载端 U13—V13、U13—W13、W13—V13 之间的电阻，若电阻均较小（电动机定子绕组的直流电阻），说明 U13、V13、W13 三点至电动机无故障，可判断为接触器主触头有故障。否则可再测量 U—V、U—W、W—V 到电动机接线端子处，直到发现故障。

在实际维修中，由于控制电路的故障多种多样，就是同一故障现象，发生的故障部位也不一定一样，因此在检修故障时要灵活运用这几种方法，力求迅速、准确地找出故障点，查明原因，及时处理。

还应当注意积累经验、熟悉控制电路的原理，这对准确、迅速判别故障和处理故障都有着很大帮助。

**3. 电动机单向连续运转与点动运转控制电路**　机械设备的运动是由电动机来拖动的，机械设备通常需要单向连续运转，有时还需要单向点动运转，这就要求电动机既能单向连续运转又能单向点动运转。图6-16 为电动机单向连续运转与点动运转控制电路。

单向连续运转：

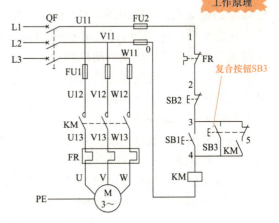

图6-16　电动机单向连续运转与点动运转控制电路

点动运转：

起动：按下SB3
- →SB3常闭辅助触头先分断切断自锁电路
- →SB3常开辅助触头后闭合→KM线圈得电
  - →KM自锁触头闭合
  - →KM主触头闭合→电动机M起动运转

停止：松开SB3
- →SB3常开辅助触头先恢复分断→KM线圈失电
  - →KM自锁触头分断
  - →KM主触头分断→电动机M停转
- →SB3常闭辅助触头后恢复闭合（此时KM自锁触头已分断）

图 6-16 中，用不同的按钮来实现连续运转与点动控制，SB1 为连续运转按钮，SB2 为连续运转时的停止按钮。SB3 为点动运转按钮，点动控制是利用按钮 SB3 的常闭辅助触头断开自保持电路来实现的。

点动控制电路与连续运转控制电路的根本区别在于有无自保持。

### 6.2.2　三相笼型异步电动正反转控制电路

机械设备的运动部件往往要求正反两个方向运动，这就要求拖动电动机能正反向旋转。由电机原理可知，改变电动机三相电源相序即可改变电动机旋转方向，由此出发，常用的电动机正反转控制电路有以下几种。

#### 1. 转换开关控制的正反转控制电路

图 6-17 为转换开关控制的正反转控制电路。图中转换开关 SA 有正转、反转和停止三个位置，如图 6-17a 中的虚线所示；SA 在不同位置时，其触头的通断情况如图 6-17a 中的黑点所示。

在图 6-17a 中，用转换开关 SA 来直接控制电动机的正反转。由于转换开关无灭弧装置，它仅适用于容量为 5.5kW 以下的电动机。对于容量大于 5.5kW 的电动机，应使用图 6-17b 所示有控制电路的控制方式。

在图 6-17b 中，转换开关用来预选电动机旋转方向，按钮控制接触器主触头接通与断开电源，实现电动机的起动与停止。可见此控制电路与单向连续运转的控制电路相同，只是主电路接入了转换开关。

由于采用了接触器控制，并且接入了热继电器 FR，所以电路除具有短路保护外，还具有过载保护和欠电压（零电压）保护的功能。

#### 2. 按钮控制的正反转控制电路

（1）接触器联锁的正反转控制电路。如图 6-18 所示，电路中采用了两个接触器，即正转接触器 KM1 和反转接触器 KM2，它们分别由正转按钮 SB1 和反转按钮 SB2 控制。从主电路可以看出，这两个

转换开关控制的正反转控制电路工作原理

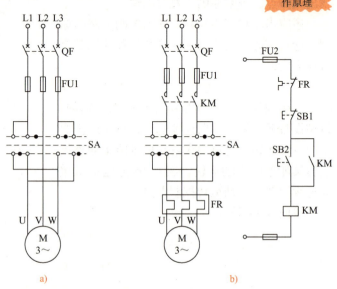

a)　　　　　　　b)

图 6-17　转换开关控制的正反转控制电路
a）直接控制　b）有控制电路的控制方式

接触器的主触头所接通的电源相序不同，KM1 按 L1—L2—L3 相序接线，KM2 则按 L3—L2—L1 相序接线。相应的控制电路有两条，一条是由按钮 SB1 和 KM1 线圈等组成的正转控制电路；另一条是由按钮 SB2 和 KM2 线圈等组成的反转控制电路。

必须指出，接触器 KM1 和 KM2 的主触头绝不允许同时闭合，否则将造成两相电源（L1 和 L3）短路事故。为了避免两个接触器 KM1 和 KM2 同时得电动作，就在正、反转控制电路中分别串接了对方接触器的一对常闭辅助触头，这样，当一个接触器得电动作时，通过其常闭辅助触头使另一个接触器不能得电动作，接触器间这种相互制约的作用叫接触器联锁（或电气互锁）。实现联锁作用的常闭辅助触头称为联锁触头（或互锁触头）。

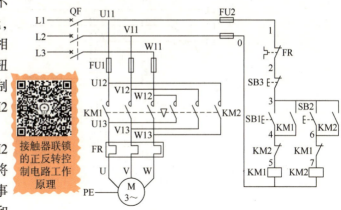

接触器联锁的正反转控制电路工作原理

图 6-18　接触器联锁的正反转控制电路

图 6-18 为接触器联锁的正反转控制电路，其操作及操作后的动作过程如下。

首先合上电源开关 QF，接通主电路和控制电路的电源。

正转：

按下SB1→SB1常开触头接通→KM1线圈通电
→KM1常开辅助触头接通（自锁）
→KM1常闭辅助触头断开（实现互锁）
→KM1主触头接通→电动机M通电正向起动并进入工作状态

停止：

按下SB3→SB3常闭触头断开→KM1线圈断电
→KM1常开辅助触头断开（解除自锁）
→KM1常闭辅助触头接通（解除互锁）
→KM1主触头断开→电动机M断电

反转：

按下SB2→SB2常开触头接通→KM2线圈通电
→KM2常开辅助触头接通（自锁）
→KM2常闭辅助触头断开（实现互锁）
→KM2主触头接通→电动机M通电反向起动并进入工作状态

在电动机反转时若想使其正转，直接按正转按钮将不起作用，必须先按停止按钮，再按正转按钮电动机才能正转。

（2）接触器—按钮双重连锁的正反转控制电路。从以上分析可见，接触器联锁正反转控制电路的优点是工作安全可靠，缺点是操作不便，电动机改变转向时，必须先按下停止按钮，否则由于接触器的联锁作用，不能改变转向。为克服此电路的不足，可采用接触器—按钮双重联锁的正反转控制电路。按钮互锁也称为机械互锁。

图 6-19 为双重联锁的正反转控制电路，其操作及操作后的动作过程如下。

首先合上电源开关 QF，接通主电路和控制电路的电源。

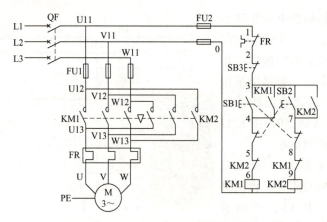

按钮联锁的正反转控制电路工作原理

双重联锁的正反转控制电路工作原理

图6-19 双重联锁的正反转控制电路

正转：

```
                    ┌→ SB1常闭触头断开（机械互锁）
                    │
                    │                       ┌→ KM1常闭辅助触头断开（电气互锁）
按下SB1 ─→ SB1常开触头接通 ─→ KM1线圈通电 ─┤→ KM1常开辅助触头接通（自锁）
                                            │
                                            └→ KM1主触头接通 ─→ 电动机M通电正向起动
                                                               并进入工作状态
```

停止：

```
按下SB3 ─→ SB3常闭触头断开 ─→ KM1线圈断电 ─┬→ KM1常开辅助触头断开（解除自锁）
                                            │
                                            └→ KM1主触头断开 ─→ 电动机M断电
```

　　若想改变转向，可先按停止按钮再按反转按钮，也可直接按反转按钮来实现。这种接触器—按钮双重连锁的正反转控制电路是机械设备上常用的正反转控制电路。

## 6.2.3　自动往返行程控制电路

　　机械设备的运动部件（如磨床的工作台等）往往需要自动往返运动。常用行程开关作控制元件，来控制电动机的正反转，实现运动部件的往返运动。图6-20的右下角是工作台

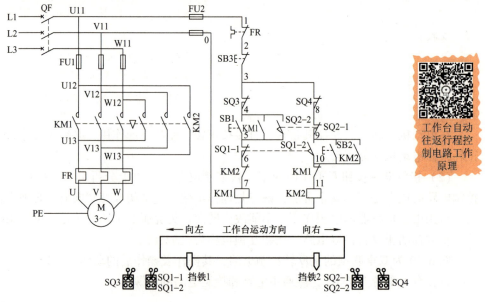

工作台自动往返行程控制电路工作原理

图6-20　工作台自动往返行程控制电路

自动往返运动的示意图。在工作台上装有挡铁 1 和挡铁 2，机床床身上装有行程开关 SQ1 和 SQ2，当挡铁碰撞行程开关后，自动换接电动机正反转控制电路，使工作台自动往返运动。工作台的行程可通过移动挡铁的位置来调节，以适应加工零件的不同要求，SQ3 和 SQ4 用作限位保护。由行程开关控制的工作台自动往返行程控制电路如图 6-20 所示。

实际操作时，首先应根据需要确定工作台的运动方向，然后按相应的按钮。按 SB1，电动机正转，工作台开始向左运动；按 SB2，电动机反转，工作台开始向右运动。

假设开始时工作台需要向左运动，其操作后的动作过程分析如下：

首先合上电源开关 QF，接通主电路和控制电路的电源，此时电路不会动作。

自动往返运动：

——工作台又左移（SQ2触头复位）→…以后重复上述过程，工作台就在限定的行程内自动往返运动

停止：

按下 SB3→整个控制电路失电→KM1（或 KM2）主触头分析→电动机 M 失电停转

若开始时工作台需要向左运动，则合上电源开关 QF 后，按下 SB2。其操作后的动作过程与上述相似，这里不再重复。

若工作台向右运动压下行程开关 SQ2 时不起作用，工作台将超出工作范围时，工作台会继续向右运动压下行程开关 SQ4，使 SQ4 的常闭触头断开，接触器 KM2 的线圈断电，其主触头断开，电动机断电停止。若工作台向左运动压下行程开关 SQ1 时不起作用，则继续向左运动压下行程开关 SQ3，接触器 KM1 的线圈断电，其主触头断开，电动机断电停止。所以行程开关 SQ3 和 SQ4 实现了工作台的极限保护。

本电路设置了短路保护和过载保护，同时电路还具有失电压或欠电压保护的功能。

### 6.2.4 顺序控制与多地控制电路

**1. 顺序控制电路**　在装有多台电动机的生产机械上，各电动机所起的作用不同，有时需要按一定的顺序起动才能保证操作过程的合理和工作的安全可靠。例如在铣床上就要求先起动主轴电动机，然后才能起动进给电动机。又如，带有液压系统的机床，一般都要先起动液压泵电动机，之后才能起动其他电动机。这些顺序关系反映在控制电路上，称为顺序控制。

图 6-21 所示为两台电动机顺序起动、同时停止控制电路。该电路的控制特点一是顺序起动（即 M1 起动后 M2 才能起动），二是同时停止。

由控制电路可知，控制电动机 M2 的接触器 KM2 的线圈接在接触器 KM1 的常开辅助触头之后，这就保证了只有当 KM1 线圈通电、其主触头和常开辅助触头接通、M1 起动之后，M2 才能起动。而且，如果由于某种原因（如过载或欠电压等），使接触器 KM1 线圈断电或使电磁机构释放，引起 M1 停转，那么接触器 KM2 线圈也立即断电，使电动机 M2 停止，即 M1 和 M2 同时停止。若按下停止按钮 SB3，电动机 M1 和 M2 也会同时停止。

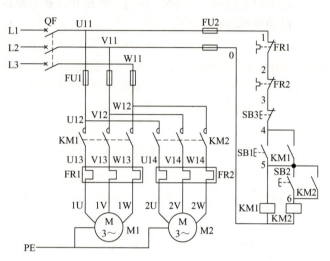

图 6-21　顺序起动、同时停止控制电路

顺序控制电路也有多种，图 6-22 是电动机顺序起动、逆序停止控制电路，其控制特点是起动时必须先起动 M1，才能起动 M2；停止时必须先停止 M2，M1 才能停止。电路分析如下：

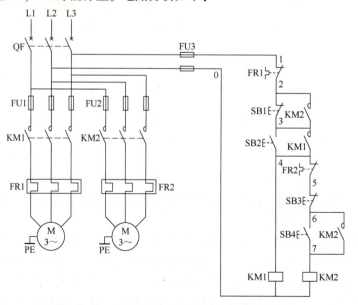

> 顺序起动、同时停止控制电路工作原理

图 6-22　顺序起动、逆序停止控制电路

合上电源开关 QF，主电路和控制电路接通电源，此时电路无动作。

　　起动时若先按下 SB4，因 KM1 的常开辅助触头断开而使 KM2 的线圈不可能通电，电动机 M2 也不会起动。

　　此时应先按下 SB2，KM1 线圈通电，主触头接通使电动机 M1 起动；两个常开辅助触头也接通，一个实现自锁，另一个为起动 M2 做准备。再按下 SB4，KM2 线圈因 KM1 的常开辅助触头已接通而通电，主触头接通使电动机 M2 起动，常开辅助触头接通实现自锁。

　　停止时若先按下 SB1，因 KM2 的常开辅助触头的接通使 KM1 的线圈不可能断电，电动机 M1 不可能停止。此时应先按下 SB3，KM2 线圈断电，主触头断开使电动机 M2 停止；两个常开辅助触头断开，一个解除自锁，另一个为停止 M1 做准备。再按下 SB1，KM1 线圈断电，主触头断开使电动机 M1 停止，辅助常开触头断开解除自锁。

　　上述电路都设有短路保护、过载保护，电路本身还具有失电压和欠电压保护。

　　**2. 两地控制电路**　以上各控制电路，只能对电动机在一个地点、用一套按钮来进行控制操作。但有些生产机械（如铣床等），为了操作方便，常常希望在两个地点进行同样的控制操作，即所谓两地控制。

　　图 6-23 为两地控制电路。它可以分别在甲、乙两地控制接触器 KM 线圈的通电与断电，即控制电动机 M 的起动与停止。其中甲地的起动和停止按钮为 SB11 和 SB12，乙地为 SB21 和 SB22。SB11 与 SB21 并联，SB12 与 SB22 串联，本电路可实现在两地控制同一台电动机的目的。

　　由分析可知，为了达到从两地同时控制一台电动机的目的，必须在另一地点再装一组起动和停止按钮。这两组起

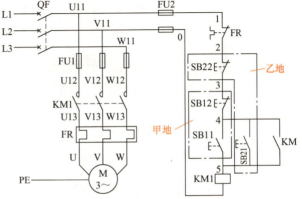

图 6-23　两地控制电路

两地控制电路工作原理

停按钮接线的方法必须是：起动按钮要相互并联，停止按钮要相互串联。按此方法还可以实现多地控制。

## 6.3　三相笼型异步电动机的减压起动控制电路

　　当异步电动机容量不允许采用全压起动时，应采用减压起动。为减小起动时对机械的冲击，即便允许异步电动机采用直接起动，有时也采用减压起动。由于电动机的电磁转矩与端电压的二次方成正比，减压起动时会使起动转矩减小，所以减压起动仅适用于空载或轻载起动。

　　三相笼型异步电动机减压起动方法有：定子电路串电阻或电抗器减压起动、自耦变压器减压起动、丫—△减压起动、延边三角形减压起动等。减压起动是为了减小起动电流，从而保护电源变压器和减小线路压降，而当电动机转速上升到接近稳定转速时，再将电压恢复到额定电压，使电动机进入正常运行。

### 6.3.1　定子绕组串电阻或电抗器减压起动控制电路

　　三相异步电动机定子绕组串电阻或电抗器起动时，起动电流在电阻或电抗器上产生电压降，使加在电动机定子绕组上的电压低于电源电压，从而使起动电流减小。待电动机转速接

近稳定转速时，再将电阻或电抗器短接，使电动机在额定电压下运行。

串电抗器减压起动通常用于高压电动机，串电阻减压起动一般用于低压电动机。因串电阻起动时在电阻上消耗大量的电能，所以不宜用于需要经常起动的电动机；串电抗器起动虽能克服这一缺点，但起动时功率因数低且设备费用较大。这种起动方法不受电动机接法的限制，使用较为方便。

图 6-24 为定子绕组串电阻减压起动控制电路。图中 SB1 为起动按钮，SB2 为停止按钮，KM1 为起动接触器，KM2 为运行接触器，KT 为时间继电器。

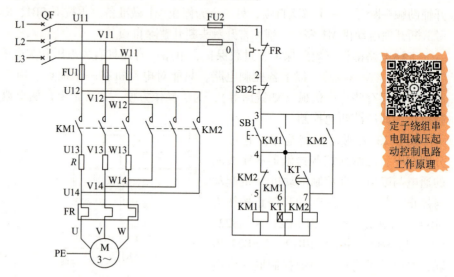

定子绕组串电阻减压起动控制电路工作原理

图 6-24　定子绕组串电阻减压起动控制电路

下面对操作后的动作过程进行分析。

首先合上电源开关 QF，接通主电路和控制电路的电源，此时电路无动作。

1）起动：

按下SB1→ SB1常开触头接通 →KM1线圈通电 →KM1常开辅助触头接通（自锁）
→KM1主触头接通→M串电阻R减压起动
→KM1常开辅助触头接通→KT线圈得电→延时状态

→KT延时闭合常开触头接通→KM2线圈通电→KM2主触头接通→切除电阻，M 全压运行
→KM2常开辅助触头接通（自锁）
→KM2常闭辅助触头断开→KM1线圈断电

→KM1主触头断开（断开定子电阻）
→KM1常开辅助触头断开（解除自锁）
→KM1常开辅助触头断开→KT线圈断电→KT常开触头断开

2）停止：

按下SB2→SB2触头断开→所有线圈断电→所有触头复位 → 电动机M断电
→ 解除自锁

由上述分析可知，当电动机转速上升到接近稳定转速时，时间继电器 KT 延时闭合常开触头才接通，其延时时间应根据实际需要整定。本电路有两个自锁触头，应注意它们所跨接

的电路是不同的。

### 6.3.2　丫—△减压起动控制电路

　　丫—△减压起动适用于△联结的三相异步电动机。起动时定子绕组先为星形联结，待电动机转速升高到接近于稳定转速时，将定子绕组换接成三角形联结，电动机便进入全压运行状态。

　　电动机起动时为丫联结，加在每相定子绕组上的起动电压只有△联结的 $\dfrac{1}{\sqrt{3}}$ ，起动电流为△联结的 $\dfrac{1}{3}$ ，起动转矩也只有△联结的 $\dfrac{1}{3}$ 。所以这种减压起动方法，只适用于轻载或空载下起动。

　　图 6-25 所示是时间继电器自动控制的丫—△减压起动控制电路，该电路主要由三个接触器、一个热继电器、一个时间继电器和两个按钮

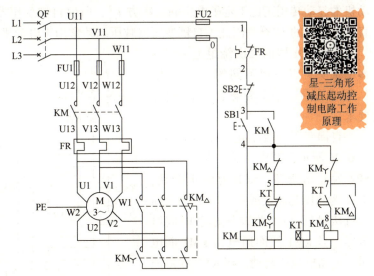

图 6-25　时间继电器自动控制的丫—△减压起动控制电路

组成。时间继电器 KT 用作控制丫联结减压起动时间和完成丫—△自动切换。

　　下面对操作后的动作过程进行分析。先合上电源开关 QS。

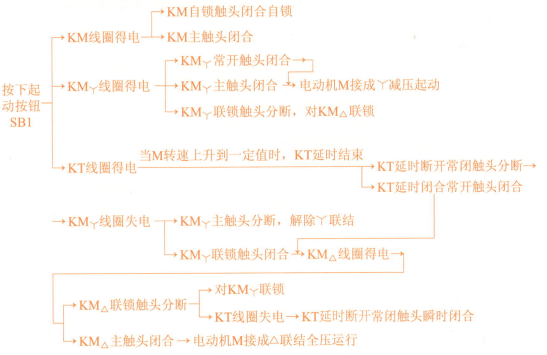

停止时按下 SB2 即可。

本控制电路具有短路保护、过载保护和失电压、欠电压保护。

### 6.3.3 自耦变压器减压起动控制电路

自耦变压器减压起动控制电路是把自耦变压器一次侧接在电网上，二次侧接在三相异步电动机定子绕组上，加在定子绕组的电压是自耦变压器的二次电压 $U_2$，即 $U_2 = U_1/K$，待电动机转速接近稳定转速时，再将电动机定子绕组接在电网上进入正常运转。由于三相异步电动机的起动转矩正比于定子电压的二次方 $U^2$，所以自耦变压器减压起动时的起动转矩降为直接起动时的 $1/K^2$，因此，自耦变压器减压起动常用于电动机的空载或轻载起动。

自耦变压器的二次绕组上一般有多个抽头，以获得不同的二次电压，从而满足不同起动场合下的使用要求。

自耦变压器减压起动控制电路如图 6-26 所示。图中 T 为自耦变压器，SB2 为起动按钮，SB1 为停止按钮，KM1 为减压起动接触器，KM2 为全压运行接触器，KT 为减压起动时间继电器。当 KM1 线圈通电而 KM2 断电时，电动机减压起动；当 KM2 线圈通电而 KM1 断电时，电动机全压运行。

操作后的动作过程分析如下。首先合上电源开关 QF，接通主电路和控制电路的电源，此时电路无动作。

起动：

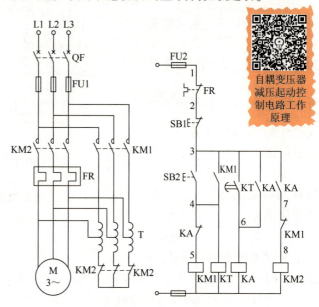

图 6-26 自耦变压器减压起动控制电路

按下SB2→SB2常开触头接通——→KM1线圈通电——→KM1常开辅助触头接通（自锁）
  →KM1主触头接通→电动机M减压起动
  →KM1常闭辅助触头断开（防止KM2线圈通电）
  →KT线圈通电→延时状态→延时闭合的常开触头接通——

  →KA左常开触头接通（自锁）
→KA线圈通电→KA右常开触头接通——
  →KM1常闭辅助触头接通→KM2线圈通电
  →KA常闭触头断开→KM1线圈断电→KM1主触头断开→电动机M停电
  →KM1常开辅助触头断开→KT线圈断电

  →KM2主触头接通→电动机M全压运行
  →KM2常闭辅助触头断开（断开自耦变压器）
→KT延时闭合的常开触头断开（无动作）

停止：

按下SB1→SB1常开触头断开→所有线圈断电→所有触头复位——→电动机M断电
  →解除自锁

本电气控制电路具有短路保护、过载保护和失电压、欠电压保护。

### 6.3.4　延边三角形减压起动控制电路

三相笼形异步电动机的丫—△减压起动可在不增加专用起动设备的情况下实现，但起动转矩只为全压下的1/3。而延边三角形减压起动是一种既不增加专用起动设备、又可适当提高起动转矩的一种减压起动方法，即在电动机起动过程中将定子绕组接成延边三角形，待起动完毕后，将其改接成三角形进入正常运行。

图 6-27 为延边三角形减压起动定子绕组接线图。它把丫和△两种接法结合起来，使电动机每相定子绕组承受的电压小于△联结时的相电压，而大于丫联结时的相电压，并且每相绕组电压的大小可随电动机绕组的抽头（U3、V3、W3）位置的改变而调节，从而克服了丫—△减压起动时起动电压偏低、起动转矩偏小的缺点。采用延边△起动的电动机需要有 9 个出线端。

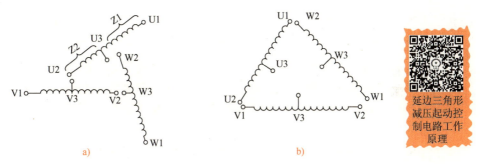

延边三角形减压起动控制电路工作原理

图 6-27　延边三角形减压起动定子绕组接线图

a）延边△联结　b）△联结

图 6-28 为延边△减压起动控制电路。图中 SB1 为起动按钮，SB2 为停止按钮，操作后的动作过程分析如下。首先闭合电源开关 QF。

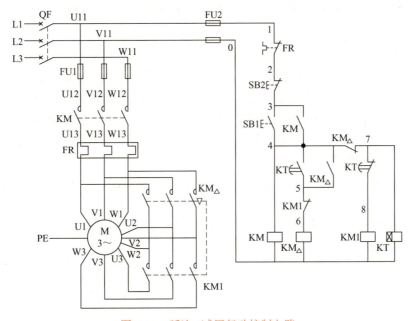

图 6-28　延边△减压起动控制电路

起动：

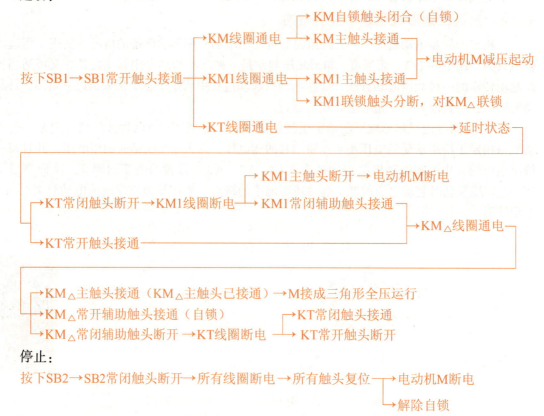

停止：

按下SB2→SB2常闭触头断开→所有线圈断电→所有触头复位┬→电动机M断电
                                                    └→解除自锁

## 6.4　三相绕线转子异步电动机起动控制电路

三相绕线转子异步电动机的转子绕组端头通过集电环引出，起动时串接电阻或频敏变阻器以减小起动电流、提高功率因数和起动转矩，这种起动方法适用于要求起动转矩高的场合。

### 6.4.1　转子绕组串电阻起动控制电路

串接在三相转子绕组中的起动电阻，一般都连接成星形。起动时将全部电阻接入，随着起动的进行，起动电阻依次被短接，起动结束时转子电阻全部被短接。短接电阻的方法有三相电阻不平衡短接法和三相电阻平衡短接法两种。所谓平衡短接法是三相的各级起动电阻同时被短接，而不平衡短接法是三相的各级起动电阻轮流被短接。这里仅介绍用接触器控制的平衡短接法起动控制电路。

图 6-29 为按时间原则控制的转子串三级电阻起动控制电路。图中 SB2 为起动按钮，SB1 为停止按钮。

下面分析操作后的动作过程。首先合上电源开关 QF，接通主电路和控制电路的电源，此时电路无动作。

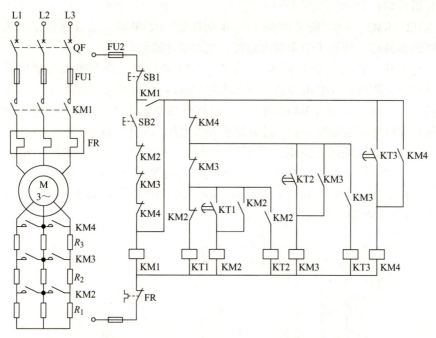

图 6-29　按时间原则控制的转子串三级电阻起动控制电路

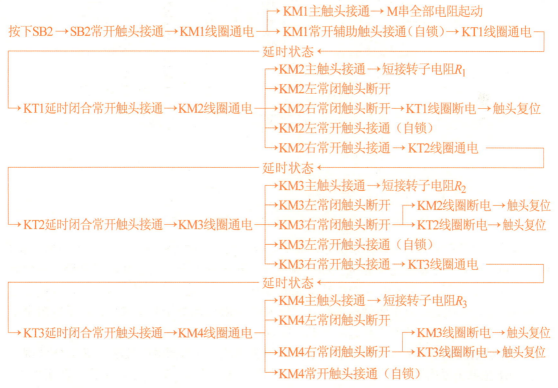

由上分析可知：

由于 KM2、KM3、KM4 的常闭触头与起动按钮 SB2 串联，这就保证了只有当 KM2、KM3、KM4 线圈断电，即转子串全部电阻时，电动机才能起动。

在起动过程中，用时间继电器 KT1、KT2、KT3 来控制，依次短接起动电阻 $R_1$、$R_2$、$R_3$。因短接起动电阻由时间继电器的延时来决定，所以称为时间原则控制。

起动结束后只有 KM1 和 KM4 线圈通电，这样既可节电又可延长电器的使用寿命。

本电气控制电路具有短路保护、过载保护和失电压、欠电压保护。

图 6-30 为按电流原则控制的转子串三级电阻起动控制电路。图中 KA1～KA3 为电流继电器，其线圈串接在电动机转子电路中，它们的吸合电流相同而释放电流不同，且 KA1 释放电流最大，KA2 次之，KA3 释放电流最小。KA 为中间继电器，KM1～KM3 为短接起动电阻的接触器，KM 为线路接触器，SB1 为起动按钮，SB2 为停止按钮。

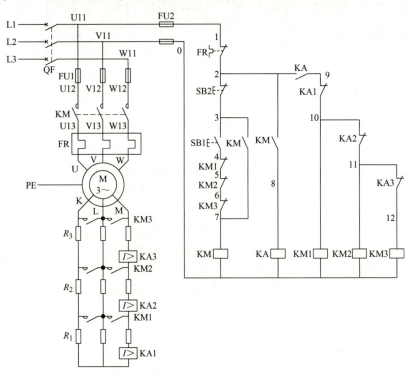

图 6-30　按电流原则控制的转子串三级电阻起动控制电路

本控制电路起动过程的动作情况分析如下：合上电源开关 QS，按下起动按钮 SB1，KM 线圈通电并自锁，电动机定子接通三相交流电源，转子串入全部电阻并接成星形，开始起动。且 KA 线圈通电，为 KM1～KM3 线圈通电做准备。由于起动电流大，KA1～KA3 吸合电流相同，故同时吸合，其常闭触头都断开，使 KM1～KM3 均处于断电状态，转子电阻全部串入，达到减小起动电流和提高起动转矩的目的。随着电动机转速的升高，起动电流逐渐减小，当起动电流减小到 KA1 释放电流时，KA1 首先释放，其常闭触头接通，使 KM1 线圈通电，KM1 主触头短接第一段转子电阻 $R_1$。此时转子电阻减小，转子电流上升，转矩加大，电动机转速加快上升，这又使转子电流下降，当降至 KA2 释放电流时，KA2 释放，其常闭触头闭合，使 KM2 线圈通电，其主触头短接第二段转子电阻 $R_2$。于是转子电流又上升，转矩加大，电动机转速再升高，这又使转子电流下降，当降至 KA3 释放电流时，KA3 释放，其常闭触头闭合使 KM3 线圈通电，其主触头短接第三段转子电阻 $R_3$。此时转子电阻全部被切除，电动机转速继续升高到稳定转速，起动过程结束。

中间继电器 KA 是为避免电动机直接起动而设置的。当按下起动按钮 SB1，KM 先通电吸合，然后才使 KA 通电吸合，再使 KA 常开触头闭合。此时，起动电流早已达到电流继电器 KA1～KA3 的吸合值并吸合，其常闭触头断开，使 KM1～KM3 线圈电路切断，主触头断开，确保起动时转子串入全部电阻。

由上分析可知，在起动过程中，按照转子电流的变化，用电流继电器 KA1～KA3 来控制，依次短接起动电阻 $R_1$、$R_2$、$R_3$，所以称为**电流原则控制**。起动结束后，控制电路中的所有线圈都通电，因此本电路不是一个最优电路。

### 6.4.2　转子绕组串频敏变阻器起动控制电路

三相绕线转子异步电动机的转子绕组端头通过集电环和电刷引出，并与频敏变阻器串联进行起动，以减小起动电流和增大起动转矩。

频敏变阻器 RF 是一种静止的、无触头的电磁器件，其等值电路同变压器空载时的等值电路。绕线转子三相异步电动机串接频敏变阻器起动时，随着起动过程的进行，转子转速升高、频率降低，电阻和电抗值随之自动减小，实现了平滑无级起动。起动结束后，频敏变阻器的阻抗基本上为本身的电阻。

图 6-31 所示为单向运转的三相绕线转子异步电动机转子绕组串频敏变阻器起动控制电路。图中 KM1 为电源接触器，KM2 为短接频敏变阻器接触器，SB1 为起动按钮，SB2 为停止按钮，KT为起动时间继电器，它用来控制串频敏变阻器起动时间的长短。

控制电路工作原理请自行分析。

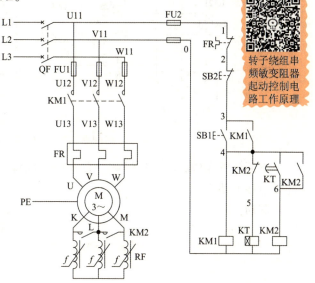

图 6-31　转子绕组串频敏变阻器起动控制电路

## 6.5　三相异步电动机电气制动控制电路

在电力拖动系统中，为提高生产效率，生产机械往往要求能迅速停车，但是由于惯性的作用，三相异步电动机断开电源后转子不可能立即停转。因此，应采取有效的制动措施。通常采用的制动方法有机械制动与电气制动，机械制动是利用外加的机械力使电动机转子迅速停转，电气制动是利用电动机的电磁转矩使电动机转子迅速停转。电气制动有能耗制动、反接制动、电容制动与双流制动等，这里只介绍能耗制动和反接制动控制电路。

### 6.5.1　能耗制动控制电路

能耗制动是在三相异步电动机断开三相交流电源后，迅速在定子绕组上加一直流电源，以产生定子固定磁场。电动机转子在惯性作用下旋转时，切割定子固定磁场而在转子中产生感应电动势，流过感应电流，转子感应电流与固定磁场相互作用产生电磁力和电磁转矩，该转矩方向与转子旋转方向相反，是一个制动转矩，从而使电动机转速迅速下降至零。按接入直流电源的控制方法不同，能耗制动有速度原则控制和时间原则控制，相应的制动控制元件为速度继电器和时间继电器。

1. **时间原则控制**　图 6-32 为时间原则控制的单向运行能耗制动控制电路。图中 KM1 为单向运行接触器，KM2 为能耗制动接触器，KT 为时间继电器，T 为整流变压器，VC 为桥式整流电路。

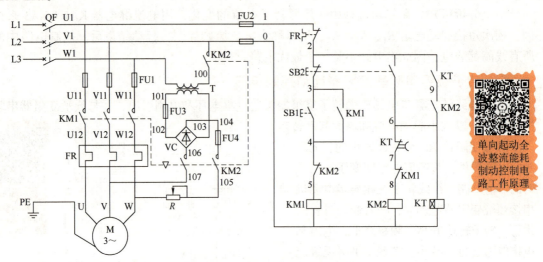

图 6-32　时间原则控制的单向运行能耗制动控制电路

下面分析操作后的动作过程。首先合上电源开关 QF，接通主电路和控制电路的电源，此时电路无动作。

起动：

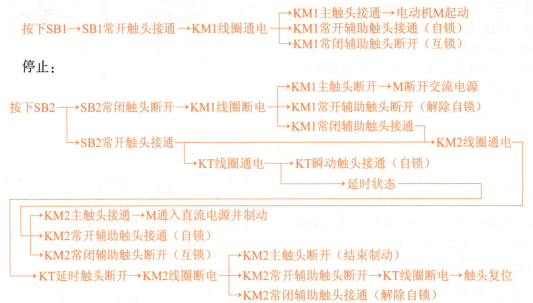

在该电路中，将 KT 常开瞬动触头与 KM2 常开触头串接来自锁，是为避免时间继电器线圈断线或其他故障使 KT 延时断开常闭触头断不开，导致 KM2 线圈长期通电和电动机定子长期通入直流电源。

2. 速度原则控制　图6-33为速度原则控制的可逆运行能耗制动控制电路。图中KM1、KM2为电动机正、反转接触器，KM3为能耗制动接触器，KS为速度继电器。

工作情况：合上电源开关QF，根据工作需要按下正转或反转起动按钮SB2或SB3，相应接触器KM1或KM2通电吸合并自保持，电动机正常运转。此时速度继电器的正转或反转触头KS-1或KS-2闭合，为停车接通KM3实现能耗制动做准备。

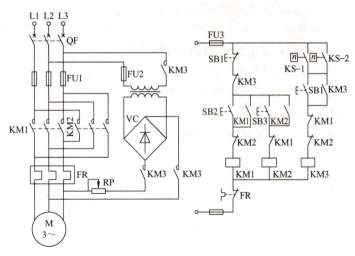

图6-33　速度原则控制的可逆运行能耗制动控制电路

停车时，按下停止按钮SB1，KM1或KM2线圈断电，电动机定子绕组脱离三相交流电源。当SB1按到底时，KM3线圈通电并自锁，电动机定子接入直流电源进行能耗制动，电动机转速迅速下降，当转速降至100r/min时，速度继电器的触头KS-1或KS-2断开，使KM3线圈断电释放，能耗制动结束，之后电动机自然停车。

时间原则控制的能耗制动一般适用于负载转矩较为稳定的电动机，这时时间继电器的延时整定值比较固定。而对于通过传动系统来实现负载转速变换的生产机械，采用速度原则控制较为合适。

## 6.5.2　反接制动控制电路

三相异步电动机反接制动有两种情况：一种是电动机在负载转矩的作用下，使按正转接线的电动机反转，此时电磁转矩为制动转矩，这种制动方法叫倒拉反接制动；另一种是在电动机正转的情况下，将正转接线改为反转接线，即改变电源的相序，而产生制动转矩，这种制动方法叫电源反接制动。前者往往出现在重力负载场合，不能使电动机转速为零，这种制动将在桥式起重机电气控制中讨论。后者是通过改变电动机电源的相序，使电动机定子旋转磁场与转子旋转方向相反，此时的电磁转矩是一个制动转矩，使电动机转速迅速下降，当电动机转速接近于零时，应立即切断三相交流电源，否则电动机将反向起动旋转。

电源反接制动时，电动机转子与定子旋转磁场的相对速度接近于同步转速的2倍，以致反接制动电流接近于电动机全压起动时起动电流的2倍，于是产生过大的制动转矩和使电动机绕组过热。因此，电源反接制动时，应在电动机定子电路中串入限流电阻，并应限制每小时反接制动的次数。限流电阻有三相对称接法和只有两相接入的不对称接法，当采用三相对称接法时，其阻值可按如下经验公式计算：

$$R = K\frac{U_N}{I_{ST}}$$

式中，$R$为限流电阻（Ω）；$K$为由反接制动电流允许值决定的系数，当反接制动电流小于$I_{ST}$时，$K=1.5$，当反接制动电流等于$I_{ST}$时，$K=1.3$；$U_N$为电动机起动时电源相电压（V）；$I_{ST}$为电动机额定电压下起动时的起动电流（A）。

若采用的是不对称接法，则接入限流电阻阻值为上式计算阻值的1.5倍。

### 1. 电动机单向运行反接制动控制电路

图 6-34 为电动机单向运行反接制动控制电路。图中 KM1 为电动机单向运行接触器，KM2 为反接制动接触器，KS 为速度继电器，$R$ 为限流电阻，SB1 为起动按钮，SB2 为停止按钮。

下面分析控制电路的工作情况。首先合上电源开关 QF，接通主电路和控制电路的电源，此时电路无动作。

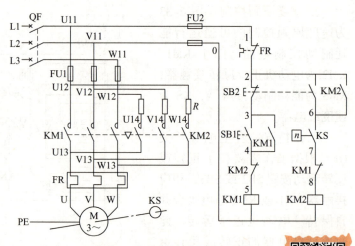

图 6-34　单向运行反接制动控制电路

单向运行反接制动控制电路工作原理

起动：

按下起动按钮 SB1，KM1 线圈通电，KM1 主触头接通使电动机 M 直接起动，KM1 常开辅助触头接通实现自锁，KM1 常闭辅助触头断开实现互锁；随着电动机转速的升高，KS 常开触头接通（为制动做准备）。

停止：

按下SB2 → SB2常闭触头断开 → KM1线圈断电 →
- KM1主触头断开 → M断开交流电源
- KM1常开辅助触头断开（解除自锁）
- KM1常闭辅助触头接通 →

→ SB2常开触头接通 → KM2线圈通电 →

- KM2常开辅助触头接通（自锁）
- KM2常闭辅助触头断开（互锁）
- KM2主触头接通 → 电动机M串电阻$R$反接制动 → 转速$n<100$r/min时 → KS常开触头断开 →

→ KM2线圈断电 → 所有触头复位 → M断电、解除自保持和互锁

### 2. 电动机可逆运行反接制动控制电路

图 6-35 为三相异步电动机可逆运行反接制动控制电路。图中 KM1、KM2 为电动机正、反转接触器，KM3 为短接限流电阻的接触器，KA1、KA2、KA3 为中间继电器，KS 为速度继电器，其中 KS-1 为正转触头，KS-2 为反转触头，$R$ 为限流电阻，SB2、SB3 为正、反转起动按钮，SB1 为停止按钮。

电动机正、反向起动及停车制动的工作情况与单向运行反接制动控制电路相似，读者可参照上述分析方法自行分析，这里不作详述。分析时应注意以下几点：

1）当电动机正转转速大于 130r/min 时速度继电器触头 KS-1 接通，正转转速小于 100r/min 时速度继电器触头 KS-1 断开；当反转转速大于 130r/min 时速度继电器触头 KS-2 接通，反转转速小于 100r/min 时速度继电器触头 KS-2 断开。

2）电阻 $R$ 具有限制起动电流和反接制动电流的双重作用。

3）停车时应将 SB1 按钮按到底，否则将因 SB1 的常开触头不闭合而无制动。

4）热继电器发热元件接于图中位置，可避免起动电流和制动电流的影响。

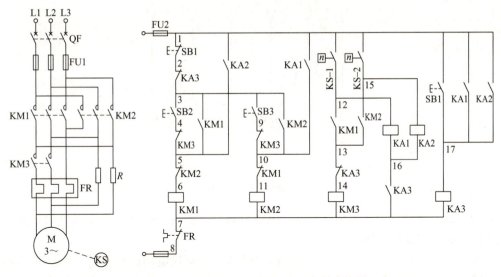

图 6-35  三相异步电动机可逆运行反接制动控制电路

## 6.6  三相异步电动机变极调速控制电路

由三相异步电动机的转速 $n = \dfrac{60f_1}{p}(1-s)$ 可知，其调速方法有变频调速、变极调速和变转差率调速三种。变频调速要用变频装置来改变电源频率，变极调速要用继电器、接触器来改变电动机接线，变转差率调速可通过改变电源电压、改变转子电阻等方法来实现。

**1. 变极调速概述**  改变电动机的磁极对数，就改变了电动机的同步转速，也就改变了电动机的转速。变极调速必须选用"双速"或"多速"电动机，一般三相异步电动机的磁极对数是不能改变的。由于电动机的极对数是整数，所以这种调速是有级调速。

从原理上讲，变极调速对笼型异步电动机和绕线转子异步电动机都适用，但对绕线转子异步电动机，要改变转子磁极对数并使其与定子磁极对数一致，而转子结构相当复杂，故一般不采用。而笼型异步电动机转子极对数数具有自动与定子极对数相等的能力，因而只要改变定子极对数即可，所以变极调速主要适用于三相笼型异步电动机。

通常采用以下两种方法来改变定子绕组的极对数：一是在定子上设置具有不同极对数的两套相互独立的绕组，此法变极方便；二是采用单绕组、改变定子绕组的接线，此法不仅引出线较少、用铜省，而且可以实现双速、三速等变极调速，应用较多。有时为了获得更多的转速等级，在同一台电动机中同时采用上述两种方法。

单绕组双速电动机有 $Y—YY$ 变换和 $\triangle—YY$ 变换两种常用的接线方法，它们都是通过改变各相一半绕组的电流方向来实现变极的。

图 6-36 为 $\triangle—YY$ 变换的变极调速三相绕组接线图。图 6-36a 是将三相绕组的首尾端依次相接，并从相接处引出接三相电源，中间抽头空着，则构成三角形联结。若将三相绕组首尾端相接并将三点连接在一起，构成一个中性点，而将各绕组的中间抽头接三相电源，如图 6-36b 所示，则构成双星形联结。由于双星形联结中每相的两个半相绕组并联，使其中一个半相绕组的电流方向变反，从而使电动机的极对数减小一半，即 $p_\triangle = 2p_{YY}$，此时 $n_{1YY} = 2n_{1\triangle}$。

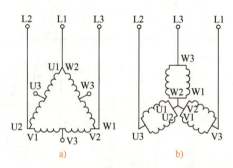

图 6-36    △—丫丫变换的变极调速三相绕组接线图
a) △联结    b) 丫丫联结

应当注意，变极后若电源相序不变，电动机将反转，为保持电动机变极后的转向不变，在变极的同时应改变电源相序。

2. 双速电动机变极调速控制电路    图 6-37 为 4/2 极双速电动机△—丫丫变换的变极调速控制电路。在主电路中，当接触器 KM1 的主触头接通而 KM2、KM3 的主触头断开时，电动机△联结后与电源相接；当接触器 KM2、KM3 的主触头接通而 KM1 的主触头断开时，电动机丫丫联结后与电源相接。在控制电路中，SB1 为低速按钮，SB2 为高速按钮，SB3 为停止按钮。

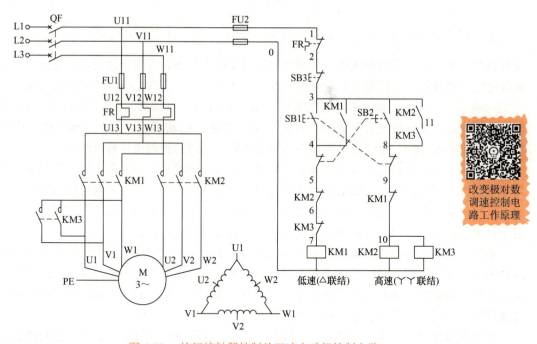

改变极对数调速控制电路工作原理

图 6-37    按钮接触器控制的双速电动机控制电路

操作后的动作过程分析如下：

首先合上电源开关 QF，接通主电路和控制电路的电源，此时电路无动作。

低速起动：

按下SB1 → SB1常开触头接通 → KM1线圈通电 →
　　　　　　　　　　　　　　　　　　　　　　　　→ KM1主触头接通 → M接成△低速起动
　　　　　　　　　　　　　　　　　　　　　　　　→ KM1常开辅助触头接通（自锁）
　　　　　　　　　　　　　　　　　　　　　　　　→ KM1常闭辅助触头断开（互锁）
　　　　 → SB1常闭触头断开（互锁）

由低速变高速：

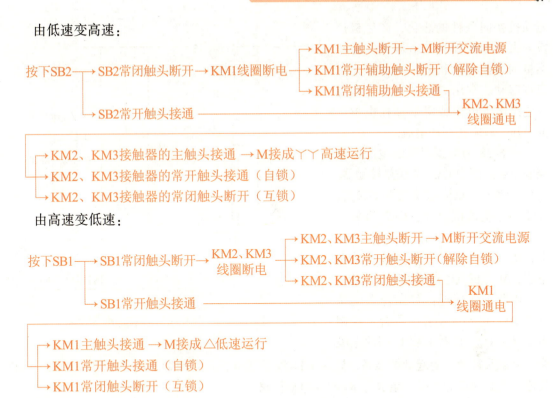

由高速变低速：

停止：

由以上分析可知，控制电路采用了 SB1、SB2 的机械互锁和接触器的电气互锁，能够实现低速运行直接转换为高速，或由高速直接转换为低速，无需再操作停止按钮。

应当注意，本控制电路中电动机可以直接高速起动，但在实际应用中往往不允许这样做。

## 6.7　直流电动机电气控制电路

直流电动机具有良好的起动、制动与调速性能，容易实现各种运行状态的自动控制，在工业生产中直流拖动系统得到广泛的应用。直流电动机有串励、并励、复励和他励四种，其电气控制电路基本相同。这里只讨论他励直流电动机的起动、正反转和制动的电气控制电路。

### 6.7.1　直流电动机单向起动控制电路

由电机原理可知，直流电动机的电压平衡方程为

$$U = E_M + I_M R_m$$

$$E_M = C_e \Phi n$$

式中，$U$ 为电源电压（V）；$E_M$ 为电枢反电动势（V）；$I_M$ 为电枢电流（A）；$R_m$ 为电枢回路电阻（$\Omega$）。

若采用直接起动，直流电动机在接通电源起动的瞬间，由于 $n = 0$，$E_M = 0$，电枢电流 $I_M = U/R_m$，因电枢回路电阻 $R_m$ 很小，起动电流可高达电动机额定电流的 $10 \sim 20$ 倍，引起

电动机换向条件的恶化，产生极严重的火花和机械冲击。因此，除小容量的直流电动机外，一般不允许直接起动。常用的起动方法是在电枢电路串入电阻或降低加在电枢上的电压，以限制起动电流。

图 6-38 为电枢串两级电阻起动控制电路。图中 KM1 为线路接触器，KM2、KM3 为短接起动电阻接触器，KA1 为过电流继电器，KA2 为欠电流继电器，KT1、KT2 为时间继电器，$R_1$、$R_2$ 为起动电阻，$R_3$ 为放电电阻，M 为直流电动机的励磁绕组。

电路工作情况：首先合上电源开关 Q1，电路无动作。再合上控制电路开关 Q2，此时 KA2 线圈通电吸

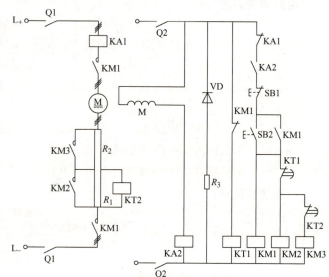

图 6-38　电枢串两级电阻起动控制电路

合，其触头接通，为起动做准备；同时 KT1 线圈通电，其常闭触头断开，切断 KM2、KM3 线圈电路，保证起动时电阻 $R_1$、$R_2$ 串入电枢回路。

按下起动按钮 SB2，KM1 线圈通电并自锁，主触头接通使电枢串入二级电阻 $R_1$、$R_2$ 开始起动；同时 KM1 常闭辅助触头断开，KT1 线圈断电，KT1 的延时闭合常闭触头进入延时状态。同时，并接在电阻 $R_1$ 两端的 KT2 线圈通电，其常闭触头断开，使 KM3 线圈不可能通电，确保 $R_2$ 串入电枢电路。

经一段时间延时后，KT1 延时闭合常闭触头接通，KM2 线圈通电，主触头接通短接第一级电枢起动电阻 $R_1$，电动机转速升高，电枢电流减小。就在 $R_1$ 被 KM2 主触头短接的同时，KT2 线圈断电释放，再经一定时间延时，KT2 延时闭合常闭触头接通，KM3 线圈通电，其主触头短接第二级电枢起动电阻 $R_2$，电源电压全部加在电动机电枢上，电动机转速进一步升高到稳定转速，起动过程结束。

电路保护环节：过电流继电器 KA1 实现直流电动机的过载保护和短路保护；欠电流继电器 KA2 实现直流电动机的弱磁和失磁保护；电阻 $R_3$ 与二极管 VD 构成直流电动机励磁绕组断开电源时的放电回路，以免产生过电压。

## 6.7.2　直流电动机正反转起动控制电路

改变直流电动机的旋转方向有两种方法，一种是改变励磁电流的方向；另一种是改变电枢电压极性。由于前者电磁惯性大，对于要求频繁正反向运转的电动机，通常采用后一种方法。

图 6-39 为直流电动机正反转起动控制电路。图中 KM1、KM2 为正、反转接触器，KM3、KM4 为短接电枢电阻接触器，KT1、KT2 为时间继电器，KA1 为过电流继电器，KA2 为欠电流继电器，$R_1$、$R_2$ 为起动电阻，$R_3$ 为放电电阻，M 为直流电动机的励磁绕组。

该电路工作情况与图 6-38 基本相同，在此不再重复。但应注意，若按停止按钮后电动机在惯性的作用下正转，此时按下反转按钮，电动机会先反接制动再反转；若按停止按钮后电动机在惯性的作用下反转，此时按下正转按钮，电动机也会先反接制动再正转。

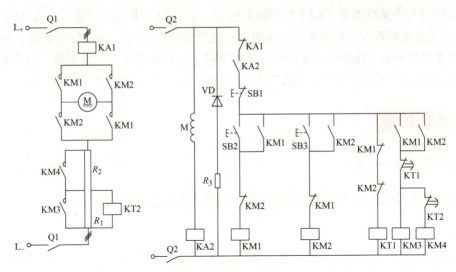

图 6-39　直流电动机正反转起动控制电路

### 6.7.3　直流电动机制动控制电路

直流电动机的电气制动有能耗制动、反接制动和再生制动。为获得迅速、准确的停车制动，一般采用能耗制动和反接制动。这里只介绍能耗制动控制电路。

图 6-40 为直流电动机单向旋转能耗制动控制电路。图中 KM1 为线路接触器，KM2、KM3 为短接起动电阻接触器，KM4 为制动接触器，KA1 为过电流继电器，KA2 为欠电流继电器，KA3 为电压继电器，KT1、KT2 为时间继电器。

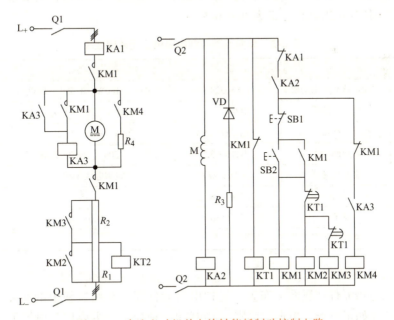

图 6-40　直流电动机单向旋转能耗制动控制电路

电路工作情况：电动机起动时电路工作情况与图 6-38 相同，这里不再重复。停车时，按下停止按钮 SB1，KM1 线圈断电释放，其主触头断开电动机电枢直流电源。电动机以惯性旋转，此时电动机转速较高，电枢两端电压也较高，并联在电动机电枢两端的电压继电器

KA3 经自锁触头仍保持通电。KA3 常开触头接通，使 KM4 线圈通电吸合，其常开主触头将电阻 $R_4$ 并接在电枢两端，在电枢内产生电流。此时直流电动机工作在发电状态，产生制动转矩，实现能耗制动。随着电动机转速的迅速下降，电枢电动势也随之下降，当降至一定值时，KA3 释放，KM4 线圈断电，电动机能耗制动结束，之后自然停车至转速为零。

### 实验与实训

考核评价细则见附录 B。

## 6.8    安装与调试三相异步电动机单向点动控制电路

#### 1. 目的要求

1）会正确识别、选用、安装、使用常用低压电器（刀开关、组合开关、低压断路器、交流接触器、按钮、熔断器），熟悉它们的功能、基本结构、工作原理及型号意义，熟记它们的图形符号和文字符号。

2）会正确识读电动机单向点动控制电路原理图，会分析其工作原理。

3）会选用元件和导线，掌握控制电路安装要领。

4）会安装、调试三相异步电动机单向点动控制电路。

5）能根据故障现象对三相异步电动机单向点动控制电路的简单故障进行排查。

#### 2. 设备与器材

1）完成本任务所需工具与仪表为：螺钉旋具、尖嘴钳、斜口钳、剥线钳、万用表等。

2）完成本任务所需材料明细表见表 6-5。

表 6-5    单向点动控制电路电器元件明细表

| 序号 | 代号 | 名称 | 型号 | 规格 | 数量 |
|---|---|---|---|---|---|
| 1 | M | 三相交流异步电动机 | YS6324 | 380V，180W，0.65A，1440r/min | 1 |
| 2 | QF | 低压断路器 | DZ47 - 63 | 380V，25A，整定20A | 1 |
| 3 | FU1 | 熔断器 | RL1 - 60/25A | 500V，60A，配25A熔体 | 3 |
| 4 | FU2 | 熔断器 | RT18 - 32 | 500V，配2A熔体 | 2 |
| 5 | KM | 交流接触器 | CJX - 22 | 线圈电压380V，20A | 1 |
| 6 | SB | 按钮 | LA - 18 | 5A | 2 |
| 7 | XT | 端子板 | TB1510 | 600V，15A | 1 |
| 8 |  | 控制板安装套件 |  |  | 1 |

#### 3. 实训内容与步骤

（1）绘制电器元件布置图。布置图是把电器元件安装在组装板上的实际位置，采用简化的外形符号（如正方形、矩形、网形）绘制的一种简图，主要用于电器元件的布置和安装。图中各电器元件的文字符号必须与原理图、接线图一致。图 6-41 就是与原理图 6-5 相对应的电器元件布置图。

（2）绘制电路接线图。单向点动控制电路安装接线图如图 6-42 所示。

（3）安装、调试步骤及工艺要求

1) 检测电器元件。根据表 6-5 配齐所用电器元件，其各项技术指标均应符合规定要求，目测其外观无损坏，手动触头动作灵活，并用万用表进行质量检验，如不符合要求，则予以更换。

2) 安装电路。

① 安装电器元件。工艺要求：

a. 电源开关、熔断器的受电端子在控制板外侧。

b. 各元件的安装位置整齐、匀称、间距合理，便于元件的更换。

c. 元件紧固时用力均匀，紧固程度适当。

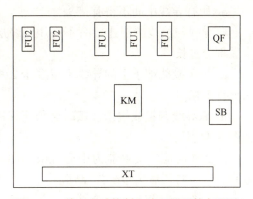

图 6-41　单向点动控制电路电器元件布置图

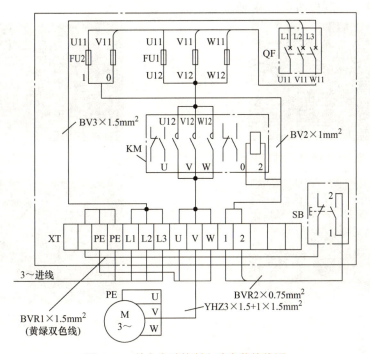

图 6-42　单向点动控制电路安装接线图

根据图 6-41，安装电器元件，并贴上醒目的文字符号。其排列位置、相互距离应符合要求。紧固力适当，无松动现象。安装好元件的电路板如图 6-43 所示。

② 布线。机床电气控制电路的布线方式一般有两种：一种是采用板前明线布线（明敷），另一种是采用线槽布线（明、暗敷结合）。本任务采用板前明线布线方式，线槽布线在后面介绍。

板前明线布线时布线工艺要求：

a. 布线通道尽可能少，同路并行导线按主电路、控制电路分类集中、单层密布、紧贴安装面板。

b. 同一平面的导线应高低一致，不得交叉。

c. 布线应横平竖直，分布均匀，变换方向时应垂直。

d. 导线的两端应套上号码管。

图 6-43　元件安装后的组装板

e. 所有导线中间不得有接头。

f. 导线与接线端子连接时不得压绝缘层，不得反圈及裸露金属部分过长。

图 6-44　冷压端子

g. 一个接线端子上的导线不得多于 2 根，端子排端子接线只允许 1 根。

h. 软导线与接线端子连接时必须压接冷压端子。冷压端子如图 6-44 所示。

i. 布线时应以接触器为中心，由里向外、由低到高，先电源电路、再控制电路、后主电路，以不妨碍后续布线为原则。

根据图 6-5 和图 6-42 布线，电源电路布线后的控制板如图 6-45 所示。

控制电路布线后的控制板如图 6-46 所示。主电路布线后的控制板如图 6-47 所示。

完成布线后的控制板如图 6-48 所示。

图 6-45　电源电路布线后的控制板

图 6-46　控制电路布线后的控制板

图 6-47　主电路布线后的控制板

图 6-48　完成布线后的控制板

③ 安装电动机。

a. 电动机固定必须牢固。

b. 控制板必须安装在操作时能看到电动机的地方，以保证操作安全。

c. 连接电源到端子排的导线和主电路到电动机的导线。

d. 机壳与保护接地的连接可靠。

④ 通电前检测。工艺要求：

a. 按接线图或电路图从电源端开始，逐段核对接线及接线端子处线号是否正确，有无漏接、错接之处。检查导线接点是否符合要求，压接是否牢固。同时注意接点接触应良好，以避免带负载运转时产生闪弧现象。

b. 用万用表检查电路的通断情况。检查时，应选用倍率适当的电阻档，并进行校零，以防发生短路故障。对控制电路的检查（断开主电路），可将表笔搭在 U11、V11 端线上，读数应为∞。按下 SB 时，读数应为接触器线圈的直流电阻值。然后断开控制电路，再检查主电路有无开路和短路现象，此时，可用手动来代替接触器进行检查。

c. 用兆欧表检查电路的绝缘电阻的阻值，应不得小于1MΩ。

3）通电试车。

**特别提示**

通电试车前要检查安全措施，试车时要遵守安全操作规程，出现故障时要停电检查。

为保证人身安全，在通电试车时，要认真执行安全操作规程的有关规定，一人监护，一人操作。试车前，应检查与通电试车有关的电气设备是否有不安全的因素存在，若检查出问题应立即整改，然后方能试车。

通电试车前，必须征得指导教师同意，并由指导教师接通三相电源，同时在现场监护。学生合上电源开关后，用测电笔检查熔断器出线端，氖管亮说明电源接通。按下SB，观察接触器情况是否正常，是否符合电路功能要求，元器件的动作是否灵活，有无卡阻及噪声过大等现象，电动机运行情况是否正常等。但不得对电路接线是否正确进行带电检查。观察过程中，若发现有异常现象，应立即停车。当电动机运转平稳后，用钳形电流表测量三相电流是否平衡。

试车成功率以通电后第一次按下按钮时计算。

出现故障后，学生应独立进行检修。若需带电检查时，教师必须在现场监护。检修完毕后，如需再次试车，教师也应该在现场监护，并做好时间记录。

试车完毕，应遵循停转→切断电源→拆除三相电源→拆除电动机的顺序。

4）整理现场。整理现场工具及电器元件，清理现场，根据工作过程填写任务书，整理工作资料。

5）注意事项。

① 所用元器件在安装到控制电路板上前一定要检查质量，避免正确安装电路后，发现电路却没有正常的功能再拆装，给实训过程造成不必要的麻烦或造成元器件的损伤。

② 电源进线应接在螺旋式熔断器的下接线座上，出线则应接在上接线座上。

③ 按钮内接线时，用力不要过猛，以防螺钉打滑。

④ 安装完毕的控制电路必须经过认真检查后才允许通电试车，以防止错接、漏接，避免造成不能正常运转或短路事故。

⑤ 试车时要先接负载端，后接电源端。

⑥ 要做到安全操作和文明生产。

**4. 实训分析**

1）交流接触器有什么用途？其型号CJ20-60的含义是什么？

2）图6-49所示电路能否正常起动，为什么？

3）组合开关在图6-50a和图6-50b中所起的作用有什么不同？

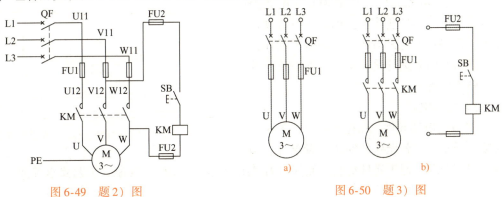

图6-49　题2）图　　　　　　　　　　图6-50　题3）图

4）完成手动正转控制电路的安装与调试。

## 6.9 安装与调试三相异步电动机单向连续运转控制电路

### 1. 目的要求

1）会正确识别、选用、安装、使用热继电器，熟悉它的功能、基本结构、工作原理及型号意义，熟记它的图形符号和文字符号。

2）会正确识读三相异步电动机单向连续运转控制电路原理图，能分析其工作原理。

3）能正确检测常用热继电器。

4）会安装、调试三相异步电动机单向连续运转控制电路。

5）能根据故障现象对三相异步电动机单向连续运转控制电路的简单故障进行排查。

### 2. 设备与器材

1）完成本任务所需工具与仪表为：螺钉旋具、尖嘴钳、斜口钳、剥线钳、万用表等。

2）完成本任务所需材料明细表见表6-6。

表6-6 单向连续运转控制电路电器元件明细表

| 序号 | 代号 | 名称 | 型号 | 规格 | 数量 |
| --- | --- | --- | --- | --- | --- |
| 1 | M | 三相交流异步电动机 | YS6324 | 380V，180W，0.65A，1440r/min | 1 |
| 2 | QF | 低压断路器 | DZ47－63 | 380V，25A，整定20A | 1 |
| 3 | FU1 | 熔断器 | RL1－60/25A | 500V，60A，配25A熔体 | 3 |
| 4 | FU2 | 熔断器 | RT18－32 | 500V，配2A熔体 | 2 |
| 5 | KM | 交流接触器 | CJX－22 | 线圈电压380V，20A | 1 |
| 6 | SB | 按钮 | LA－18 | 5A | 2 |
| 7 | FR | 热继电器 | JR16－20/3 | 三相，20A，整定电流1.55A | 1 |
| 8 | XT | 端子板 | TB1510 | 600V，15A | 1 |
| 9 | | 控制板安装套件 | | | 1 |

### 3. 实训内容与步骤

（1）绘制电器元件布置图。根据原理图绘制电器元件布置图，如图6-51所示。

（2）绘制电路安装接线图。单向连续运转控制电路安装接线图如图6-52所示。

（3）安装、调试步骤及工艺要求

1）检测电器元件。根据表6-6配齐所用电器元件，其各项技术指标均应符合规定要求，目测其外观无损坏，手动触头动作灵活，并用万用表进行质量检验，如不符合要求，则予以更换。

2）安装电路。

① 安装电器元件。在控制板上按图6-51安装电器元件。各元件的安装位置整齐、匀

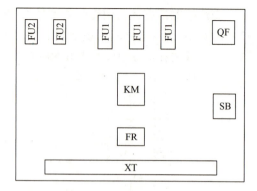

图6-51 单向连续运转控制电路电器元件布置图

称、间距合理、便于元件更换，元件紧固时用力适当，无松动现象。工艺要求参照6.8，实

物布置图如图6-53所示。

②布线。在控制板上按照图6-7和图6-52进行板前明线布线，并在导线两端套编码套管和冷压接线头。板前明线配线的工艺要求请参照6.8。

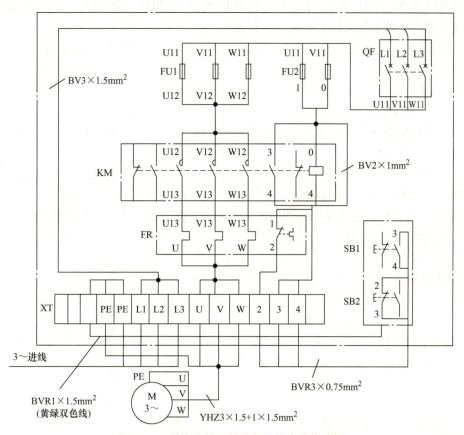

图6-52　单向连续运转控制电路安装接线图

③安装电动机。具体操作可参考6.8。

④通电前检测。

a. 通电前，应对照原理图、接线图认真检查有无错接、漏接，以防造成不能正常运转或短路事故的现象。

b. 万用表检测：确保电源切断情况下，分别测量主电路、控制电路，判断通断是否正常。

未压下KM时测L1—U、L2—V、L3—W；压下KM后再次测量L1—U、L2—V、L3—W。

c. 未按下起动按钮SB1时，测量控制电路电源两端（U11—V11）。

图6-53　单向连续运转控制电路实物布置图

d. 按下起动按钮SB1后，测量控制电路电源两端（U11—V11）。

3）通电试车。

**特别提示**

通电试车前要检查安全措施，试车时要遵守安全操作规程，出现故障时要停电检查。

为保证人身安全，在通电试车时，要认真执行安全操作规程的有关规定，一人监护，一人操作。试车前，应检查与通电试车有关的电气设备是否有不安全的因素存在，若检查出问题，应立即整改，然后方能试车。

热继电器的整定值应在不通电时预先整定好，并在试车时校正，检查熔体规格是否符合要求。通电试车在指导教师监护下进行，根据电路图的控制要求独立测试。观察电动机有无振动及异常噪声，若出现故障及时断电查找排除。

4）整理现场。整理现场工具及电器元件，清理现场，根据工作过程填写任务书，整理工作资料。

5）注意事项。

① 电动机及按钮的金属外壳必须可靠接地。按钮内接线时，用力不可过猛，以防螺钉打滑。接至电动机的导线，必须穿在导线通道内加以保护，或采用坚韧的四芯橡皮线或塑料护套线进行临时通电校验。

② 接触器 KM 的自锁触头应并接在起动按钮 SB1 两端，停止按钮 SB2 应串接在控制电路中；热继电器 FR 的热元件应串接在主电路中，它的常闭触头应串接在控制电路中。

③ 热继电器的整定电流应按电动机的额定电流自行调整，绝对不允许弯折双金属片。

④ 热继电器因电动机过载动作后，若需再次起动电动机，必须待热元件冷却并且热继电器复位后才可进行。

⑤ 编码套管套装要正确。

⑥ 安装完毕的控制电路板，必须经过认真检查后，才允许通电试车，以防止错接、漏接，造成不能正常运转或短路事故。

⑦ 起动电动机时，在按下起动按钮 SB1 的同时，手还必须按在停止按钮 SB2 上，以保证万一出现故障时，可立即按下 SB2 停车，防止事故的扩大。

⑧ 要做到安全操作和文明生产。

### 4. 实训分析

1）什么是欠电压保护？什么是失电压保护？利用哪些电器元件可以实现失电压、欠电压保护？

2）什么是过载保护？为什么对电动机要采取过载保护？

3）在电动机的控制电路中，短路保护和过载保护各由什么电器来实现？他们能否相互代替使用？为什么？

4）图 6-54 所示电路能否正常起动，试分析指出其中的错误及出现的现象。

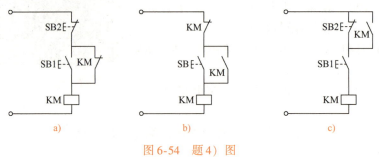

图 6-54　题 4）图

5）安装、调试点动与连续混合正转控制电路。

## 6.10　安装与调试三相异步电动机正反转控制电路

### 1. 目的要求

1）会正确识读接触器联锁正反转控制电路原理图，会分析其工作原理。

2）会安装、调试接触器联锁正反转控制电路。

3）能根据故障现象对接触器联锁正反转控制电路的简单故障进行排查。

### 2. 设备与器材

1）完成本任务所需工具与仪表为：螺钉旋具、尖嘴钳、斜口钳、剥线钳、万用表等。

2）完成本任务所需材料明细表见表6-7。

表6-7　接触器联锁正反转控制电路电器元件明细表

| 序号 | 代号 | 名称 | 型号 | 规格 | 数量 |
|---|---|---|---|---|---|
| 1 | M | 三相交流异步电动机 | YS6324 | 380V, 180W, 0.65A, 1440r/min | 1 |
| 2 | QF | 低压断路器 | DZ47-63 | 380V, 25A, 整定20A | 1 |
| 3 | FU1 | 熔断器 | RL1-60/25A | 500V, 60A, 配25A熔体 | 3 |
| 4 | FU2 | 熔断器 | RT18-32 | 500V, 配2A熔体 | 2 |
| 5 | KM | 交流接触器 | CJX-22 | 线圈电压380V, 20A | 2 |
| 6 | SB | 按钮 | LA-18 | 5A | 3 |
| 7 | FR | 热继电器 | JR16-20/3 | 三相, 20A, 整定电流1.55A | 1 |
| 8 | XT | 端子板 | TB1510 | 600V, 15A | 1 |
| 9 | | 控制板安装套件 | | | 1 |

### 3. 实训内容与步骤

（1）绘制电器元件布置图。根据原理图绘制电器元件布置图，如图6-55所示。

（2）绘制电路安装接线图。接触器联锁正反转控制电路安装接线图如图6-56所示。

（3）安装、调试步骤及工艺要求

1）检测电器元件。根据表6-7配齐所用电器元件，其各项技术指标均应符合规定要求，目测其外观无损坏，手动触头动作灵活，并用万用表进行质量检验，如不符合要求，则予以更换。

2）安装电路。

① 安装电器元件。在控制板上按图6-55安装电器元件。各元件的安装位置整齐、匀称、间距合理、便于元件更换，元件紧固时用力适当，无松动现象。工艺要求参照任务一，实物布置图如图6-57所示。

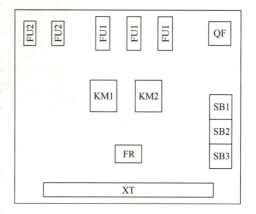

图6-55　接触器联锁正反转控制电路电器元件布置图

② 布线。在控制板上按照图6-18和图6-56进行板前明线布线，并在导线两端套编码套管和冷压接线头。板前明线配线的工艺要求请参照6.8。

③ 安装电动机。具体操作可参考6.8。

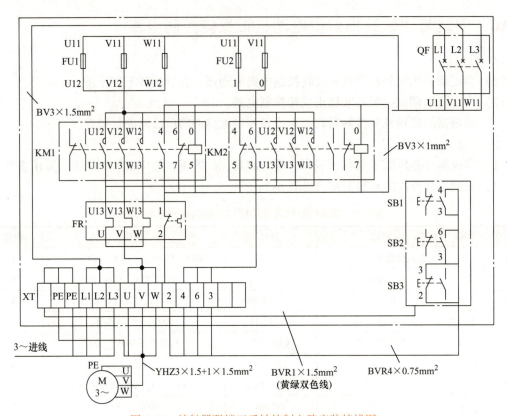

图 6-56　接触器联锁正反转控制电路安装接线图

图 6-57　接触器联锁正反转控制电路实物布置图

④ 通电前检测。

a. 通电前，应对照原理图、接线图认真检查有无错接、漏接，以防造成不能正常运转或短路事故的现象。

b. 万用表检测：确保电源切断情况下，分别测量主电路、控制电路，判断通断是否正常。

b.1. 未压下 KM1、KM2 时测 L1—U、L2—V、L3—W；压下 KM1 后再次测量 L1—U、L2—V、L3—W；压下 KM2 后再次测量 L1—W、L2—V、L3—U。

b.2. 未按下正转起动按钮 SB1 时，测量控制电路电源两端（U11—V11）。

b.3. 按下正转起动按钮 SB1 后，测量控制电路电源两端（U11—V11）。

b. 4. 按下反转起动按钮 SB2 后，测量控制电路电源两端（U11—V11）。

3）通电试车。注意事项可参考 6.9。

**特别提示**

通电试车前要检查安全措施，试车时要遵守安全操作规程，出现故障时要停电检查。

4）整理现场。

5）注意事项。

① 接触器联锁触头接线必须正确，否则将会造成主电路中两相电源短路事故。

② 通电试车时，应先合上 QF，再按下 SB1（或 SB2）及 SB3，看控制是否正常，并在按下 SB1 后再按下 SB2，观察有无联锁作用。

③ 安装完毕的控制电路板，必须经过认真检查后，才允许通电试车，以防止错接、漏接，造成不能正常运转或短路事故。

④ 带电检修故障时，必须有教师在现场监护，并要确保用电安全。

⑤ 要做到安全操作和文明生产。

**4. 实训分析**

1）什么是互锁？互锁有哪几种方式？

2）图 6-58 是几种正反转控制电路，试分析各电路能否正常工作。若不能正常工作，请找出原因，并加以改正。

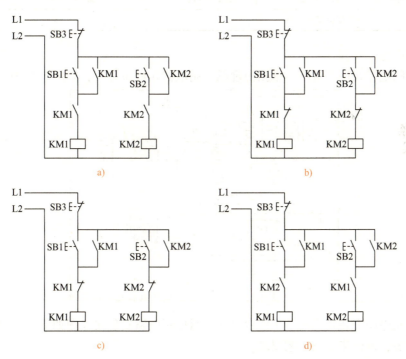

图 6-58  题 2）图

# 6.11  安装与调试工作台自动往返控制电路

## 1. 目的要求

1）会正确识别、选用、安装、使用行程开关、接近开关，熟悉它们的功能、基本结构、工作原理及型号意义，熟记它的图形符号和文字符号。

2）会正确识读工作台自动往返控制电路原理图，能分析其工作原理。

3）会安装、调试工作台自动往返控制电路。

2. 设备与器材

1）完成本任务所需工具与仪表为：螺钉旋具、尖嘴钳、斜口钳、剥线钳、万用表等。

2）完成本任务所需材料明细表见表6-8。

表6-8 工作台自动往返控制电路电器元件明细表

| 序号 | 代号 | 名称 | 型号 | 规格 | 数量 |
|---|---|---|---|---|---|
| 1 | M | 三相交流异步电动机 | YS6324 | 380V，180W，0.65A，1440r/min | 1 |
| 2 | QF | 低压断路器 | DZ47－63 | 380V，25A，整定20A | 1 |
| 3 | FU1 | 熔断器 | RL1－60/25A | 500V，60A，配25A熔体 | 3 |
| 4 | FU2 | 熔断器 | RT18－32 | 500V，配2A熔体 | 2 |
| 5 | KM | 交流接触器 | CJX－22 | 线圈电压220V，20A | 2 |
| 6 | SB | 按钮 | LA－18 | 5A | 3 |
| 7 | FR | 热继电器 | JR16－20/3 | 三相，20A，整定电流1.55A | 1 |
| 8 | XT | 端子板 | TB1510 | 600V，15A | 1 |
| 9 | SQ1~SQ4 | 行程开关 | JLX1－111 | 380V，5A | 4 |
| 10 | | 控制板安装套件 | | | 1 |

3. 实训内容与步骤

（1）绘制电器元件布置图。根据原理图绘制电器元件布置图，如图6-59所示。

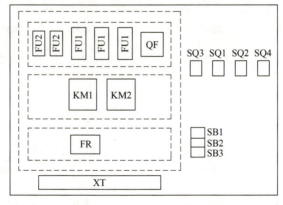

图6-59 工作台自动往返控制电路电器元件布置图

（2）绘制电路安装接线图。工作台自动往返控制电路安装接线图如图6-60所示。

（3）安装、调试步骤及工艺要求。

1）检测电器元件。根据表6-8配齐所用电器元件，其各项技术指标均应符合规定要求，目测其外观无损坏，手动触头动作灵活，并用万用表进行质量检验，如不符合要求，则予以更换。

2）安装电路。

①安装电器元件。在控制板上按图6-59安装电器元件。各元件的安装位置整齐、匀称、间距合理、便于元件的更换，元件紧固时用力适当，无松动现象。工艺要求参照6.8，实物布置图如图6-61所示。

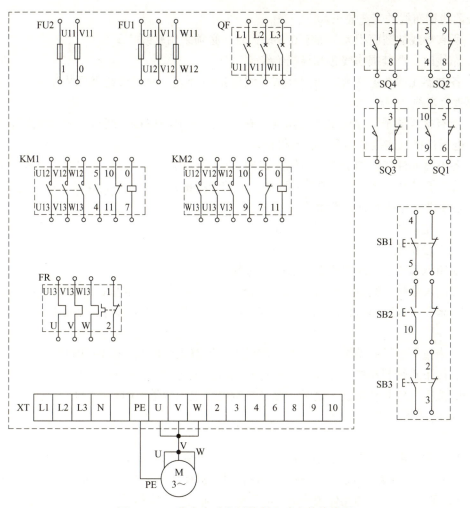

图 6-60　工作台自动往返控制电路安装接线图

② 布线。在控制板上按照图 6-20 和图 6-60 进行板前线槽布线（具体要求见线槽布线工艺要求），并在导线两端套编码套管和冷压接线头，如图 6-62 所示。

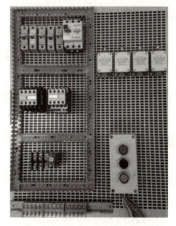

图 6-61　工作台自动往返
控制电路实物布置图

图 6-62　工作台自动往返
控制电路电路板

板前线槽布线的工艺要求如下：

a. 所有导线的截面积大于等于 $0.5\,mm^2$ 时，必须采用软线。

b. 布线时，严禁损伤线芯和导线绝缘。

c. 各电器元件与走线槽之间的外露导线应走线合理，并尽可能做到横平竖直，变换走向时要垂直走线。

d. 所有接线端子、导线线头上都应套有与电路图上相应接点线号一致的编码套管，并按线号进行连接，连接必须牢靠，不得松动。

e. 各电器元件接线端子引出导线的走向，以元件的水平中心线为界线，在水平中心线以上接线端子引出的导线，必须进入元件上面的走线槽；在水平中心线以下接线端子引出的导线，必须进入元件下面的走线槽。

③ 安装电动机。具体操作可参考 6.8。

④ 通电前检测。

a. 对照原理图、接线图检查，连接无遗漏。

b. 万用表检测：确保电源切断情况下，分别测量主电路、控制电路，判断通断是否正常。

b. 1. 未压下 KM1 时测 L1—U、L2—V、L3—W；压下 KM1 后再次测量 L1—U、L2—V、L3—W。

b. 2. 未按下正转起动按钮 SB1 时，测量控制电路电源两端（U11—V11）。

b. 3. 按下正转起动按钮 SB1 后，测量控制电路电源两端（U11—V11）。

b. 4. 按下反转起动按钮 SB2 后，测量控制电路电源两端（U11— V11）。

3）通电试车。

**特别提示：**

通电试车前要检查安全措施，试车时要遵守安全操作规程，出现故障时要停电检查。

行程开关必须安装在合适的位置；手动操作时，检查各行程开关和终端保护动作是否正常可靠，并在试车时校正；检查熔体规格是否符合要求。通电试车在指导教师监护下进行，根据电路图的控制要求独立测试。观察电动机有无振动及异常噪声，若出现故障及时断电查找排除。

4）整理现场。

5）注意事项。

① 行程开关可以先安装好，不占定额时间。行程开关必须牢固安装在合适的位置上。安装后，必须用手动工作台或受控机械进行试验，合格后才能使用。训练中，若无条件进行实际机械安装试验时，可将行程开关安装在控制板上方（或下方）两侧，进行手控模拟试验。

② 通电校验时，必须先手动操作行程开关，试验各行程控制和终端保护动作是否正常可靠。

③ 走线槽安装后可不必拆卸，以供后面实训时使用。安装线槽的时间不计入定额时间内。

④ 通电校验时，必须有指导教师在现场监护，学生应根据电路的控制要求独立进行校验，若出现故障也应自行排除。

⑤ 安装训练应在规定的定额时间内完成，同时要做到安全操作和文明生产。

**4. 实训分析**

1）什么是位置控制？什么是自动往返控制？

2）简述板前线槽配线的工艺要求。

3）某工厂车间需要用一行车，要求按图6-63所示示意图自动往返运动。试画出满足要求的控制电路图。

4）安装、调试行车限位控制电路。

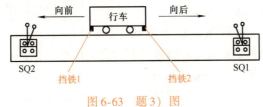

图6-63　题3）图

# 6.12　安装与调试三相异步电动机减压起动控制电路

### 1. 目的要求

1）会正确识别、选用、安装、使用时间继电器，熟悉它的功能、基本结构、工作原理及型号意义，熟记它的图形符号和文字符号。

2）会正确识读丫—△减压起动电路原理图，能分析其工作原理。

3）会安装、调试三相异步电动机丫—△减压起动控制电路。

4）能根据故障现象对三相异步电动机丫—△减压起动控制电路的简单故障进行排查。

### 2. 设备与器材

1）完成本任务所需工具与仪表为：螺钉旋具、尖嘴钳、斜口钳、剥线钳、万用表等。

2）完成本任务所需材料明细表见表6-9。

表6-9　三相异步电动机降压起动控制电路电器元件明细表

| 序号 | 代号 | 名称 | 型号 | 规格 | 数量 |
|---|---|---|---|---|---|
| 1 | M | 三相交流异步电动机 | YS6324 | 380V，180W，0.65A，1440r/min | 1 |
| 2 | QF | 低压断路器 | DZ47-63 | 380V，25A，整定20A | 1 |
| 3 | FU1 | 熔断器 | RL1-60/25A | 500V，60A，配25A熔体 | 3 |
| 4 | FU2 | 熔断器 | RT18-32 | 500V，配2A熔体 | 2 |
| 5 | KM | 交流接触器 | CJX-22 | 线圈电压220V，20A | 3 |
| 6 | SB | 按钮 | LA-18 | 5A | 2 |
| 7 | FR | 热继电器 | JR16-20/3 | 三相，20A，整定电流1.55A | 1 |
| 8 | KT | 时间继电器 | JS7-2A | 380V | 1 |
| 9 | XT | 端子板 | TB1510 | 600V，15A | 1 |
| 10 | | 控制板安装套件 | | | 1 |

### 3. 实训内容与步骤

（1）绘制电器元件布置图。根据原理图绘制电器元件布置图，如图6-64所示。

（2）绘制电路安装接线图。丫—△减压起动控制电路安装接线图如图6-65所示。

（3）安装、调试步骤及工艺要求

1）检测电器元件。根据表6-9配齐所用电器元件，其各项技术指标均应符合规定要求，目测其外观无损坏，手动触头动作灵活，并用万用表进行质量检验，如不符合要求，则予以更换。

2）安装电路。

① 安装电器元件。在控制板上按图 6-64 安装电器元件和走线槽，其排列位置、相互距离，应符合要求。紧固力适当，无松动现象。工艺要求参照 6.11，实物布置图如图 6-66 所示。

② 布线。在控制板上按照图 6-25 和图 6-65 进行板前线槽布线，并在导线两端套编码套管和冷压接线头，先安装电源电路，再安装主电路、控制电路；安装好后清理线槽内杂物，并整理导线；盖好线槽盖板，整理线槽外部电路，保持导线的高度一致性。安装完成的电路板如图 6-67 所示。

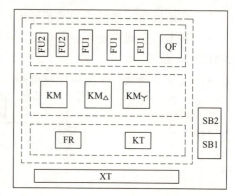

图 6-64　Y—△减压起动控制电路电器元件布置图

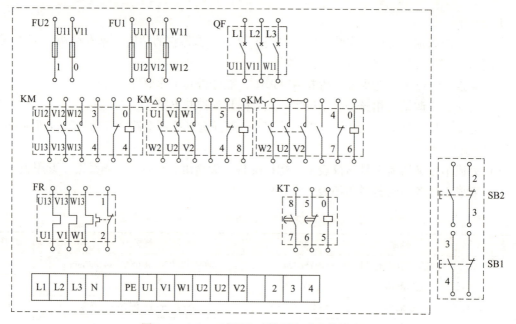

图 6-65　Y—△减压起动控制电路安装接线图

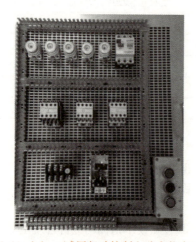

图 6-66　Y—△减压起动控制电路实物布置图

图 6-67　Y—△减压起动控制电路电路板

③ 安装电动机。具体操作可参考6.8。

④ 通电前检测。

a. 对照原理图、接线图检查，确保连接无遗漏。

b. 万用表检测：确保电源切断情况下，分别测量主电路、控制电路，看通断是否正常。

主电路的检测：万用表拨至 $R \times 100$ 档，闭合 QF 开关。

b. 1. 未压下 KM 时，测 L1—U1、L2—V1、L3—W1，这时表针应指示无穷大；压下 KM 后再次测量 L1—U1、L2—V1、L3—W1，这时表针应右偏指零。

b. 2. 压下 KM$_\curlyvee$，测量 W2—U2、U2—V2、V2—W2，这时表针应右偏指零。

b. 3. 压下 KM$_\triangle$，测量 U1—W2、V1—U2、W1—V2，这时表针应右偏指零。

控制电路的检测：万用表拨至 $R \times 100$ 或 $R \times 1$k 档，表笔分别置于熔断器 FU2 的 1 和 0 位置。（KM、KM$_\curlyvee$、KM$_\triangle$、KT 线圈阻值均为 2kΩ）

b. 4. 按下 SB1，表针右偏，指示数值一般小于 1kΩ，为 KM、KM$_\curlyvee$、KT 三线圈并联直流电阻值。

b. 5. 同时按下 SB1、KM$_\triangle$，表针微微左偏，指示数值为 KM、KM$_\triangle$ 并联直流电阻值。

b. 6. 同时按下 SB1、KM$_\triangle$、KM$_\curlyvee$，表针继续左偏，指示数值为 KM 直流电阻值。

b. 7. 按下 SB1、再按下 SB2，表针指示无穷大。

c. 用兆欧表检查电路的绝缘电阻的阻值，应不得小于 1MΩ。

3）通电试车。

**特别提示**

通电试车前要检查安全措施，试车时要遵守安全操作规程，出现故障时要停电检查。

时间继电器的整定值应在不通电时预先整定好。通电试车在指导教师监护下进行，根据电路图的控制要求独立测试。观察电动机有无振动及异常噪声，若出现故障及时断电查找排除。

4）整理现场。

5）注意事项。

① 用丫—△减压起动控制的电动机，必须有 6 个出线端子，且定子绕组在△联结时的额定电压等于三相电源的线电压。

② 接线时，要保证电动机△联结的正确性，即接触器主触头闭合时，应保证定子绕组的 U1 与 W2、V1 与 U2、W1 与 V2 相连接。

③ 接触器 KM$_\curlyvee$ 的进线必须从三相定子绕组的末端引入，若误从其首端引入，则在 KM$_\curlyvee$ 吸合时，会产生三相电源短路事故。

④ 控制板外部配线，必须按要求一律装在导线通道内，使导线有适当的机械保护，以防止液体、铁屑和灰尘的侵入。在实训时，可适当降低要求，但必须以能确保安全为条件，如采用多芯橡皮线或塑料护套软线。

⑤ 通电校验前，要再检查一下熔体规格及时间继电器、热继电器的各整定值是否符合要求。

⑥ 通电校验时，必须有指导教师在现场监护，学生应根据电路的控制要求独立进行校验，若出现故障也应自行排除。

⑦ 做到安全操作和文明生产。

**4. 实训分析**

1）什么叫减压起动？常见的减压起动方法有哪几种？

2）图6-68能否正常实现Y—△减压起动？若不能，请说明原因并改正。

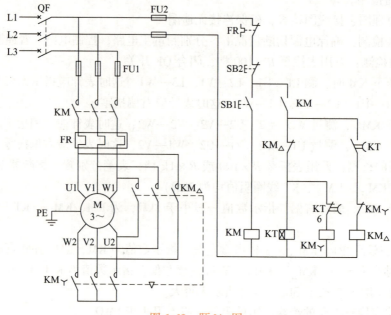

图6-68 题2）图

# 学习小结

本学习领域主要介绍了电气图及其符号的有关知识，重点讲述了电动机的基本控制电路，即三相笼型异步电动机的起动、制动、调速电气控制电路，三相绕线转子异步电动机的起动电气控制电路，直流电动机的起动、制动电气控制电路等。对这些基本电气控制电路，可按如下步骤进行分析。

（1）认识符号：控制电路原理图是由图形符号和文字符号组成的，认识图形符号和文字符号是分析电气图的基础。这些符号可见本书附录A。

（2）熟悉控制设备的动作情况及触头状态：每个控制设备的动作情况及触头状态，直接影响整个电气控制电路的动作顺序。为正确分析电气控制电路的动作过程，必须熟悉控制设备的动作情况及触头状态。例如，接触器线圈断电时，电磁机构释放，其常开触头为断开状态、常闭触头为接通状态；而接触器线圈通电后，电磁机构吸合，其常开触头为接通状态、常闭触头为断开状态。

（3）弄清控制目的和控制方法：电气控制电路的控制对象是电动机，不同的控制电路有不同的控制目的。控制方法是指采用什么办法来达到控制目的。例如，三相异步电动机正反转控制电路，其控制目的是实现电动机的正转和反转；其控制方法是利用接触器的主触头来对调接到电动机定子上的任意两相电源，从而实现电动机的正转和反转。又如自动往复循环控制电路，其控制目的是使电动机先向一个方向旋转，经过一段时间后再向另一个方向旋转，如此反复变换下去；其控制方法是利用限位开关和接触器配合来对调接到电动机定子上的两相电源，使电动机正转和反转，从而拖动机械上运动机构的往复运动。

（4）按操作后的动作流程来分析动作过程：不同的电气控制电路，其操作情况也各不相同。

对每一个操作，应按动作流程来分析电气控制电路中各电器的动作过程，从而弄清各动作的前后顺序和相互关系。参见带电气互锁的正反转控制电路（见图6-18）的动作过程分析。

（5）假设故障分析现象：在故障检修时，常常要根据故障现象来判断故障原因，以便检查和处理。假设故障并分析故障后的现象，就是为在实际工作中根据故障现象判断故障原因打好基础。现仍以带电气互锁的正反转控制电路（见图6-18）的动作过程分析为例，假设 KM1 的常开辅助触头因某种原因而不能接通，此时会出现什么现象呢？从动作流程可见，由于此触头不能接通，按钮 SB1 无法实现自保持，因此，当松开 SB1 时，KM1 线圈会断电，主触头断开而使电动机停止，也就是说按下 SB1 电动机正转，松开 SB1 电动机停止。

## ◆ 思考题与习题

1. 笼型三相异步电动机允许采用直接起动的容量大小是如何决定的？

2. 什么是失电压、欠电压保护？利用哪些电器元件可以实现失电压、欠电压保护？

3. 电动机点动控制与连续运转控制电路的关键环节是什么？试画出几种既可点动又可连续运转的电气控制电路图。

4. 试设计一个采取两地操作的点动与连续运转的电路图。

5. 三相笼型异步电动机在何情况下应采用减压起动？定子绕组为丫联结的三相笼型异步电动机能否采用丫—△起动？为什么？

6. 图6-69中的一些电路各有什么错误？工作时会出现什么现象？应如何改正？

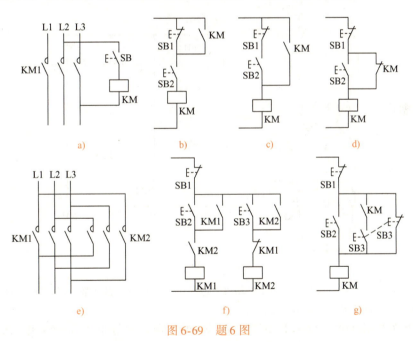

图6-69　题6图

7. 画出三台三相异步电动机的顺序控制电路。要求：起动时，M1 起动后 M2 才可起动，M2 起动后 M3 才可起动；停止时，三台电动机同时停止。

8. 试画出两台三相异步电动机的电气控制电路，要求 M1、M2 可以分别起动和停止，也可以实现同时起动和停止。

9. 图6-20 为自动往返行程控制电路，假设开始时工作台需要向左运动，试操作分析后的动作过程。

10. 图6-70 为三接触器控制的三相异步电动机丫—△起动控制电路，试分析起动操作后的动作过程。

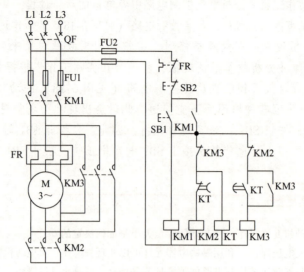

图 6-70　题 9 图

11. 图 6-71 为手动控制的绕线转子三相异步电动机转子串电阻起动控制电路，试分析其起动过程。

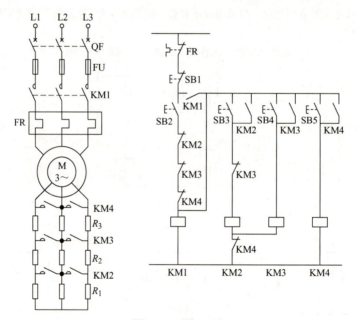

图 6-71　题 11 图

12. 图 6-33 为速度原则控制的三相异步电动机可逆运行能耗制动控制电路。试分析当速度继电器的触头 KS-1 或 KS-2 不能断开时，会出现怎样的情况？

13. 图 6-35 为电动机可逆运行反接制动控制电路。试分析电动机正向起动操作和停车操作后的动作过程。

14. 在图 6-35 中，若将速度继电器的触头 KS-1 错接成 KS-2，KS-2 错接成 KS-1，会发生什么情况？如何调节反接制动的制动强度？

15. 图 6-37 为 4/2 极双速电动机 △—丫丫 变换的变极调速控制电路。若 KM2 或 KM3 的自锁触头有一个不能接通，会出现什么现象？

16. 图 6-39 为直流电动机正反转起动控制电路。试分析直流电动机正向起动操作后的动作过程。

17. 如何分析电动机的基本电气控制电路？

# ·学习领域7·

# 常用生产机械的电气控制电路

## 学习目标 »

1）知识目标：

▲了解车床、磨床、钻床、铣床、镗床和桥式起重机等典型生产机械的基本结构、运动形式与控制要求。

▲掌握典型生产机械的电气原理图的识读方法。

▲通过对常用生产机械电气控制电路的分析，加深对典型机床控制环节的理解，掌握机床等电气设备的设计、安装、调试及故障检修方法。

2）能力目标：

▲能够正确识读常用生产机械的电气控制原理图。

▲能够根据常用生产机械电气原理图和故障现象进行机床故障点的诊断和分析。

▲能够使用生产机械电气故障检修工具和仪表进行机床检修。

▲学会常用生产机械电气故障检修的基本原则、基本方法和基本步骤。

3）素养目标：

▲激发学习兴趣和探索精神，掌握正确的学习方法。

▲培养学生获取新知识、新技能的学习能力。

▲培养学生的团队合作精神，形成优良的协作能力和动手能力。

▲培养学生的安全意识、质量意识、信息素养、工匠精神和创新思维。

▲培养学生严谨求实的工作作风。

## 知识链接 »

机床电气控制电路是机床的重要组成部分，完成对机床运动部件的起动、制动，反向和调速等控制，保障各运动部件运动的准确和协调，以达到生产工艺要求。

本学习领域是在前几个学习领域的基础上，通过对典型机床电气控制电路原理和故障的分析，进一步了解各基本控制电路在机床电气控制系统中的应用，阐明电气控制系统的分析方法与步骤，提高阅读电路能力，了解电气控制系统中机械、液压与电气控制的配合，为电气控制系统的安装、调试、使用、维护和设计奠定基础。

## 7.1　普通车床的电气控制电路及常见故障分析

车床是一种应用极为广泛的金属切削设备，用于对各种具有旋转表面的工件进行加工，如车削外圆、内圆、端面和螺纹等。除车刀之外，还可用钻头、铰刀和镗刀等刀具进行加工。

### 7.1.1 卧式车床的主要结构、运动形式及控制要求

**1. 卧式车床的主要结构** 卧式车床的外形结构如图 7-1 所示。它主要由床身、主轴变速箱、挂轮箱、进给箱、溜板箱、溜板与刀架、尾座、光杠和丝杠等部分组成。

**2. 卧式车床的运动形式** 为了加工各种旋转表面，车床必须进行切削运动和辅助运动。切削运动包括主运动和进给运动，除此之外的其他运动皆为辅助运动。

（1）主运动：是指工件的旋转运动，是由主轴通过卡盘或顶尖带动工件旋转。主轴的旋转是由主轴电动机经传动机构拖动的。车削加

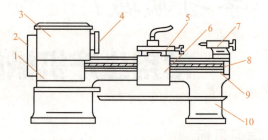

图 7-1 卧式车床的外形结构示意图
1—进给箱 2—挂轮箱 3—主轴变速箱 4—卡盘
5—溜板与刀架 6—溜板箱 7—尾座
8—丝杠 9—光杠 10—床身

工时，根据被加工工件的材料性质、加工方式等条件，要求主轴能在一定的范围内变速。另外，为了加工螺纹等工件，还要求主轴能够正、反转。

（2）进给运动：是指刀架的纵向或横向直线运动。刀架的进给运动也是由主轴电动机拖动的，其运动方式有手动和自动两种。在进行螺纹加工时，工件的旋转速度与刀架的进给速度之间应有严格的比例关系，因此，车床刀架的纵向或横向两个方向的进给运动是由主轴箱输出轴依次经挂轮箱、进给箱、光杠传入溜板箱而获得的。

（3）辅助运动：是指刀架的快速移动、尾座的移动以及工件的夹紧与放松等。

**3. 车床的控制要求** 从车床加工工艺特点出发，对中、小型卧式车床的电气控制要求为：

1）主轴电动机一般选用三相笼型异步电动机。为了保证主运动与进给运动之间的严格比例关系，只采用一台电动机来驱动。为了满足调速要求，通常采用机械变速，由车床主轴箱通过齿轮变速来完成。

2）为车削螺纹，要求主轴能够正、反向运行。对于小型车床，主轴正、反向运行由主轴电动机正反转来实现；当主轴电动机容量较大时，主轴的正、反向运行则靠摩擦离合器来实现，电动机只作单向旋转。

3）主轴电动机的起动、停止能实现自动控制。一般中小型车床的主轴电动机均采用直接起动；当电动机容量较大时，通常采用丫—△减压起动。为实现快速停车，一般采用机械或电气制动。

4）车削加工时，为防止刀具与工件温度过高，需用冷却液对其进行冷却，为此设置有一台冷却泵电动机，驱动冷却泵输出冷却液。而带动冷却泵的电动机只需单向旋转，且与主轴电动机有联锁关系，即冷却泵电动机动作与否应在主轴电动机之后。当主轴电动机停车时，冷却泵电动机应立即停车。

5）为实现溜板箱的快速移动，应由单独的快速移动电动机来拖动，即采用点动控制。

6）电路应具有必要的短路、过载、欠电压和零电压等保护环节，并有安全可靠的局部照明和信号指示。

## 7.1.2 CA6140 型卧式车床电气控制电路

CA6140 型卧式车床电气控制电路如图 7-2 所示。

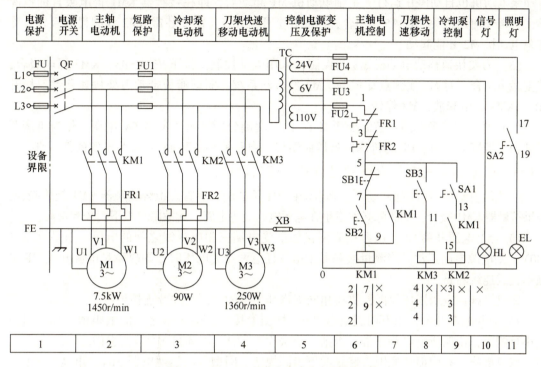

图 7-2　CA6140 型卧式车床电气控制电路

**1. 主电路分析**　M1 为主轴电动机，完成主轴主运动和刀具的纵横向进给运动的驱动。该电动机为不调速的三相笼型异步电动机，主轴采用机械变速，正反向运行采用机械换向机构。

M2 为冷却泵电动机，加工时提供冷却液，以防止刀具和工件的温升过高。

M3 为刀架快速移动电动机，可根据使用需要，随时手动控制起动或停止。

电动机 M1、M2、M3 容量都小于 10kW，均采用全压直接起动，皆为接触器控制的单向运行控制电路。三相交流电源通过转换开关 QF 引入，接触器 KM1 的主触头控制 M1 的起动和停止。接触器 KM2 的主触头控制 M2 的起动和停止。接触器 KM3 的主触头控制 M3 的起动和停止。KM1 由按钮 SB1、SB2 控制，KM3 由 SB3 进行点动控制，KM2 由开关 SA1 控制。主轴正反向运行由摩擦离合器实现。

M1、M2 为连续运行的电动机，分别利用热继电器 FR1、FR2 作过载保护；M3 为短期工作电动机，因此未设过载保护。熔断器 FU1 ~ FU4 分别对主电路、控制电路和辅助电路进行短路保护。

**2. 控制电路分析**　控制电路的电源由控制变压器 TC 二次侧输出的 110V 电压提供。

（1）主轴电动机 M1 的控制：采用了具有过载保护全压起动控制的典型环节。按下起动按钮 SB2，接触器 KM1 线圈得电吸合，其常开辅助触头（7-9）闭合自锁，KM1 的主触头闭合，主轴电动机 M1 起动；同时其常开辅助触头（13-15）闭合，作为 KM2 得电的先决条件。按下停止按钮 SB1，接触器 KM1 失电释放，主轴电动机 M1 停转。

CA6140 型车床电气控制原理

（2）冷却泵电动机 M2 的控制：采用两台电动机 M1、M2 顺序联锁控制的典型环节，以满足生产要求，使主轴电动机起动后，冷却泵电动机才能起动；当主轴电动机停止运行时，冷却泵电动机也自动停止运行。主轴电动机 M1 起动后，即在接触器 KM1 得电吸合的情况下，其常开辅助触头（13-15）闭合，因此合上开关 SA1，使接触器 KM2 线圈得电吸合，冷却泵电动机 M2 才能起动。

（3）刀架快速移动电动机 M3 的控制：采用点动控制。按下按钮 SB3，KM3 得电吸合，其主触头闭合，对 M3 实施点动控制。M3 经传动系统，驱动溜板带动刀架快速移动。松开 SB3，KM3 失电释放，M3 停转。

（4）照明和信号电路：控制变压器 TC 的二次侧分别输出 24V 和 6V 电压，作为机床照明灯和信号灯的电源。EL 为机床的低压照明灯，由开关 SA2 控制；HL 为电源的信号灯。

### 7.1.3　车床的电气控制电路常见故障分析与检修

**1. 主轴电动机 M1 不能起动**　主轴电动机 M1 不能起动。首先检查接触器 KM1 是否吸合，如果接触器 KM1 吸合，则故障必然发生在电源电路或主电路。此故障可按下列步骤检修：

1）合上电源开关 QF，用万用表测接触器受电端三相电源线之间的电压，如果电压是 380V，则电源电路正常。当测量接触器主触头任意两点无电压时，则故障是电源开关 QF 接触不良或连线断路。

修复措施：查明损坏原因，更换相同规格和型号的电源开关及连接导线。

2）断开电源开关，用万用表电阻 $R \times 1$ 档测量接触器输出端之间的电阻值，如果阻值较小且相等，说明所测电路正常；否则，依次检查 FR1、电动机 M1 以及它们之间的连线。

修复措施：查明损坏原因，修复或更换同规格、同型号的热继电器 FR1、电动机 M1 及其之间的连接导线。

3）检查接触器 KM1 主触头是否良好，如果接触不良或烧毛，则更换动、静触头或相同规格的接触器。

4）检查电动机机械部分是否良好，如果电动机内部轴承等损坏，应更换轴承；如果外部机械有问题，可配合机修钳工进行维修。

**2. 主轴电动机 M1 起动后不能自锁**　当按下起动按钮 SB2 时，主轴电动机能起动运转，但松开 SB2 后，M1 也随之停止。造成这种故障的原因是接触器 KM1 的自锁触头接触不良或连接导线松脱。

**3. 主轴电动机 M1 不能停车**　造成这种故障的原因多是接触器 KM1 的主触头熔焊，停止按钮 SB1 击穿或电路中 5－7 连接导线短路，接触器铁心表面粘牢污垢。可采用下列方法判明是哪种原因造成电动机 M1 不能停车：若断开 QF，接触器 KM1 释放，则说明故障为 SB1 击穿或导线短接；若接触器过一段时间释放，则故障为铁心表面粘牢污垢；若断开 QF，接触器 KM1 不释放，则故障为主触头熔焊。根据具体故障采取相应措施修复。

**4. 主轴电动机在运行中突然停车**　这种故障的常见原因是热继电器 FR1 动作。发生这种故障后，一定要找出热继电器 FR1 动作的原因，排除后才能使其复位。引起热继电器 FR1 动作的原因可能是：三相电源电压不平衡，电源电压较长时间过低，负载过重以及 M1 的连接导线接触不良等。

**5. 刀架快速移动电动机不能起动**　首先检查 FU1 熔丝是否熔断，其次检查接触器 KM3 触头的接触是否良好，若无异常或按下 SB3 时，接触器 KM3 不吸合，则故障必定在控制电路中。这时依次检查 FR1、FR2 的常闭触头、点动按钮 SB3 及接触器 KM3 的线圈是否有断路现象即可。

## 7.2※　平面磨床的电气控制电路及常见故障分析

磨床是利用砂轮的周边或端面对工件的外圆、内孔、端面、平面、螺纹及球面等进行磨削加工的一种精密加工设备。

### 7.2.1　平面磨床的主要结构、运动形式和控制要求

1. **平面磨床的结构**　平面磨床的外形结构如图 7-3 所示。它由床身、工作台、电磁吸盘、砂轮箱、滑座、立柱等部分组成。

在箱形床身中装有液压传动装置，以使矩形工作台在床身导轨上通过液压油推动活塞杆做往复运动（纵向）。而工作台往复运动的换向是通过换向撞块碰撞床身上的液压手柄来改变油路实现的。工作台往返运动的行程长度可通过调节装在工作台正面槽中的撞块的位置来改变。工作台的表面是 T 形槽，用来安装电磁吸盘以吸持工件或直接安装大型工件。

在床身上固定有立柱，沿立柱的导轨上装有滑座，滑座可在立柱导轨上上下移动，并可由垂直进刀手轮操纵，砂轮箱能沿滑座水平导轨横向移动。它可由横向移动手轮操纵，也可经液压传动机械做连续或间断移动。连续移动用于调节砂轮位置或整修砂轮，间断移动用于进给。

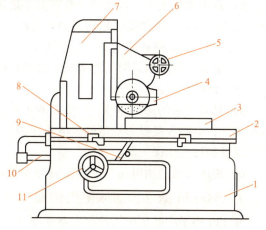

**图 7-3　平面磨床外形结构示意图**

1—床身　2—工作台　3—电磁吸盘　4—砂轮箱
5—砂轮横向移动手轮　6—滑座　7—立柱
8—工作台换向撞块　9—工作台往复
运动换向手柄　10—活塞杆
11—砂轮箱垂直进刀手轮

2. **平面磨床的运动形式**　矩形工作台平面磨床的工作示意图如图 7-4 所示。它的主运动是砂轮的旋转运动。

进给运动有垂直进给、横向进给和纵向进给。垂直进给是滑座在立柱上的上下运动；横向进给是砂轮箱在滑座上的水平运动；纵向进给是工作台沿床身的往复运动。工作台每完成一次往复运动，砂轮箱便做一次间断性的横向进给，当加工完整个平面后，砂轮箱做一次间断性的垂直进给。

辅助运动是指砂轮箱在滑座水平导轨上做快速横向移动，滑座沿立柱上的垂直导轨做快速垂直移动，以及工作台往复运动速度的调整等。

3. **控制要求**　平面磨床采用多台电动机拖动，其中砂轮电动机拖动砂轮旋转；液压泵电动机驱动液压泵，供给液压油，经液压传动机械来完成工作台往复运动并实现砂轮的横向自动进给，还承担工作台导轨的润滑；冷却泵电动机拖动冷却泵，供给

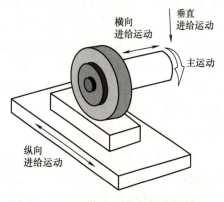

**图 7-4　矩形工作台平面磨床工作示意图**

磨削加工时需要的冷却液。

平面磨床的电力拖动控制要求：

1）砂轮、液压泵、冷却泵 3 台电动机都要求单方向旋转，砂轮升降电动机需双向旋转。

2）冷却泵电动机应随砂轮电动机的起动而起动，若加工中不需要冷却液，则可单独关断冷却泵电动机。

3）在正常加工中，若电磁吸盘吸力不足或消失时，砂轮电动机与液压泵电动机应立即停止工作，以防止工件被砂轮切向力打飞而发生人身和设备事故。不加工时，即电磁吸盘不工作的情况下，允许砂轮电动机与液压泵电动机起动，机床做调整运动。

4）电磁吸盘励磁线圈具有吸牢工件的正向励磁，松开工件的断开励磁以及抵消剩磁便于取下工件的反向励磁控制环节。

5）具有完善的保护环节。各电路的短路保护，各电动机的长期过载保护，零电压、欠电压保护，电磁吸盘吸力不足的欠电流保护，以及线圈断开时产生高电压而危及电路中其他电气设备的过电压保护等。

6）机床安全照明电路与工件去磁的控制环节。

### 7.2.2 M7130 型平面磨床电气控制电路

M7130 型平面磨床电气控制电路如图 7-5 所示。

主电路共有 3 台电动机：砂轮电动机 M1 拖动砂轮旋转；液压泵电动机 M3 驱动液压泵，经液压传动机械来完成工作台往复运动并实现砂轮的横向自动进给，还承担工作台导轨的润滑；冷却泵电动机 M2 拖动冷却泵，供给磨削加工时需要的冷却液，同时冷却液带走磨下的铁屑。由于 3 台电动机容量都不大，采用全压起动。工作台在液压作用下做纵向往复运动。砂轮的横向进给可由液压传动，也可用手轮控制。砂轮的升降运动通过手轮控制机械传动装置来实现。

三台电动机共用熔断器 FU1 作为短路保护，电动机 M1 和电动机 M2 由热继电器 FR1 作为过载保护。电动机 M3 由热继电器 FR2 作为过载保护。

### 7.2.3 控制电路分析

如图 7-6、图 7-7 所示，SB1、SB2 为砂轮电动机 M1 和冷却泵电动机 M2 的起动和停止按钮，SB3、SB4 为液压泵电动机 M3 的起动和停止按钮。只有在转换开关 SA1 扳到"退磁"位置，其常开触头 SA1（3-4）闭合，或者欠电流继电器 KA 的常开触头 KA（3-4）闭合时，控制电路才起作用。按下 SB1，接触器 KM1 的线圈通电，其常开触头 KM1（5-6）闭合并自锁，其主触头闭合，砂轮电动机 M1 及冷却泵电动机 M2 起动运行。按下 SB2，KM1 线圈断电，M1、M2 停止。按下 SB3，接触器 KM2 线圈通电，其常开触头 KM2（7-8）闭合进行自锁，其主触头闭合液压泵电动机 M3 起动运行。按下 SB4，KM2 线圈断电，M3 停止。

### 7.2.4 电磁吸盘控制电路

电磁吸盘又名电磁工作台，是用来吸牢工件的，其线圈通入直流电后产生磁场，吸牢铁磁性材料的工件。当工件放在两个磁极之间时，使磁路构成回路，工件被吸住。

电磁吸盘控制电路如图 7-6 所示，包括整流部分、控制部分和保护部分。

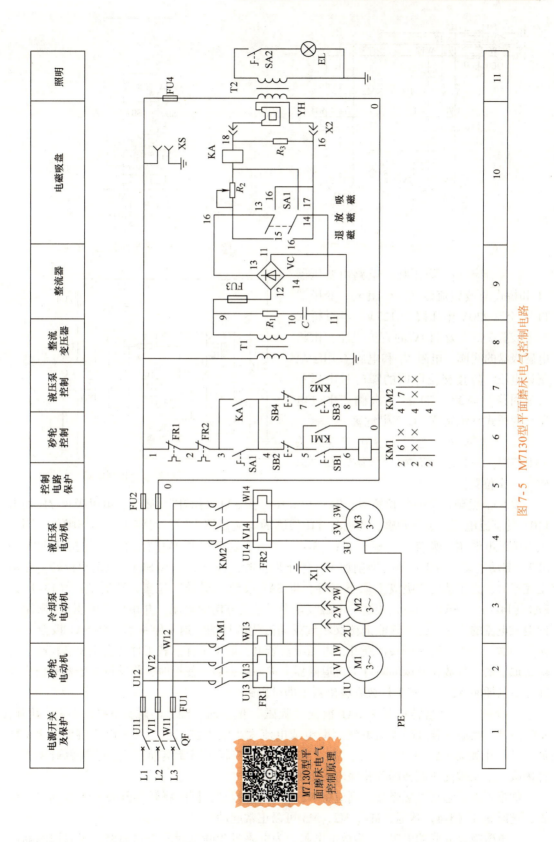

图7-5 M7130型平面磨床电气控制电路

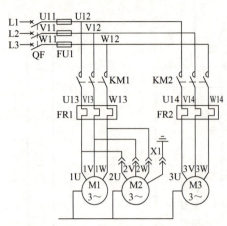

图 7-6　M7130 型平面磨床电动机主电路

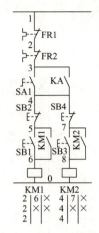

图 7-7　M7130 型平面磨床控制电路

**1. 整流部分**　降压整流电路由变压器 T1 和桥式全波整流装置 VC 组成。变压器 T1 将交流 220V 电压降为 127V，经过桥式整流装置 VC 变为 110V 的直流电压，供给电磁吸盘的线圈。电阻 $R_1$ 和电容 $C$ 用于限制过电压，防止交流电网的瞬时过电压和直流回路的通断在 T1 的二次侧产生过电压，对桥式整流装置 VC 产生危害。

**2. 控制部分**　电磁吸盘由转换开关 SA1 控制，SA1 有"吸磁""放磁"和"退磁"三个位置。

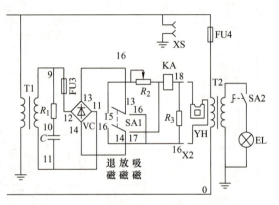

图 7-8　电磁吸盘控制电路

将 SA1 扳到"吸磁"位置时，SA1（13-16）和 SA1（14-17）闭合，电磁吸盘 YH 加上 110V 的直流电压，进行励磁，当通过 YH 线圈的电流足够大时，可将工件牢牢吸住，同时欠电流继电器 KA 吸合，其触头 KA（3-4）闭合，这时可以操作控制电路的按钮 SB1 和 SB3，起动电动机对工件进行磨削加工，停止加工时，按下 SB2 和 SB4，电动机停转。在加工完毕后，为了从电磁吸盘上取下工件，将 SA1 扳到"退磁"位置，这时 SA1（13-15）、SA1（14-16）、SA1（3-4）接通，电磁吸盘中通过反方向的电流，并用可变电阻 R2 限制反向退磁电流的大小，达到既能退磁又不致反向磁化的目的。退磁结束后，将 SA1 扳至"放磁"位置，SA1 的所有触头都断开，电磁吸盘断电，取下工件。若工件的去磁要求较高，则应将取下的工件放在磨床的附件交流退磁器上进一步去磁。使用时，将交流去磁器的插头插在床身的插座 X2 上，将工件放在去磁器上即可去磁。

**3. 保护部分**　当转换开关 SA1 扳到"吸磁"位置时，SA1 的触头 SA1（3-4）断开，KA（3-4）接通，若电磁吸盘的线圈断电或电流太小吸不住工件，则欠电流继电器 KA 释放，其常开触头 KA（3-4）断开，M1、M2、M3 因控制回路断电而停止，这样就避免了工件因吸不牢而被高速旋转的砂轮碰击飞出的事故。

如果不需要起动电磁吸盘，则应将 X2 上的插头拔掉，同时将转换开关 SA1 扳到退磁位置，这时 SA1（3-4）接通，M1、M2、M3 可以正常起动。

与电磁吸盘并联的电阻 $R_3$ 为放电电阻，为电磁吸盘断电瞬间提供通路，吸收线圈断电瞬间释放的磁场能量。因为电磁吸盘是一个大电感，在电磁吸盘从工作位置转换到放松位置的瞬间，线圈产生很高的过电压，易将线圈的绝缘损坏，也将在转换开关 SA1 上产生电弧，使开关的触头损坏。

### 7.2.5　辅助电路

照明变压器 T2 将 380V 的交流电压降为 36V 的安全电压供给照明电路。EL 为照明灯，一端接地，另一端由开关 SA2 控制，FU4 为照明电路的短路保护。

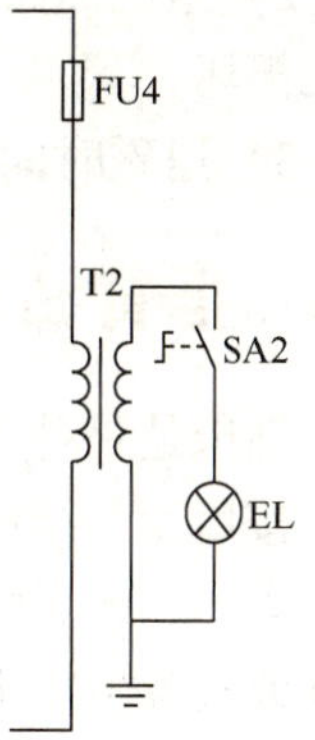

### 7.2.6　M7130 型平面磨床电气控制电路常见故障分析与检修

#### 1. 磨床中的电动机都不能起动

1）欠电流继电器 KA 的触头 KA（3-4）接触不良，接线松动脱落或有油垢，导致电动机的控制线路中的接触器不能通电吸合，电动机不能起动。将转换开关 SA1 扳到"吸磁"位置，检查继电器触头 KA（3-4）是否接通，不通则修理或更换触头，可排除故障。

图 7-9　M7130 型平面磨床辅助电路

2）转换开关 SA1（3-4）接触不良、接线松动脱落或有油垢，控制电路断开，各电动机无法起动。将转换开关 SA1 扳到"退磁"位置，拔掉电磁吸盘的插头，检查触头 SA1（3-4）是否接通，不通则修理或更换转换开关。

#### 2. 砂轮电动机的热继电器 FR1 脱扣

1）砂轮电动机的前轴瓦磨损，电动机发生堵转，产生很大的堵转电流，使得热继电器脱扣。此时应修理或更换轴瓦。

2）砂轮进刀量太大，电动机堵转，产生很大的堵转电流，使得热继电器动作，因此需要选择合适的进刀量。

3）更换后的热继电器的规格和原来的不符或未调整，应根据砂轮电动机的额定电流选择和调整热继电器。

#### 3. 电磁吸盘没有吸力

1）检查熔断器 FU1、FU2 或 FU4 熔丝是否熔断，若熔断应更换熔丝。

2）检查插头插座接触是否良好，若接触不良应进行修理。

3）检查电磁吸盘控制电路。检查欠电流继电器的线圈是否断开、电磁吸盘的线圈是否断开，若断开应进行修理。

4）检查桥式整流装置。若桥式整流装置相邻的二极管都烧成短路，短路的管子和整流变压器的温度都较高，则输出电压为零，致使电磁吸盘吸力很小甚至没有吸力；若整流装置两个相邻的二极管发生断路，则输出电压也为零，电磁吸盘也没有吸力。此时应更换整流二极管。

#### 4. 电磁吸盘吸力不足

1）交流电源电压低，导致整流后的直流电压相应下降，致使电磁吸盘吸力不足。

2）桥式整流装置故障。桥式整流桥的一个二极管发生断路，使直流输出电压为正常值的一半，断路的二极管和相对臂的二极管温度比其他两臂的二极管温度低。

3）电磁吸盘的线圈局部短路，空载时整流电压较高而接电磁吸盘时电压下降很多（低于110V）。这是由于电磁吸盘没有密封好，冷却液流入，引起绝缘损坏。应更换电磁吸盘线圈。

#### 5. 电磁吸盘退磁效果差，退磁后工件难以取下

1）退磁电路电压过高，此时应调整 $R_2$，使退磁电压为 5～10V。

2）退磁回路断开，使工件没有退磁，此时应检查转换开关 SA1 接触是否良好，电阻 $R_2$ 有无损坏。

3）退磁时间掌握不好，不同材料的工件，所需退磁时间不同，应掌握好退磁时间。

## 7.3 摇臂钻床电气控制电路及常见故障分析

钻床是一种孔加工设备，可用来钻孔、扩孔、铰孔、攻螺纹及修刮端面等多种形式的加工。按用途和结构分类，钻床可分为立式钻床、台式钻床、多轴钻床、摇臂钻床及其他专用钻床等。在各类钻床中，摇臂钻床操作方便、灵活，适用范围广，具有典型性，特别适用于单件或批量生产带有多孔大型零件的孔加工，是一般机械加工车间常见的机床。

### 7.3.1 摇臂钻床的主要结构、运动形式及控制要求

**1. 摇臂钻床的主要结构** 摇臂钻床主要由底座、内立柱、外立柱、摇臂、主轴箱及工作台等部分组成，如图 7-10 所示。

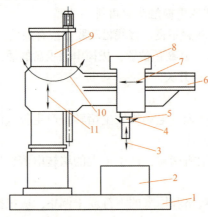

图 7-10 摇臂钻床结构及动作情况示意图

1—底座 2—工作台 3—主轴纵向进给 4—主轴旋转主运动 5—主轴 6—摇臂
7—主轴箱沿摇臂径向运动 8—主轴箱 9—内、外立柱 10—摇臂回转运动 11—摇臂垂直移动

内立柱固定在底座的一端，在它的外面套有外立柱，外立柱可绕内立柱回转 360°。摇臂的一端为套筒，它套装在外立柱上，并借助丝杆的正反转，可沿外立柱上下移动。由于丝杆与外立柱连成一体，而升降螺母固定在摇臂上，因此摇臂不能绕外立柱转动，只能与外立柱一起绕内立柱回转。主轴箱是一个复合部件，由主传动电动机、主轴和主轴传动机构、进给和变速机构、机床的操作机构等部分组成。主轴箱安装在摇臂的水平导轨上，可以通过手轮操作，使其在水平导轨上沿摇臂移动。

机床各主要部件的装配关系如下：

主轴 ──安装在──→ 主轴箱 ──坐落在──→ 摇臂 ──套在──→ 外立柱 ──套在──→ 内立柱 ──固定在──→ 底座上

──固定有──→ 工作台 ──固定──→ 工件

┈┈┈┈→ 表示用液压夹紧机构相连。

**2. 摇臂钻床的运动形式** 当进行加工时，由特殊的夹紧装置将主轴箱紧固在摇臂导轨上，而外立柱紧固在内立柱上，摇臂紧固在外立柱上，然后进行钻削加工。钻削加工时，钻头一边进行旋转切削，一边进行纵向进给，其运动形式为：

1）摇臂钻床的主运动为主轴的旋转运动。

2）进给运动为主轴的纵向进给。

3）辅助运动有摇臂沿外立柱垂直移动，主轴箱沿摇臂长度方向的移动，摇臂与外立柱一起绕内立柱的回转运动。

### 3. 电气拖动特点及控制要求

1）摇臂钻床运动部件较多，为了简化传动装置，采用多台电动机拖动。例如，Z3040型摇臂钻床采用4台电动机拖动，分别是主轴电动机、摇臂升降电动机、液压泵电动机和冷却泵电动机，都采用直接起动方式。

2）为了适应多种形式的加工要求，摇臂钻床主轴的旋转及进给运动有较大的调速范围，一般情况下多由机械变速机构实现。主轴变速机构与进给变速机构均装在主轴箱内。

3）摇臂钻床的主运动和进给运动均为主轴的运动，为此这两项运动由一台主轴电动机拖动，分别经主轴传动机构、进给传动机构实现主轴的旋转和进给。

4）在加工螺纹时，要求主轴能正、反转。摇臂钻床主轴正、反转旋转一般采用机械方法实现。因此主轴电动机仅需要单向旋转。

5）摇臂升降电动机要求能正、反向旋转。

6）内外主轴的夹紧与放松、主轴与摇臂的夹紧与放松可采用机械操作、电气-机械装置、电气-液压或电气-液压-机械等控制方法实现。若采用液压装置，则备有液压泵电动机，拖动液压泵提供液压油来实现。液压泵电动机要求能正、反向旋转，并根据要求采用点动控制。

7）摇臂的移动严格按照摇臂松开→移动→摇臂夹紧的程序进行。因此摇臂的夹紧放松与摇臂升降按自动控制进行。

8）冷却泵电动机带动冷却泵提供冷却液，只要求单向旋转。

9）具有联锁与保护环节以及安全照明、信号指示电路。

## 7.3.2　液压系统工作简介

该机床具有两套液压控制系统，一套是操纵机构液压系统，由主轴电动机拖动齿轮泵输送液压油，通过操纵机构实现主轴正/反转、停车制动、空挡、预选与变速；另一套是夹紧机构液压系统，由液压泵电动机拖动液压泵输送液压油，实现摇臂的夹紧与松开，主轴箱和立柱的夹紧与松开。

### 1. 操纵机构液压系统

该系统液压油由主轴电动机拖动齿轮泵送出，由主轴操作手柄来改变两个操纵阀的相互位置，使液压油做不同的分配，获得不同动作。操作手柄有上、下、里、外和中间5个空间位置。其中上为"空挡"，下为"变速"，外为"正转"，里为"反转"，中间位置为"停车"。而主轴转速及主轴进给量各由一个旋钮预选，然后再操作主轴手柄。

（1）主轴旋转：主轴旋转时，首先按下主轴电动机起动按钮，主轴电动机起动旋转，拖动齿轮泵，送出液压油。然后操纵主轴手柄，扳至所需转向位置（里或外），于是两个操纵阀相互改变位置，使一油路液压油将制动摩擦离合器松开，为主轴旋转创造条件；另一油路液压油压紧正转（反转）摩擦离合器，接通主轴电动机到主轴的传动链，驱动主轴正转或反转。

在主轴正转或反转的过程中，可转动变速旋钮，改变主轴转速或主轴进给量。

（2）主轴停车：主轴停车时，将操作手柄扳回中间位置，这时主轴电动机仍拖动齿轮泵旋转，但此时整个液压系统为低压油，无法松开制动摩擦离合器，而在制动弹簧作用下将制动摩擦离合器压紧，使制动轴上的齿轮不能转动，实现主轴停车。因此主轴停车时主轴电动机仍在旋转，只是不能将动力传到主轴。

（3）主轴变速与进给变速：将主轴操作手柄扳至"变速"位置，于是改变两个操纵阀的相互位置，使齿轮泵送出的液压油进入主轴转速预选阀和主轴进给量预选阀，然后进入各变速液压缸。变速液压缸为差动液压缸，具体哪个液压缸上腔进液压油或回油，视所选择主轴转速和进给量大小而定。与此同时，另一油路系统推动拨叉缓慢移动，逐渐压紧主轴转速摩擦离合器，接通主轴电动机到主轴的传动链，带动主轴缓慢旋转（称为缓速），以利于齿轮的顺利啮合。当变速完成后，松开操作手柄，此时手柄在弹簧作用下由"变速"位置自动复位到主轴"停车"位置，然后再操纵主轴正转或反转，主轴将在新的转速或进给量下工作。

（4）主轴空挡：当操作手柄扳向"空挡"位置时，液压油使主轴传动中的滑移齿轮处于中间脱开位置。这时，可用手轻便地转动主轴。

**2. 夹紧机构液压系统** 主轴箱、内外立柱和摇臂的夹紧与松开，是由液压泵电动机拖动液压泵送出液压油，推动活塞、菱形块来实现的。其中主轴箱和立柱的夹紧或松开由一个油路控制，而摇臂的夹紧或放松因要与摇臂的升降运动构成自动循环，因此由

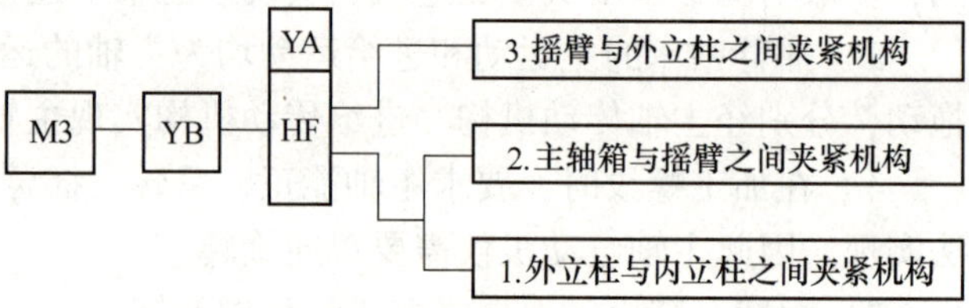

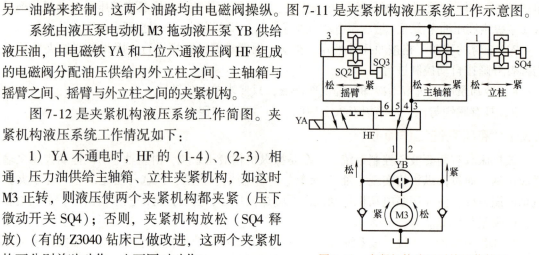

图 7-11 夹紧机构液压系统工作示意图

另一油路来控制。这两个油路均由电磁阀操纵。图 7-11 是夹紧机构液压系统工作示意图。

系统由液压泵电动机 M3 拖动液压泵 YB 供给液压油，由电磁铁 YA 和二位六通液压阀 HF 组成的电磁阀分配油压供给内外立柱之间、主轴箱与摇臂之间、摇臂与外立柱之间的夹紧机构。

图 7-12 是夹紧机构液压系统工作简图。夹紧机构液压系统工作情况如下：

1）YA 不通电时，HF 的（1-4）、（2-3）相通，压力油供给主轴箱、立柱夹紧机构，如这时 M3 正转，则液压使两个夹紧机构都夹紧（压下微动开关 SQ4）；否则，夹紧机构放松（SQ4 释放）（有的 Z3040 钻床已做改进，这两个夹紧机构可分别单独动作，也可同时动作）。

2）如 YA 通电时，HF 的（1-6）、（2-5）

图 7-12 夹紧机构液压系统工作简图

相通，压力油供给摇臂夹紧机构。如这时 M3 正转，使夹紧机构夹紧，弹簧片压下微动开关 SQ3，而 SQ2 释放。如 M3 反转，则夹紧机构放松，弹簧片压下微动开关 SQ2，而 SQ3 释放。

可见，操纵哪一个夹紧机构松开或夹紧，既决定于 YA 是否通电，又决定于 M3 的转向。

### 7.3.3 Z3050 型摇臂钻床电气控制电路

Z3050 型摇臂钻床电气控制电路如图 7-13 所示。M1 为主轴电动机，M2 为摇臂升降电动机，M3 为液压泵电动机，M4 为冷却泵电动机，QF 为总电源控制开关。

**1. 主轴电动机 M1 的控制** 按动 SB2 按钮，接触器 KM1 线圈得电自保，M1 转动。KM1 的辅助常开触头闭合，指示灯 HL3 亮。按动 SB1 按钮，KM1 失电，M1 停转，HL3 熄灭。这是单向长动控制电路。

**2. 摇臂升降控制** 摇臂通常处于夹紧状态，使丝杠免受荷载。在控制摇臂升降时，除

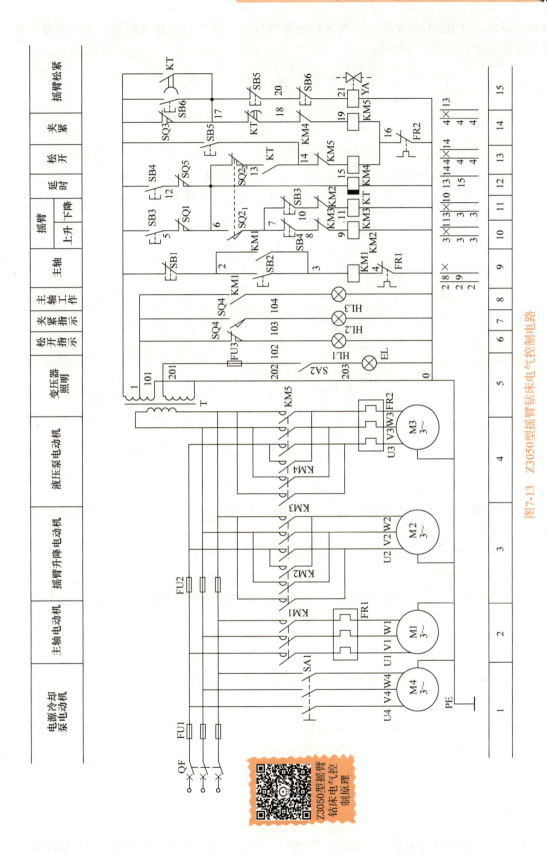

图7-13　Z3050型摇臂钻床电气控制电路

摇臂升降电动机 M2 需转动外，还需要摇臂夹紧机构、液压系统协调配合，完成夹紧→松开→夹紧动作。工作过程如下：

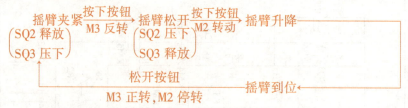

（SQ2 压下是 M2 转动的指令，SQ3 压下是夹紧的标志）

图 7-14 是摇臂上升控制电路。这个电路是正反转点动控制电路。

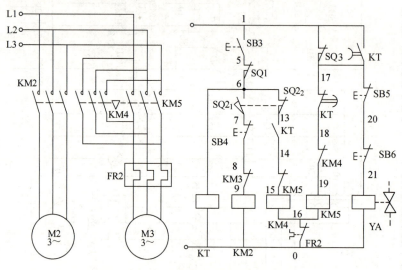

图 7-14　摇臂上升控制电路

（1）摇臂松开阶段：按下摇臂上升按钮 SB3（不松开），时间继电器 KT 线圈得电动作。其过程如下：

KT线圈得电──┬─→KT常开触头（13-14）闭合→KM4线圈得电（1-5-6-13-14-15-16）→M3反转─┐
　　　　　　└─→KT常开触头（1-17）闭合→YA线圈得电（1-17-20-21）　　　　　　　　　├─→摇臂松开

（2）摇臂上升：摇臂夹紧机构松开后，微动开关 SQ3 释放，SQ2 压下。其过程如下：

摇臂松开──┬─→SQ3 常闭触头（1-17）闭合 → YA 仍得电
　　　　　├─→SQ2 常闭触头（6-13）分断 → KM4 线圈失电 → M3 停转
　　　　　└─→SQ2 常开触头（6-7）闭合 → KM2 线圈得电 → M2 正转 → 摇臂上升

（3）摇臂上升到位：松开按钮 SB3，摇臂又夹紧。其过程如下：

松开 SB3──┬─→KM2 线圈失电 → M2 停转 → 摇臂停止上升
　　　　　└─→KT 线圈失电 → 开始延时

延时到──┬─→KT延时常闭触头（17-18）闭合→KM5线圈得电（1-17-18-19）→M3正转─┐→摇臂夹紧→SQ2
　　　　└─→KT延时常开触头（1-17）分断→YA线圈经SQ3仍得电　　　　　　　　└─释放，SQ3压下

SQ3 常闭触头（1-17）分断──┬─→KM5 线圈失电 → M3 停转
　　　　　　　　　　　　　└─→YA 失电，电磁阀 HF 复位

在图 7-14 和 7-15 中有微动开关 SQ1 和 SQ5，当摇臂上升或下降到极限位置时它们被压下，

其常闭触头分断，使 KM2 线圈或 KM3 线圈失电释放，M2 停转不再带动摇臂升降，防止碰坏机床。

图 7-15 是摇臂下降的控制电路，其工作原理与摇臂上升控制电路相仿，只是要按下按钮 SB4，请自行分析。

**3. 主轴箱、立柱的松开和夹紧**（见图 7-13）　这是由松开按钮 SB5 和夹紧按钮 SB6 控制的正反转点动控制电路。现以夹紧机构松开为例，分析电路的工作原理。

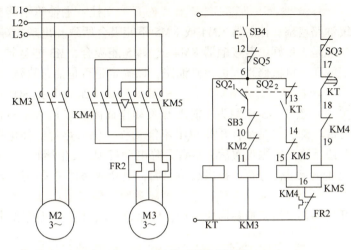

图 7-15　摇臂下降控制电路

在机构处于夹紧状态时，微动开关 SQ4 被压下，夹紧指示灯 HL2 燃亮。

按动 SB5→KM4 线圈得电（1-14-15-16）→M3 反转。由于 SB5 常闭辅助触头分断，使 YA 线圈不能得电。

液压油供给主轴箱、立柱两夹紧机构，使之松开；SQ4 释放，指示灯 HL1 燃亮，而夹紧指示灯 HL2 熄灭。松开 SB5，KM4 线圈失电释放，M3 停转。

**4. 其他电路**

1）机床照明及指示灯电路，由变压器 T 提供 380V/36V，6.3V 电压。

2）冷却泵电动机 M4 由转换开关 SA1 控制单向运转。

3）电路具有短路、过载保护。

## 7.3.4　摇臂钻床的电气控制电路常见故障分析与检修

摇臂钻床电气控制的特殊环节是摇臂升降、立柱和主轴箱的夹紧与松开。Z3040 型摇臂钻床的工作过程是由电气、机械以及液压系统紧密配合实现的。因此，在维修中不仅要注意电气部分能否正常工作，而且也要注意它与机械和液压部分的协调关系。

**1. 摇臂不能升降**　由摇臂升降过程可知，升降电动机 M2 旋转，带动摇臂升降，其条件是使摇臂从立柱上完全松开后，活塞杆压合位置开关 SQ2。所以发生故障时，应首先检查位置开关 SQ2 是否动作，如果 SQ2 不动作，常见故障是 SQ2 的安装位置移动或已损坏。这样，摇臂虽已放松，但活塞杆压不上 SQ2，摇臂就不能升降。有时，液压系统发生故障，使摇臂放松不够，也会压不上 SQ2，使摇臂不能运动。由此可见，SQ2 的位置非常重要，排除故障时，应配合机械、液压调整好后紧固。

另外，电动机 M3 电源相序接反时，按上升按钮 SB4（或下降按钮 SB5），M3 反转，使摇臂夹紧，压不上 SQ2，摇臂也就不能升降。所以，在钻床大修或安装后，一定要检查电源相序。

**2. 摇臂升降后，摇臂夹不紧**　由摇臂夹紧的动作过程可知，夹紧动作的结束是由微动开关 SQ3 来完成的。如果 SQ3 动作过早，则会使 M3 尚未充分夹紧就停转。常见的故障原因是 SQ3 安装位置不合适，或固定螺钉松动造成 SQ3 移位，使 SQ3 在摇臂夹紧动作未完成时就被压上，切断了 KM5 回路，M3 停转。

排除故障时，首先判断是液压系统的故障，还是电气系统故障，对电气方面的故障，应重新调整 SQ3 的动作距离，固定好螺钉即可。

**3. 立柱、主轴箱不能夹紧或松开** 立柱、主轴箱不能夹紧或松开的可能原因是液压系统油路堵塞、接触器 KM4 或 KM5 不能吸合所致。出现故障时，应检查按钮 SB5、SB6 接线情况是否良好。若接触器 KM4 或 KM5 能吸合，M3 能运转，可排除电气方面的故障，则应请液压、机械修理人员检修油路，以确定是否是油路故障。

**4. 摇臂上升或下降限位保护开关失灵** 组合开关 SQ1 的失灵分两种情况：一是组合开关 SQ1 损坏，SQ1 触头不能因开关动作而闭合或接触不良使电路断开，由此使摇臂不能上升或下降；二是组合开关 SQ1 不能动作，触头熔焊，使电路始终处于接通状态，当摇臂上升或下降到极限位置后，摇臂升降电动机 M2 发生堵转，这时应立即松开 SB3 或 SB4。根据上述情况进行分析，找出故障原因，更换或修理失灵的组合开关 SQ1 即可。

**5. 按下 SB6，立柱、主轴箱能夹紧，但释放后就松开** 由于立柱、主轴箱的夹紧和松开机构都采用机械菱形块结构，所以这种故障多为机械原因造成，可找机械维修工检修。

## 7.4 铣床的电气控制电路及常见故障分析

铣床可用来加工平面、斜面、沟槽，装上分度盘可以铣切齿轮和螺旋面，装上圆工作台还可以铣切凸轮和弧形槽，因此铣床在机械行业的机床设备中占有相当大的比重，是一种常用的通用机床。

一般中小型铣床都采用三相笼型异步电动机拖动，并且主轴旋转主运动与工作台进给运动分别由单独的电动机拖动。铣床主轴的主运动为刀具的切削运动，有顺铣和逆铣两种加工方式；工作台的进给运动有水平工作台左右（纵向）、前后（横向）以及上下（垂直）方向运动，此外还有圆工作台的回转运动。

### 7.4.1 铣床的主要结构、运动形式和控制要求

**1. 铣床的主要结构** 图 7-16 是卧式万能铣床外形结构示意图，主要由底座、床身、悬梁、刀杆支架、升降工作台、溜板及工作台等组成。在刀杆支架上安装有与主轴相连的刀杆和铣刀，以进行切削加工，顺铣时为一转动方向，逆铣时为另一转动方向，床身前面有垂直导轨，升降工作台带动工作台沿垂直导轨上下移动，完成垂直方向的进给，升降工作台上的水平工作台还可在左右（纵向）方向以及横向上移动进给。回转工作台可单向转动。进给电动机经机械传动链传动，通过机械离合器在选定的进给方向驱动工作台移动进给，进给运动的传递示意图如图 7-17 所示。

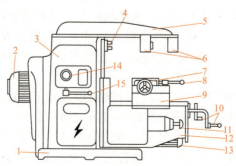

图 7-16　卧式万能铣床外形结构示意图

1—底座　2—主轴电动机　3—床身　4—主轴　5—悬梁　6—刀杆支架　7—工作台
8—工作台左右进给操作手柄　9—溜板　10—工作台前后、上下操作手柄　11—进给变速手柄及变速盘
12—升降工作台　13—进给电动机　14—主轴变速盘　15—主轴变速手柄

此外，溜板可绕垂直轴线方向左右旋转45°，使得工作台还能在倾斜方向进行进给，便于加工螺旋槽。该机床还可安装圆形工作台，以扩展铣削功能。

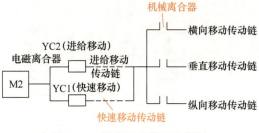

图 7-17　铣床运动传递示意图

**2. 铣床的运动形式**　卧式万能铣床有 3 种运动形式：

1）主运动。铣床的主运动是指主轴带动铣刀的旋转运动。

2）进给运动。铣床的进给运动是指工作台带动工件在上、下、左、右、前和后 6 个方向上的直线运动和圆形工作台的旋转运动。

3）辅助运动。铣床的辅助运动是指工作台在上、下、左、右、前和后 6 个方向上的快速移动。

**3. 铣床的电力拖动特点及控制要求**

1）由于铣床的主运动和进给运动之间没有严格的速度比例关系，因此铣床采用单独拖动的方式，即主轴的旋转和工作台的进给分别由两台笼型异步电动机拖动。其中进给电动机与进给箱均安装在升降台上。

2）为了满足铣削过程中顺铣和逆铣的加工方式，要求主轴电动机能实现正、反旋转，但可以根据铣刀的种类，在加工前预先设置主轴电动机的旋转方向，这样在加工过程中不需改变其旋转方向，故采用倒顺开关实现主轴电动机的正反转。

3）由于铣刀是一种多刃刀具，其铣削过程是断续的，因此为了减小负载波动对加工质量造成的影响，主轴上装有飞轮。由于其转动惯性较大，因而要求主轴电动机能实现制动停车，以提高工作效率。

4）工作台在 6 个方向上的进给运动是由进给电动机分别拖动 3 根进给丝杆来实现的，每根丝杆都应该能正反向旋转，因此要求进给电动机能正反转。为了保证机床、刀具的安全，在铣削加工时，只允许工件同一时刻做某一个方向的进给运动。另外，在用圆工作台进行加工时，要求工作台不能移动。因此，各方向的进给运动之间应有联锁保护。

5）为了缩短调整运动的时间，提高生产效率，工作台应有快速移动控制，这是通过快速电磁铁的吸合而改变传动链的传动比来实现的。

6）为了适应加工的需要，主轴转速和进给转速应有较宽的调节范围，X62W 型卧式万能铣床采用机械变速的方法（即改变变速箱的传动比）来实现，简化了电气调速控制电路。为了保证在变速时齿轮易于啮合，减小齿轮端面的冲击，要求主轴和进给电动机变速时都应具有变速冲动控制。

7）根据工艺要求，主轴旋转与工作台进给应有先后顺序控制的联锁关系，即进给运动要在铣刀旋转之后才能进行。铣刀停止旋转，进给运动就该同时停止或提前停止，否则易造成工件与铣刀相碰事故。

8）为了使操作者能在铣床的正面、侧面方便地进行操作，对主轴电动机的起动、停止以及工作台进给运动的选向和快速移动设置了多地点控制（两地控制）方案。

9）冷却泵电动机用来拖动冷却泵，有时需要对工件、刀具进行冷却润滑，采用主令开关控制其单方向旋转。

### 7.4.2　X62W 型万能升降台铣床电气控制电路

万能铣床的电气控制与机械操纵配合得十分紧密，是典型的机械-电气联合动作的控制。其电气原理图如图 7-18 所示。

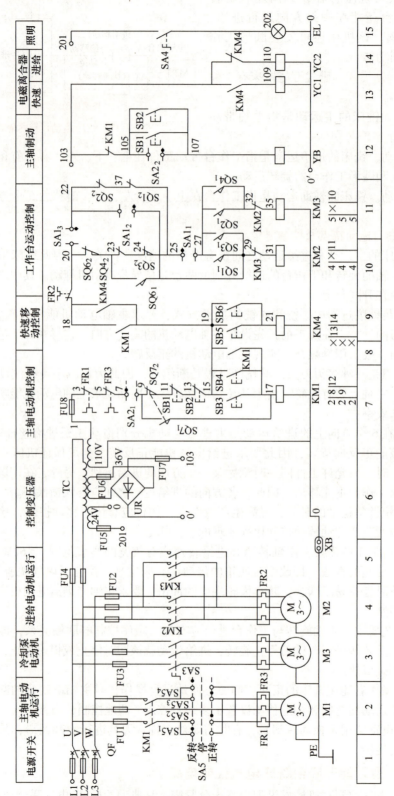

图7-18 X62W型万能升降台铣床电气控制电路

**1. 电动机的配置情况及其控制**　主电路共有 3 台电动机，M1 为主轴电动机，M2 为工作台进给电动机，M3 为冷却泵电动机。

主轴电动机 M1 由接触器 KM1 控制其起动和停止。铣床的加工方式（逆铣或顺铣）在开始工作前即已选定，在加工过程中是不改变的，因此 M1 的正反转的转向由转换开关 SA5 预先确定。转换开关 SA5 有"正转""停止""反转"3 个位置，各触头工作状态见表 7-1。

表 7-1　转换开关 SA5 触头工作状态

| 触头 | 所地图区 | 操作手柄位置 | | |
|---|---|---|---|---|
| | | 正转 | 停止 | 反转 |
| $SA5_1$ | 2 | – | – | + |
| $SA5_2$ | 2 | + | – | – |
| $SA5_3$ | 2 | + | – | – |
| $SA5_4$ | 2 | – | – | + |

进给电动机 M2 在工作过程中频繁变换转动方向，因此采用接触器 KM2、KM3 组成正反转控制电路。

冷却泵电动机 M3 根据加工需要提供冷却液，采用转换开关 SA3 直接接通或断开电动机电源。

热继电器 FR1、FR2、FR3 分别作 M1、M2、M3 的长期过载保护。熔断器 FU1、FU2、FU3 分别作 M1、M2、M3 的短路保护。

**2. 主轴电动机 M1 的控制**　主轴电动机 M1 的控制电路如图 7-19 所示。图中有转换开关 SA2 和行程开关 SQ7。

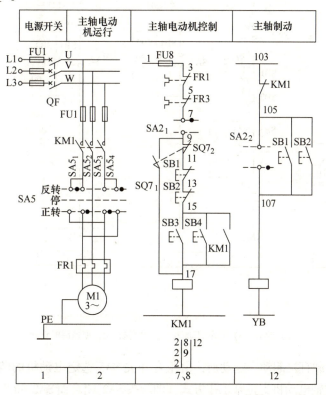

图 7-19　主轴电动机 M1 的控制电路

转换开关 SA2 为主轴上刀制动开关,其触头工作状态见表 7-2;行程开关 SQ7 为主轴变速瞬时点动开关,其触头工作状态见表 7-3。

(1)主轴电动机 M1 的起动与停车制动:由表 7-2、表 7-3 可知,主轴电动机 M1 正常运转时,主轴上刀制动开关 SA2 的触头 $SA2_1$ 闭合而 $SA2_2$ 断开,主轴变速瞬动点动行程开关 SQ7 的常闭触头 $SQ7_2$ 闭合而 $SQ7_1$ 断开,因此可得 M1 的起动电路如图 7-20a 所示,停车制动电路如图 7-20b 所示。

表 7-2 主轴上刀制动开关 SA2 触头工作状态

| 触头 | 接线端标号 | 所在图区 | 操作手柄位置 | |
|---|---|---|---|---|
| | | | 主轴正常工作 | 主轴上刀制动 |
| $SA2_1$ | 7~9 | 7 | + | - |
| $SA2_2$ | 105~107 | 12 | - | + |

表 7-3 主轴变速瞬时点动行程开关 SQ7 触头工作状态

| 触头 | 接线端标号 | 所在图区 | 操作手柄位置 | |
|---|---|---|---|---|
| | | | 主轴正常工作 | 主轴上刀制动 |
| $SQ7_1$ | 9~17 | 7 | - | + |
| $SQ7_2$ | 9~11 | 7 | + | - |

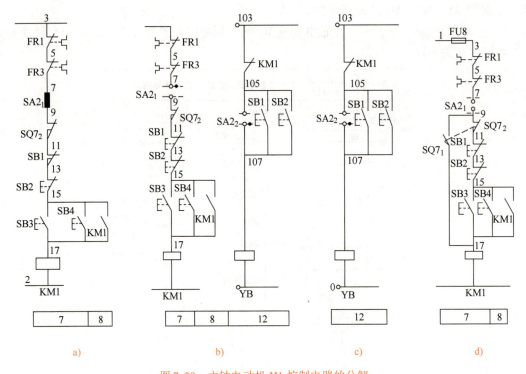

图 7-20 主轴电动机 M1 控制电路的分解

a)起动 b)停车制动 c)换刀制动 d)变速瞬时点动

主轴电动机空载直接起动,起动前,由组合开关 SA5 选定电动机的转向;控制电路中选择开关 SA2 选定主轴电动机为正常工作方式,即触头 $SA2_1$ 闭合而 $SA2_2$ 断开,在非变速状态下,

SQ7 不受压，即 SQ7$_1$ 断开而 SQ7$_2$ 闭合。然后按下起动按钮 SB3 或 SB4，使接触器 KM1 得电吸合并自锁，其主触头闭合，主轴电动机按给定方向起动旋转，KM1 的辅助常闭触头 KM1 (103-105) 断开，确保 YB 不能得电，其常开触头 KM1 (18-19) 闭合，接通快速移动控制电路电源。按下停止按钮 SB1 或 SB2，主轴电动机停转。SB3 与 SB4、SB1 与 SB2 分别位于两个操作板上（一个在工作台上，一个在床身），从而实现主轴电动机的两地操作控制。

为使主轴能迅速停车，控制电路采用电磁制动器 YB 进行主轴的停车制动。按下停车按钮 SB1 或 SB2，其常闭触头 SB1 (11-13) 或 SB2 (13-15) 断开，使接触器 KM1 失电释放，电动机 M1 定子绕组脱离电源，同时其常开触头 SB1 (105-107) 或 SB2 (105-107) 闭合，接通电磁制动器 YB 的线圈电路，对主轴实施停车制动。

这里需要指出的是，停止按钮 SB1 或 SB2 要按到底，否则电磁制动器 YB 不能得电，主轴电动机 M1 只能实现自然停车。

（2）主轴电动机 M1 换刀制动：由表 7-2 可知，主轴上刀制动时，SA2 的 SA2$_2$ 闭合而 SA2$_1$ 断开。M1 换刀制动电路如图 7-20c 所示。

当进行换刀和上刀操作时，为了上刀方便并防止主轴意外转动造成事故，主轴也需处在失电停车和制动的状态下。此时工作状态选择开关 SA2 由正常工作状态位置扳到上刀制动状态位置，即触头 SA2$_1$ 断开，切断接触器 KM1 线圈电路，使主轴电动机不能起动，触头 SA2$_2$ 闭合，接通电磁制动器 YB 的线圈电路，使主轴处于制动状态不能转动，保证上刀换刀工作的顺利进行。

当换刀结束后，将工作状态选择开关 SA2 由上刀制动状态扳回到正常工作位置，这时触头 SA2$_1$ 闭合，触头 SA2$_2$ 断开，为起动主轴电动机 M1 做准备。

（3）主轴变速冲动的控制：所谓主轴变速冲动是指为了便于齿轮间的啮合，在主轴变速时主轴电动机的轻微转动。其控制电路如图 7-19 和图 7-20d 所示。

变速时，变速手柄被拉出，然后转动变速手轮选择转速，转速选定后将变速手柄复位。由于变速是通过机械变速机构实现的，变速手轮选定应进入啮合的齿轮后，齿轮啮合到位即可输出选定转速。但是当齿轮没有进入正常啮合状态时，则需要主轴有瞬时点动的功能，以调整齿轮位置，使齿轮进入正常啮合。主轴变速冲动是利用变速操纵手柄与冲动开关 SQ7 通过机械上的联动机构进行点动控制的。主轴变速冲动既可以在停车时变速，也可以在主轴电动机 M1 运行时进行变速，只不过在变速完成后，需要重新起动电动机。

具体操作过程为：首先将主轴变速手柄向下压并向外拉出，通过机械联动机构，压动冲动开关 SQ7，其常开触头 SQ7$_1$ 闭合，使接触器 KM1 得电吸合，主轴电动机 M1 转动；SQ7 的常闭触头 SQ7$_2$ 断开，切断 KM1 的自锁，使电路随时可被切断。变速手柄复位后，松开冲动开关 SQ7，其常开触头 SQ7$_1$ 断开，使 KM1 失电，电动机停转，完成一次瞬时点动。

当主轴电动机 M1 转动时，可以不按停止按钮 SB1 或 SB2 直接进行变速操作。由于变速手柄向前拉时，压合行程开关 SQ7，SQ7$_2$ 首先断开，使接触器 KM1 失电释放，并切除 KM1 的自锁，然后 SQ7$_1$ 闭合，接触器 KM1 得电吸合，主轴电动机 M1 瞬时点动。当变速手柄拉到前面后，行程开关 SQ7 复位，M1 失电释放，主轴变速冲动结束。然后应重新按起动按钮 SB3 或 SB4，使 KM1 得电吸合并自锁，电动机 M1 继续转动。

主轴在变速操作时，手柄复位要求迅速、连续，以较快速度将手柄推入啮合位置。由于 SQ7 的瞬动是靠手柄上凸轮的一次接触达到的，如果推入动作缓慢，凸轮与 SQ7 接触时间延长，便会使主轴电动机转速过高，从而使齿轮啮合不上，甚至损坏齿轮。一次瞬时点动不能实现齿轮良好的啮合时，应立即拉出复位手柄，重新进行复位瞬时点动的操作，直至完全复位，齿轮啮合工作正常。

**3. 工作台进给电动机 M2 的控制**　根据联锁要求，工作台的进给运动需在主轴电动机 M1 起动之后才可进行。当接触器 KM1 得电吸合后，其辅助常开触头（18-19）闭合，工作台进给控制电路接通。工作台的上、下、左、右、前和后 6 个方向的进给运动均由进给电动机 M2 的正反转拖动实现，M2 的正反转由正、反转接触器 KM2 和 KM3 控制，而正、反转接触器则是由两个操作机构控制，其中一个为纵向机械操作手柄，另一个为十字形（垂直与横向）机械操作手柄。在操纵机械手柄的同时，完成机械挂挡（分别接通三根丝杆）和压下相应的行程开关 SQ1～SQ4，从而接通正、反转接触器 KM2 或 KM3，起动进给电动机 M2 拖动工作台按预定方向运动。这两个机械操纵手柄各有两套，分别安装在工作台的前面和侧面，实现两地控制。

工作台进给电动机 M2 的控制电路如图 7-21 所示。图中有转换开关 SA1 以及行程开关 SQ1～SQ4 和 SQ6。

转换开关 SA1 为工作台状态选择开关，其触头工作状态见表 7-4。根据表 7-4 可得矩形工作台控制电路和圆工作台控制电路，如图 7-22 所示。

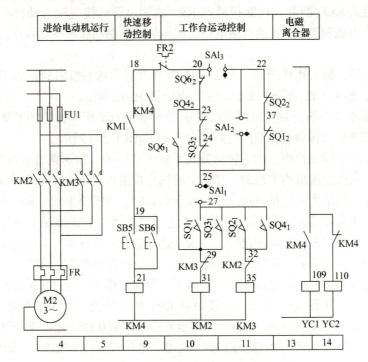

图 7-21　工作台进给电动机 M2 控制电路

表 7-4　工作台状态选择开关 SA1 触头工作状态

| 触头 | 接线端标号 | 所在图区 | 操作手柄位置 | |
|---|---|---|---|---|
| | | | 接通圆工作台工作 | 断开圆工作台 |
| SA1$_1$ | 25－27 | 10 | － | + |
| SA1$_2$ | 22－29 | 11 | + | － |
| SA1$_3$ | 20－22 | 11 | － | + |

SQ1 为工作台向右进给行程开关，SQ2 为工作台向左进给行程开关。矩形工作台纵向进给运动由操作手柄与行程开关 SQ1、SQ2 组合控制。纵向操作手柄有左右两个工作位和一个中间不工作位。手柄扳到工作位时（左或右），带动机械离合器，接通纵向进给运动的机械传动链，同时压动行程开关 SQ1 或 SQ2，其常开触头 SQ1₁（27-29）或 SQ2₁（27-32）闭合，使接触器 KM2 或 KM3 得电吸合，其主触头闭合，进给电动机正转或反转，驱动工作台向左或向右移动进给，行程开关的常闭触头 SQ1₂（37-25）、SQ2₂（22-37）在运动联锁控制电路部分具有联锁控制功能。纵向操作手柄各位置对应的行程开关 SQ1、SQ2 的工作状态见表7-5。

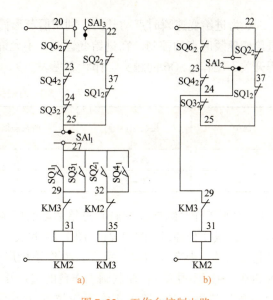

图 7-22　工作台控制电路

a) 矩形工作台控制电路　b) 圆工作台控制电路

表 7-5　工作台纵向操作手柄与离合器、纵向进给行程开关 SQ1、SQ2 工作状态

| 触头 | 左右（纵向）手柄操作位 | | |
|---|---|---|---|
| | 右 | 中（停止） | 左 |
| 纵向离合器 YC1 | 挂上 | 脱开 | 挂上 |
| $SQ1_1$ | + | − | − |
| $SQ1_2$ | − | + | + |
| $SQ2_1$ | − | − | + |
| $SQ2_2$ | + | + | − |

SQ3 为工作台向前、向下进给行程开关，SQ4 为工作台向后、向上进给行程开关。工作台的横向和垂直进给运动由一个十字复式操作手柄控制。该手柄共有 5 个位置，即上、下、前、后和中间零位，在扳动十字复式操作手柄时，其联动机构通过机械离合器，可使横向或垂直传动丝杆接通，同时压下行程开关 SQ3 或 SQ4。当操作手柄置于中间零位时，进给离合器处于脱开状态，SQ3 和 SQ4 都为原始状态，工作台不动作。各工作位置对应的行程开关 SQ3、SQ4 的工作状态见表7-6。

表 7-6　工作台横向和垂直操作手柄与离合器、进给行程开关 SQ3、SQ4 的工作状态

| 离合器和限位开关 | 垂直和横向操纵手柄 | | | | |
|---|---|---|---|---|---|
| | 向上 | 向下 | 中间（停止） | 向后 | 向前 |
| 垂直离合器 | 脱开 | 挂上 | 脱开 | 脱开 | 挂上 |
| 横向离合器 | 挂上 | 脱开 | 脱开 | 挂上 | 脱开 |
| $SQ3_1$ | + | + | − | − | − |
| $SQ3_2$ | − | − | + | + | + |
| $SQ4_1$ | − | − | − | + | + |
| $SQ4_2$ | + | + | + | − | − |

SQ6 为进给变速瞬时点动开关，利用蘑菇形操作手柄，通过机械上的联动压动 SQ6，实现进给变速瞬时点动控制。在进给变速时，不允许工作台做任何方向的运动，保证此时 4 个行程开关不动作。SQ6 的触头工作状态见表 7-7。

表 7-7　SQ6 的触头工作状态

| 触头 | 接线端标号 | 所在图区 | 开关位置 | |
|---|---|---|---|---|
| | | | 正常工作 | 瞬时点动 |
| SQ6$_1$ | 23 ~ 29 | 10 | − | + |
| SQ6$_2$ | 20 ~ 23 | 10 | + | − |

1）水平工作台纵向（左右）进给运动的控制。由水平工作台纵向操作手柄和行程开关组合控制。其工作原理如图 7-21、图 7-23 和表 7-5 所示。

起动条件：十字（横向、垂直）操作手柄居中（行程开关 SQ3、SQ4 不受压）；控制圆工作台的选择开关 SA2 置于"断开"位置，SQ6 置于正常工作位置（不受压），主轴电动机 M1 已起动，即接触器 KM1 得电吸合并自锁，其辅助常开触头（18-19）闭合，接通控制电路电源。

当纵向操纵手柄扳向"右"位置时，其联动机械通过机械离合器，使纵向传动丝杆接通，同时压下行程开关 SQ1，其常开触头 SQ1$_1$ 闭合，使接触器 KM2 得电吸合，其通路为 SQ6$_2$→SQ4$_2$→SQ3$_2$→SA1$_1$→SQ1$_1$→KM3（29-31）→KM2 线圈，进给电动机 M2 正向起动旋转，拖动工作台向右移动，KM2 的辅助常闭触头（32-35）断开，确保 KM3 不能得电。SQ1$_2$ 断开，切开横向和垂直进给运动联锁电路。

同理，当操作手柄扳向"左"位置时，其联动机构仍然通过机械离合器接通纵向传动丝杆，并压下行程开关 SQ2，其常开触头 SQ2$_1$ 闭合，使接触器 KM3 得电吸合，其

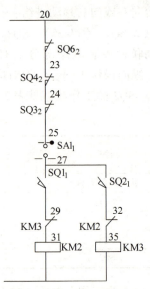

图 7-23　水平工作台纵向<br>进给控制电路

通路为 SQ6$_2$→SQ4$_2$→SQ3$_2$→SA1$_1$→SQ2$_1$→KM2（32-35）→KM3 线圈，进给电动机反向起动旋转，拖动工作台向左进给，KM3 的辅助常闭触头（29-31）断开，确保 KM2 不能得电，SQ2 的常闭触头 SQ2$_2$ 断开，切开横向和垂直进给运动的联锁电路。

手柄扳到中间位置时，纵向进给机械离合器脱开，行程开关 SQ1 与 SQ2 不受压复位，接触器 KM2、KM3 均处于失电状态，因此进给电动机不转动，工作台停止移动。工作台的两端安装有限位撞块，当工作台运行到达终点位置时，撞块撞击手柄，使其回到中间位置，实现工作台的终点停车。

工作台纵向进给过程的电器动作顺序表示如下：

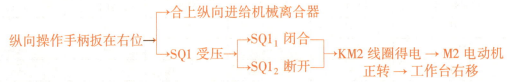

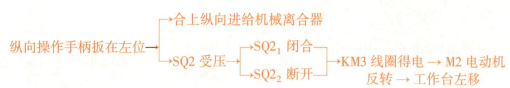

2）水平工作台横向和垂直进给运动控制。水平工作台横向和垂直进给运动的选择和联锁通过十字复式操作手柄和行程开关 SQ3、SQ4 组合控制，其工作原理如图 7-21、图 7-24 和表 7-6 所示。十字复式操作手柄有上、下、前、后 4 个工作位置和 1 个中间不工作位置。扳动手柄到选定运动方向的工作位，即可接通该运动方向的机械传动链，同时压动行程开关 SQ3 或 SQ4，行程开关的常开触头闭合使控制进给电动机转动的接触器 KM2 或 KM3 得电吸合，电动机 M2 转动，工作台在相应的方向上移动。行程开关的常闭触头如纵向行程开关一样，在联锁电路中，构成运动的联锁控制。

起动条件：纵向（左右）操作手柄居中（SQ1、SQ2 不受压），控制圆工作台的选择开关 SA2 置于"断开"位置；SQ6 置于正常工作位置（不受压），主电动机 M1 已起动（接触器 KM1 得电吸合）。

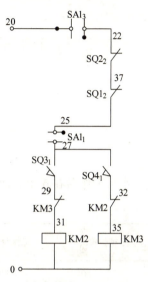

图 7-24　水平工作台垂直和横向进给控制电路

工作台向上和向后的进给运动控制。工作台向上和向后运动的电气控制电路相同，仅是机械离合器接通的传动丝杆不同。将十字复式操作手柄扳向"上"（或"后"）位置时，联动机构通过机械离合器，使垂直（或横向）传动丝杆接通，同时压下行程开关 SQ4，其常开触头 SQ4$_1$ 闭合，使 KM3 得电吸合，其通路为 SA1$_3$→SQ2$_2$→SQ1$_2$→SA1$_1$→SQ4$_1$→KM2（32-35）→KM3 线圈，进给电动机 M2 反向起动旋转，工作台在向上（或向后）的方向上进给运动，KM3 的辅助常闭触头（29-31）断开，确保 KM2 不能得电。SQ4 的常闭触头 SQ4$_2$（23-24）断开，切断纵向进给联锁电路。

工作台向下和向前的进给运动控制。工作台向下和向前进给运动与工作台向上和向后进给运动的电气控制电路相同，仅是机械离合器接通的传动丝杆不同。将十字复式操作手柄扳向"下"（或"前"）位置时，联动机构通过机械离合器，使垂直（或横向）传动丝杆接通，同时压下行程开关 SQ3，其常闭触头 SQ3$_2$ 断开，常开触头 SQ3$_1$ 闭合，使接触器 KM2 得电吸合，进给电动机 M2 正向起动旋转，工作台在向下（或向前）的方向上进给运动。

十字复式操作手柄扳在中间位置时，横向与垂直方向的机械离合器脱开，行程开关 SQ3 与 SQ4 均不受压，因此进给电动机停转，工作台停止移动。工作台的上、下、前、后 4 个方向的进给运动都有终端限位保护，当工作台运动到极限位置时，通过固定在床身上的挡铁撞击十字复式操作手柄，使其回到中间位置，切断电路，使工作台在进给终点停车，工作台停止原来的进给运动。

工作台横向与垂直方向进给过程的电器动作顺序表示如下：

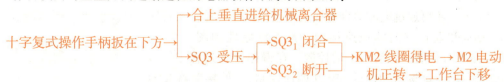

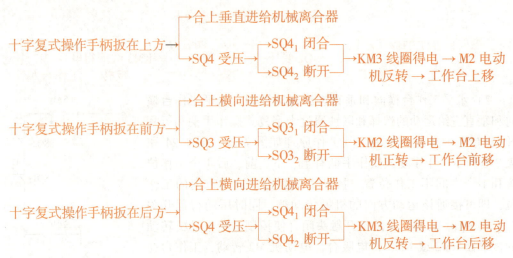

十字复式操作手柄扳在上方 → 合上垂直进给机械离合器

SQ4 受压 → SQ4₁ 闭合 / SQ4₂ 断开 → KM3 线圈得电 → M2 电动机反转 → 工作台上移

十字复式操作手柄扳在前方 → 合上横向进给机械离合器

SQ3 受压 → SQ3₁ 闭合 / SQ3₂ 断开 → KM2 线圈得电 → M2 电动机正转 → 工作台前移

十字复式操作手柄扳在后方 → 合上横向进给机械离合器

SQ4 受压 → SQ4₁ 闭合 / SQ4₂ 断开 → KM3 线圈得电 → M2 电动机反转 → 工作台后移

水平工作台在 6 个方向上的进给动作见表 7-8。

表 7-8　工作台运动及操纵手柄位置表

| 手柄位置 | | 工作台运动方向 | 离合器接通的丝杆 | 行程开关 | 动作的接触器 | 运转的电动机 | 工作台运行方向 |
|---|---|---|---|---|---|---|---|
| 纵向手柄 | 左 | 向左进给 | 纵向 | SQ2 | KM3 | 反 | 左 |
| | 右 | 向右进给 | 纵向 | SQ1 | KM2 | 正 | 右 |
| | 中 | 停止 | — | — | — | — | — |
| 十字复式操作手柄 | 向上 | 向上进给（或快速向上） | 垂直丝杆 | SQ4 | KM3 | 反 | 上 |
| | 向下 | 向下进给（或快速向下） | 垂直丝杆 | SQ3 | KM2 | 正 | 下 |
| | 向前 | 向前进给（或快速向前） | 横向丝杆 | SQ3 | KM2 | 正 | 前 |
| | 向后 | 向后进给（或快速向后） | 横向丝杆 | SQ4 | KM3 | 反 | 后 |
| | 中间 | 垂直（或横向进给停止） | — | — | — | — | — |

3）水平工作台进给运动的联锁控制。由于操作手柄在工作时只存在一种运动选择，因此，只要铣床直线进给运动之间的联锁满足两个操作手柄之间的联锁即可实现。联锁控制电路由两条电路并联组成，纵向操作手柄控制的行程开关 SQ1、SQ2 的常闭触头 SQ1₂ 或 SQ2₂ 串联在一条支路上，十字复式操作手柄控制的行程开关 SQ3、SQ4 常闭触头 SQ3₂、SQ4₂ 串联在另一条支路上。扳动任一操作手柄，只能切断其中一条支路，另一条支路仍能正常得电，使接触器 KM2 或 KM3 不失电；若同时扳动两个操作手柄，则两条支路均被切断，接触器 KM2 或 KM3 都失电，工作台立即停止移动，从而防止机床设备事故。

4）水平工作台快速移动的控制。铣床工作台除能实现进给运动外，还可通过电磁离合器接通快速机械传动链，实现纵向、横向和垂直方向的快速移动。其工作原理如图 7-21、图 7-25 所示。快速移动为手动控制，在慢速移动过程中，按下快速移动点动按钮 SB5 或 SB6（两地控制），使接触器 KM4

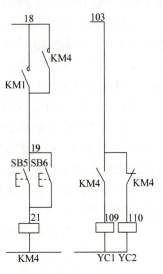

图 7-25　工作台快速移动控制电路

得电吸合，其常闭触头（103-110）断开，使正常进给电磁离合器 YC2 线圈失电，其常开触头（103-109）闭合，使快速进给电磁离合器 YC1 得电，接通快速传动链，水平工作台便在原来的移动方向上快速移动。当松开快速移动点动按钮 SB5 或 SB6 时，接触器 KM4 失电释放，恢复水平工作台的工作进给。

工作台快速进给也可以在主轴电动机 M1 停转的情况下进行，这时需要先将主轴转换开关 SA5 扳在"停止"位置上，然后按下主轴电动机 M1 起动按钮 SB3 或 SB4，使接触器 KM1 得电吸合并自锁（主轴电动机不转），然后再扳动相应进给方向上的操作手柄，进给电动机 M2 起动旋转，最后按下快速移动点动按钮 SB5 或 SB6，工作台便可在主轴电动机不转的情况下快速移动。

5）水平工作台变速时的瞬时冲动控制。进给变速冲动与主轴变速冲动一样，是为了便于变速时齿轮的啮合，电气控制上设有进给变速冲动电路。进给变速冲动由进给变速手柄配合行程开关 SQ6 来实现。但进给变速时不允许工作台做任何方向的运动。

变速时，先将变速手柄拉出，使齿轮脱离啮合，转动变速盘至所选择的进给速度档，然后用力将变速手柄向外拉到极限位置，再将变速手柄复位。变速手柄在复位过程中压动瞬时点动行程开关 SQ6，使其常开触头 $SQ6_1$ 闭合，致使接触器 KM2 短时得电吸合，进给电动机 M2 短时转动；SQ6 的常闭触头 $SQ6_2$ 断开，切断 KM2 的自锁。由于冲动开关 SQ6 短时受压，因此进给电动机 M2 只是瞬时转动一下，从而拖动进给变速机构瞬动，变速冲动过程到此结束。其工作原理如图 7-21 和图 7-26 所示。

6）圆工作台进给运动的控制。为了扩大机床加工能力，可在矩形工作台上安装圆工作台。

起动条件：圆工作台选择开关置于"接通"位置，纵向（左右）和十字复式（横向、垂直）操作手柄置于中间零位（行程开关 SQ1 ~ SQ4 均未受压，处于原始状态）；SQ6 置于正常工作位置。

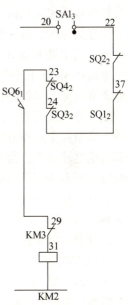

图 7-26　进给变速瞬时点动控制电路

圆工作台只做单方向运转。按下起动按钮 SB3 或 SB4，接触器 KM1 得电吸合并自锁，主轴电动机 M1 起动旋转，KM1 的辅助常开触头（18-19）闭合，接通控制电路电源，并使 KM2 得电吸合，其通路为 $SQ6_2 \rightarrow SQ4_2 \rightarrow SQ3_2 \rightarrow SQ1_2 \rightarrow SQ2_2 \rightarrow SA1_2 \rightarrow KM3$（29-31）$\rightarrow KM2$ 线圈，KM2 主触头闭合，使进给电动机 M2 正转，并经传动机构带动圆工作台作单向回转运动。由于接触器 KM3 无法得电，因此圆工作台不能实现正反向回转。

若要圆工作台停止工作，则只需按下主轴停止按钮 SB1 或 SB2，此时接触器 KM1、KM2 相继失电释放，电动机 M2 停转，圆工作台停止回转。

7）圆工作台和矩形工作台6个进给运动间的联锁。圆工作台工作时，不允许机床工作台在纵横、垂直方向上有任何移动。工作台转换开关 SA1 扳到"接通圆工作台"位置时，$SA1_1$、$SA1_3$ 切断了机床工作台的进给控制回路，使机床工作台不能在纵横、垂直方向上做进给运动。圆工作台的控制电路中还串联了 $SQ1_2$、$SQ2_2$、$SQ3_2$、$SQ4_2$ 常闭触头，因此扳动工作台任一方向进给手柄，都将使圆工作台停止转动，实现了圆工作台和机床工作台纵向、横向及垂直方向运动的联锁控制。

**4. 冷却泵电动机的控制和照明电路**　由转换开关 SA3 控制冷却泵电动机 M3 的起动和停止。

机床的局部照明由变压器 T2 输出 36V 安全电压，照明灯 EL 由开关 SA4 控制。

### 7.4.3 铣床的电气电路常见故障分析与检修

**1. 主轴电动机 M1 不能起动** 和前面有关的机床故障分析类似，首先检查各开关是否处于正常工作位置。然后检查三相电源、熔断器、热继电器的常闭触头、两地起停按钮以及接触器 KM1 的情况，看有无电器损坏、接线脱落、接触不良、线圈断路等现象。另外，还应检查主轴变速冲动开关 SQ7，由于开关位置移动甚至撞坏或常闭触头 $SQ7_2$ 接触不良而引起电路的故障也不少见。

**2. 工作台各个方向都不能进给** 铣床工作台的进给运动是通过进给电动机 M2 的正反转配合机械传动来实现的。若各个方向都不能进给，多是因为进给电动机 M2 不能起动所引起的。检修故障时，首先检查圆工作台的控制开关 SA1 是否在"断开"位置。若没问题，接着检查控制主轴电动机的接触器 KM1 是否已吸合动作。因为只有接触器 KM1 吸合后，控制进给电动机 M2 的接触器 KM2、KM3 才能得电。如果接触器 KM1 不能得电，则表明控制回路电源有故障，可检测控制变压器 TC 一次侧、二次侧绕组和电源电压是否正常，熔断器是否熔断。待电压正常，接触器 KM1 吸合，主轴旋转后，若各个方向仍无进给运动，可扳动进给手柄至各个运动方向，观察其相关的接触器是否吸合，若吸合，则表明故障发生在主回路和进给电动机上。常见的故障有接触器主触头接触不良、主触头脱落、机械卡死、电动机接线脱落和电动机绕组断路等。除此以外，由于经常扳动操作手柄，开关受到冲击，使位置开关 SQ1、SQ2、SQ3、SQ4 的位置发生变动或被撞坏，使电路处于断开状态。变速冲动开关 $SQ6_2$ 在复位时不能闭合接通，或接触不良，也会使工作台没有进给。

**3. 工作台能向左、右进给，不能向前、后、上、下进给** 铣床控制工作台各个方向的开关是互相联锁的，使之只有一个方向的运动。因此这种故障的原因可能是控制左右进给的位置开关 SQ1 或 SQ2 由于经常被压合而螺钉松动、开关移位、触头接触不良、开关机构卡住等，使电路断开或开关不能复位闭合，电路 22-37 或 25-37 断开。这样当操作工作台向前、后、上、下运动时，位置开关 $SQ4_2$ 或 $SQ3_2$ 也被压开，切断了进给接触器 KM2、KM3 的通路，造成工作台只能左、右运动，而不能前、后、上、下运动。

检修故障时，用万用表欧姆档测量 $SQ2_2$ 或 $SQ1_2$ 的接触导通情况，查找故障部位，修理或更换元件，就可排除故障。注意在测量 $SQ2_2$ 或 $SQ1_2$ 的接通情况时，应操纵前后上下进给手柄，使 $SQ3_2$ 或 $SQ4_2$ 断开，否则通过 19-18-20-23-24-25-37-22 的导通，会误认为 $SQ2_2$ 或 $SQ1_2$ 接触良好。

**4. 工作台能向前、后、上、下进给，不能向左、右进给** 出现这种故障的原因及排除方法可参照上例说明进行分析，不过故障元件可能是位置开关的常闭触头 $SQ3_2$ 或 $SQ4_2$。

**5. 工作台不能快速移动，主轴制动失灵** 这种故障往往是电磁离合器工作不正常所致。首先应检查接线有无松脱，整流变压器 TC、熔断器 FU6 及 FU7 的工作是否正常，整流器中的 4 个整流二极管是否损坏。若有二极管损坏，将导致输出直流电压偏低，吸力不够。其次，电磁离合器线圈是用环氧树脂粘合在电磁离合器的套筒内，散热条件差，易发热而烧毁。另外，由于离合器的动摩擦片和静摩擦片经常摩擦，因此它们是易损件，检修时也不可忽视这些问题。

**6. 变速时不能冲动控制** 这种故障多数是由于冲动位置开关 SQ7 或 SQ6 经常受到频繁冲击，使开关位置改变（压不上开关），甚至开关底座被撞坏或接触不良，使电路断开，从而造成主轴电动机 M1 或进给电动机 M2 不能瞬时点动。出现这种故障时，修理或更换开关，并调整好开关的动作距离，即可恢复冲动控制。

## 7.5 ※ 镗床的电气控制电路及常见故障分析

镗床是一种精密加工设备，主要用于加工精度要求高的孔或者孔与孔间距要求精确的工件，可以进行钻孔、扩孔、铰孔和镗孔，并能进行铣削端平面和车削螺纹等加工，因此，镗床的加工范围非常广泛。

### 7.5.1 镗床的主要结构、运动形式和控制要求

**1. 卧式镗床的主要结构**　图7-27为卧式镗床外形结构示意图，主要由床身、前立柱、镗头架、后立柱、尾座、下溜板、上溜板和工作台等部分组成。

镗床的床身是一个整体的铸件，在它的一端固定有前立柱，在前立柱的垂直导轨上装有镗头架，镗头架可沿垂直导轨上下移动。镗头架里集中装有主轴、变速器、进给箱和操纵机构等部件。切削刀具一般安装在镗轴前端的锥形孔里，或装在花盘的刀具溜板上。在切削过程中，镗轴一面旋转，一面沿轴向做进给运动，而花盘只能旋转，装在它上面的刀具溜板可作垂直于主轴轴线方向的径向进给运动。镗轴和花盘轴分别通过各自的传动链传动，因此可以独立运动。

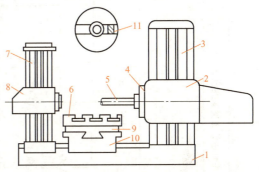

图7-27　卧式镗床外形结构示意图

1—床身　2—镗头架　3—前立柱　4—花盘　5—镗轴
6—工作台　7—后立柱　8—尾座　9—上溜板
10—下溜板　11—刀具溜板

在床身的另一端装有后立柱，后立柱可沿床身导轨在镗轴轴线方向调整位置。在后立柱导轨装有尾座，用来支撑镗杆的末端，尾座与镗头架同时升降，保证两者的轴心在同一水平线上。

安装工件的工作台安置在床身中部的导轨上，可以借助上、下溜板做横向和纵向水平移动，工作台相对于上溜板可做回转运动。

**2. 主要运动形式**

1）主运动。镗轴和花盘的旋转运动。

2）进给运动。镗轴的轴向进给、花盘上刀具的径向进给、镗头架的垂直进给，工作台的横向和纵向进给。

3）辅助运动。工作台的回转、后立柱的轴向水平移动、尾座的垂直移动及各部分的快速移动。

**3. 控制要求**

1）卧式镗床的主运动与进给运动由一台电动机拖动。主轴拖动要求恒功率调速，且要求正反转，一般采用单速或多速三相笼型异步电动机拖动。

2）为了满足加工过程调整工作的需要，主轴电动机应能实现正反转点动的控制。

3）主轴及进给变速可在起动前进行预选，也可在工作进程进行变速。为了便于齿轮之间的啮合，应有变速冲动。

4）为缩短辅助时间，机床各运动部件应能实现快速移动，并由单独的快速移动电动机拖动。

5）为了迅速、准确地停车，要求主轴电动机具有制动过程。

6）镗床运动部件较多，应设置必要的联锁及保护环节。

### 7.5.2 T68型卧式镗床电气控制电路

T68型卧式镗床电气控制电路如图7-28所示。

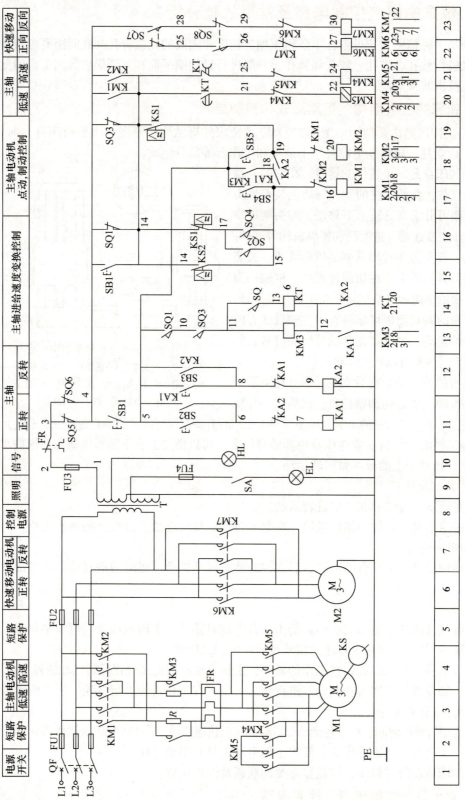

图7-28　T68型卧式镗床电气控制电路

　　T68 型卧式镗床由两台电动机拖动，分别是主轴电动机 M1 和快速移动电动机 M2。主轴电动机用来驱动镗轴和花盘的旋转，并通过变速箱的传动，产生镗轴、花盘、工作台及镗头架的进给运动。为了迅速调整尾座或工作台的相对位置，各个方向的快速移动采用快速移动电动机 M2 来拖动。

　　1. **电动机配置情况及其控制**　　主轴电动机 M1 拖动机床的主运动和进给运动，快速移动电动机 M2 实现主轴箱与工作台的快速移动。主轴电动机 M1 为双速电动机，由 5 个接触器控制，其中 KM1 和 KM2 控制 M1 的正反转；KM3 在主轴电动机 M1 正常运行时短接电阻 $R$；KM4、KM5（双线圈接触器）控制 M1 的高、低速运行。$R$ 为反接制动电阻，熔断器 FU1 和热继电器 FR 分别为 M1 的短路和长期过载保护。与主轴电动机 M1 主轴相连接的速度继电器 KS 用于 M1 的反接制动控制。

　　快速移动电动机 M2 由 KM6、KM7 控制其正反转，用熔断器 FU2 做其短路保护。由于 M2 是短时工作，因此未设过载保护。

　　2. **主轴电动机 M1 的控制**　　主轴电动机 M1 的控制电路如图 7-29 所示，图中有行程开关 SQ、SQ1～SQ6 和速度继电器 KS 的触头 KS1（14-17）、KS2（14-15）。SQ 为主轴电动机 M1 的速度选择开关，SQ1 为主轴变速时自动停车与起动开关，SQ4 为进给变速齿轮啮合冲动开关，SQ5、SQ6 为主轴自动进刀与工作台自动进给间的互锁开关。这些行程开关由各相应操作手柄联动压合与松开。因此，在控制过程中行程开关 SQ、SQ1～SQ6 触头工作状态的变化，就成为分析该电路的第一个关键点，而各操作手柄如何通过联动机构压合与松开相应行

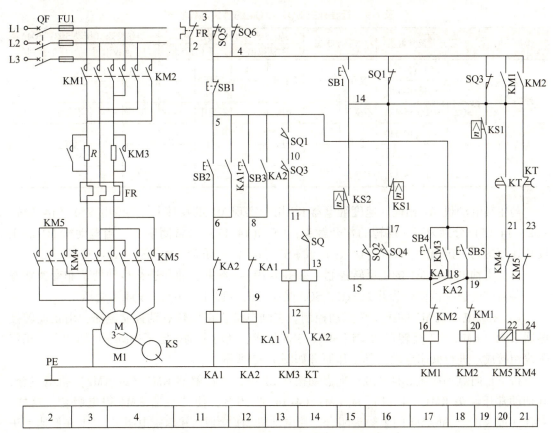

图 7-29　主轴电动机 M1 的控制电路

程开关，就成为分析该电路的第二个关键点。

主轴速度选择开关 SQ 由主轴速度选择手柄联动压合与松开。当将速度选择手柄置于"低速"档时，与速度选择手柄有关联的行程开关 SQ 不受压，其触头 SQ（11-13）断开；当将主轴速度选择手柄置于"高速"档时，经联动机构将行程开关 SQ 压下，使其触头（11-13）闭合。

当主运动和进给运动都处于非变速状态时，各自的变速手柄通过联动机构使 SQ1、SQ3 受压，而行程开关 SQ2、SQ4 不受压。

T68 型卧式镗床主运动与进给运动的速度变换，是通过变速操作盘改变传动比来实现的。它可在电动机 M1 起动运行前进行变速，也可在运行过程中进行变速。

其变速操作过程是：主轴变速时，首先将变速操作盘上的主轴变速操作手柄向外拉出，然后转动主轴变速盘，选择所需的速度，最后将变速操作手柄推回原位。在拉出与推回变速操纵手柄的同时，与其联动的行程开关 SQ1、SQ2 相应动作，即手柄向外拉出时，SQ1 不受压而 SQ2 受压；推回时，SQ2 不受压而 SQ1 受压。

进给变速操作过程与主轴变速操作过程相似。进给变速时，首先将进给变速手柄向外拉出，然后转动进给变速盘，选择所需要的进给速度，最后将变速操作手柄推回原位。在拉出或推回变速手柄的同时，与其联动的行程开关 SQ3、SQ4 相应动作，即手柄向外拉出时，SQ3 不受压而 SQ4 受压；推回手柄时，SQ3 受压而 SQ4 不受压。行程开关 SQ1 ~ SQ4 的触头工作状态见表 7-9。

### 表 7-9　行程开关 SQ1 ~ SQ4 的触头工作状态

| 操作手柄 | 行程开关 | 及其触头 | 非变速状态 | | 主轴变速（压动 SQ1、SQ2） | | | | 进给变速（压动 SQ3、SQ4） | | | |
| --- | --- | --- | --- | --- | --- | --- | --- | --- | --- | --- | --- | --- |
| | | | | | 手柄拉出 | | 手柄推回 | | 手柄拉出 | | 手柄推回 | |
| 主轴变速操作手柄 | SQ1 | SQ1（5-10） | 受压 | + | 不受压 | − | 受压 | + | 受压 | + | 受压 | + |
| | | SQ1（4-14） | | − | | + | | − | | − | | − |
| | SQ2 | SQ2（15-17） | 不受压 | − | 受压 | + | 不受压 | − | 不受压 | − | 不受压 | − |
| 进给变速操作手柄 | SQ3 | SQ3（10-11） | 受压 | + | 受压 | + | 受压 | + | 不受压 | − | 受压 | + |
| | | SQ3（4-14） | | − | | − | | − | | + | | − |
| | SQ4 | SQ4（15-17） | 不受压 | − | 不受压 | − | 不受压 | − | 受压 | + | 不受压 | − |

与主轴电动机 M1 相连的速度继电器 KS 用于实现 M1 的反接制动控制。KS1（14-19）、KS2（14-15）分别为正、反转的常开触头，KS1（14-17）为常闭触头。当电动机 M1 的正反转速度达到一定值时，KS1（14-19）或 KS2（14-15）闭合，而 KS1（14-17）断开。

（1）主轴电动机 M1 的正反转控制（见图 7-29）：当主运动和进给运动处于非变速状态时，各自的变速手柄使行程开关 SQ1、SQ3 受压，而行程开关 SQ2、SQ4 不受压。

1）主轴电动机 M1 的正反转点动控制。主轴电动机正反转点动控制电路，由正反转接触器 KM1、KM2 与正反转点动按钮 SB4、SB5 组成，此时电动机定子串减压电阻 R，三相定子绕组接成△进行低速点动。其工作原理如图 7-30 所示。

按下正向点动按钮 SB4（或反向点动按钮 SB5），使接触器 KM1（或 KM2）得电吸合，其辅助常开触头 KM1（4-14）[或 KM2（4-14）]闭合，使接触器 KM4 得电吸合。这样，KM1（或 KM2）和 KM4 的主触头闭合，使电动机 M1 接成△并串接电阻 R，M1 在低速下正（或反）向运行。松开按钮 SB4（或 SB5），接触器 KM1（或 KM2）和 KM4 失电释放，电动机 M1 失电停转。

2）主轴电动机 M1 低速正反转控制（见图 7-31）。由正反转起动按钮 SB2、SB3 与正反转中间继电器 KA1、KA2 及正反转接触器 KM1、KM2 构成电动机正反转起动电路。当选择主轴电动机低速运转时，高低速行程开关 SQ 释放，其常开触头（11-13）断开。主轴变速行程开关 SQ1、进给变速行程开关 SQ3 均被压下，触头 SQ1（5-10）、SQ3（10-11）闭合。按下 SB2（或 SB3），KA1（或 KA2）得电吸合并自锁，其辅助常闭触头 KA1（8-9）［或 KA2（6-7）］断开，KA2（或 KA1）不能得电，实现互锁；其辅助常开触头 KA1（12-0）［或 KA2（12-0）］闭合，KM3 得电吸合，KM3 的主触头闭合，将制动电阻 R 短接，KM3

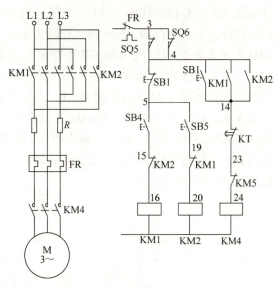

图 7-30　主轴电动机 M1 的点动控制电路

的辅助常开触头 KM3（5-18）闭合，又 KA1 的常开触头 KA1（15-18）［或 KA2 的常开触头 KA2（18-19）］闭合，使 KM1（或 KM2）得电吸合，而 KM1（或 KM2）的辅助常开触头 KM1（4-14）［或 KM2（4-14）］闭合，使 KM4 得电吸合，其主触头闭合，接通主轴电动机 M1 的正相序电源，其辅助常闭触头 KM4（21-22）断开，确保高速转动接触器 KM5 不能得电，实现互锁。主电动机定子绕组接成△形，在全压下直接起动实现低速旋转。

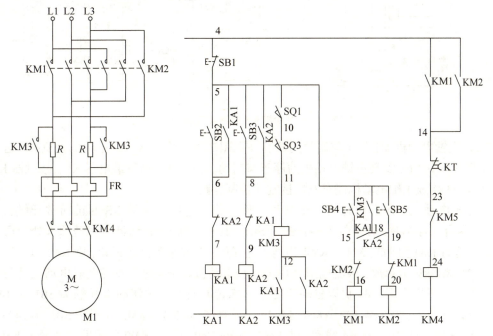

图 7-31　主轴电动机 M1 低速正反转控制电路

3）主轴电动机 M1 高速正反转控制（见图 7-32）。若需主轴电动机高速起动旋转，将主轴速度选择手柄置于"高速"档位，此时速度选择手柄经联动机构将行程开关 SQ 压下，常开触头 SQ（11-13）闭合。这样，按下正转起动按钮 SB2（或反转起动按钮 SB3），KA1（或 KA2）得电吸合并自锁，其辅助常开触头 KA1（12-0）（或 KA2（12-0））闭合，使接触器 KM3 和通电延时时间继电器 KT 同时得电吸合。KA1（或 KA2）与 KM3 得电吸合，又使 KM1（或 KM2）得电动作。由于 KT 的两副触头 KT（14-21）、KT（14-23）延时动作，因此低速转动接触器 KM4 先得电吸合，电动机 M1 接成△形低速起动。KT 经过 3s 延时，延时常闭触头 KT（14-23）断开，使 KM4 失电释放，延时常开触头 KT（14-21）闭合，使高速转动接触器 KM5 得电吸合，KM5 主触头闭合，将主电动机 M1 定子绕组接成丫丫形并重新接通三相电源，从而使主轴电动机由低速旋转转为高速旋转，实现电动机由低速档起动再自动换接成高速档运行的自动控制。

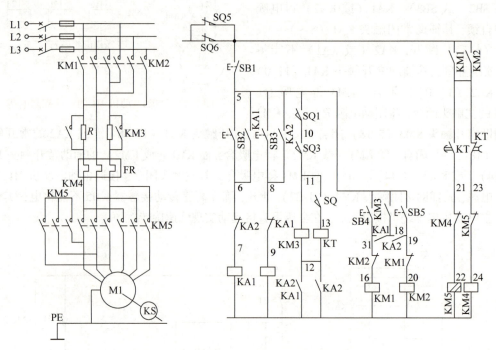

图 7-32  主轴电动机 M1 高速正反转的控制电路

（2）主轴电动机 M1 停车与制动的控制（见图 7-29、图 7-33）：主轴电动机 M1 运行中可按下停止按钮 SB1 实现主轴电动机的停车与制动。由 SB1、速度继电器 KS、接触器 KM1、KM2 和 KM3 构成主轴电动机停车及反接制动控制电路。

以主轴电动机正向运行时的停车制动为例，此时速度继电器 KS 的正向常开触头 KS1（14-19）闭合。停车时，按下复合停止按钮 SB1，其常闭触头（4-5）断开。若原来处于低速正转状态，这时 KA1、KM3、KM1、KM4 相继失电释放；若原来为高速正转，则 KA1、KM3、KT、KM1、KM5 相继失电释放，限流电阻 R 串入主轴电动机定子电路。虽然此时电动机已与电源断开，但由于惯性作用，M1 仍以较高速度正向旋转。而停止按钮的常开触头 SB1（4-14）闭合，接通以下电路：SB1（4-14）→KS1（14-19）→KM1（19-20）→KM2 线圈和 SB1（4-14）→KT（14-23）→KM5（23-24）→KM4 线圈，使 KM2、KM4 得电吸合，KM2 的辅助常开触头 KM2（4-14）闭合，对停止按钮起自锁作用。KM2、KM4 的主触头闭合，经限流电阻 R 接通主轴电动机三相电源，主电动机进行反接制动，电动机转速迅速下降。当主轴电动机转速下降到速度继电器 KS 复位转速 120r/min 以下时，触头 KS1（14-19）断开，KM2、KM4 先后失电释放，其主触头断开，切断主轴电动机三相电源，反接制动结束，电动机自由停车。

由上述分析可知，在进行停车操作时，应将停止按钮 SB1 按到底，使 SB1 (4-14) 触头闭合，否则无反接制动，电动机只是自由停车。

若电动机 M1 反转，当速度达 120r/min 以上时，速度继电器 KS 的常开触头 KS2 (14-15) 闭合，为反转停车制动做准备。以后动作过程与正转制动相似，但参与控制的接触器为 KM1、KM4。

（3）主轴电动机在主轴变速与进给变速时的连续低速冲动控制：T68 型卧式镗床的主轴变速与进给变速既可在主轴电动机停车时进行，也可在电动机运行中进行。变速时为便于齿轮的啮合，主轴电动机在连续低速状态下运行。

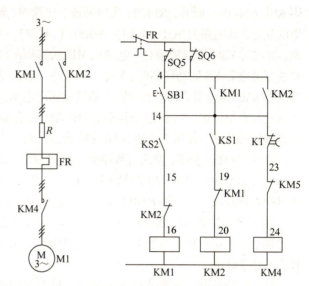

图 7-33　主轴电动机 M1 停车及反接制动控制电路

1）主轴电动机在主轴变速时的连续低速冲动控制（见图 7-29）。

起动条件：主轴变速时，SQ1 不受压，即 SQ1 (5-10) 断开，SQ1 (4-14) 闭合；SQ2 受压，即 SQ2 (15-17) 闭合。而进给运动处于非变速状态，SQ3 受压，即 SQ3 (10-11) 闭合，SQ3 (4-14) 断开，SQ4 不受压，即 SQ4 (15-17) 断开。

变速操作过程：主轴变速时，首先将变速操作盘上的操作手柄拉出，然后转动主轴变速盘，选好速度后，再将变速手柄推回。在拉出或推回变速手柄的同时，与其联动的行程开关 SQ1、SQ2 相应动作。在手柄拉出时 SQ1 不受压，SQ2 压下；当手柄推回时，SQ1 压下，SQ2 不受压。

主轴运行中的变速控制过程：主轴在运行中变速，拉出变速操作手柄，则 SQ1 不受压，即 SQ1 (5-10) 断开、SQ1 (4-14) 闭合；SQ2 受压，即 SQ2 (15-17) 闭合。于是 SQ1 (5-10) 断开→KM3 线圈失电→KM3 (5-18) 断开→KM1（或 KM2）线圈失电→KM1（或 KM2）主触头断开→切断 M1 电源→M1 主电路串入电阻 $R$→M1 由于惯性继续运转→KS1 (14-19) ［或 KS2 (14-15)］仍闭合、KS1 (14-17) 断开，SQ1 (4-14) 闭合→KM2（或 KM1）线圈得电，KM4 线圈得电→M1 串电阻 $R$ 反接制动→此时电动机转速急速下降，以利于齿轮啮合。

若主轴电动机 M1 原来运行在低速档，则此时 KM4 仍保持得电，主轴电动机为△联结，串入电阻 $R$ 进行反接制动；若主轴电动机原来运行在高速档，则此刻由时间继电器 KT 的断电延时触头使 KM5 失电而 KM4 得电，将 M1 定子绕组由丫丫联结自动切成△联结低速串入电阻 $R$ 进行反接制动。

随后转动变速盘，选择所需要的速度，最后将操作手柄推回原位，则 SQ1 受压，即 SQ1 (5-10) 闭合，SQ1 (4-14) 断开；SQ2 不受压，即 SQ2 (15-17) 断开。由于 KA1 或 KA2 仍保持吸合，同时由于 SQ3 (10-11) 的闭合，使 KM3 得电吸合，相继使 KM1（或 KM2）得电吸合，电动机 M1 自行起动，拖动主轴在新的转速下运转。

如果变速齿轮不能啮合而造成变速手柄推不回去，则此时行程开关 SQ1 仍不受压，SQ2 仍受压，即 SQ2 (15-17) 仍闭合。以 M1 正转为例，当 M1 的转速降低到速度继电器的释放值时，则 KS1（14-19）断开，使 KM2 失电释放，切除 M1 制动电源，而 KS1（14-17）闭合，使 KM1 得电吸合，其通路为 SQ1（4-14）→KS1（14-17）→SQ2（17-15）→KM2（15-16）→KM1 线圈，而此时 KM4 仍保持吸合，电动机 M1 在△联结下串入电阻 $R$ 正向起动，当 M1 的转速升高到速度继电器 KS 的动作值时，KS1（14-17）断开，使 KM1 失电释放，KS1（14-19）闭合，使接触器 KM2 得电吸合，接通主轴电动机反相序电源，于是 M1 又处于反接制动状态。如果变速手柄还没有推回去，则重复上述过程，M1 处于反复起动、制动的循环中，使主轴电动机处于连续低速运转状态，有利于变速齿轮的啮合。一旦齿轮啮合后，便可将变速手柄推回原位，使 SQ1 受压，SQ2 不受压，变速过程结束。此时 SQ2（17-15）断开，切断了变速冲动电路，而 SQ1（5-10）闭合，由于 KA1 的常开触头（12-0）仍闭合，SQ3（10-11）也闭合，因此 KM3、KM1 相继得电重新吸合，主轴电动机 M1 自动起动，拖动主轴在新转速下运转。

停车状态的变速控制过程（见图 7-34）：操作方法及控制过程与运行状态变速完全一样，但变速结束后主轴恢复停止状态。

由上分析可知，如果变速前主轴电动机处于停转状态，那么变速后主轴电动机也处于停转状态。若变速前主轴电动机处于正向低速（△联结）运转状态，由于中间继电器 KA1 仍保持得电状态，变速后主轴电动机仍处于△联结下运转。同样，如果变速前电动机处于高速（丫丫联结）正转状态，那么变速后，主轴电动机仍先接成△联结，再经过 3s 左右的延时，才进入丫丫联结的高速正转状态。

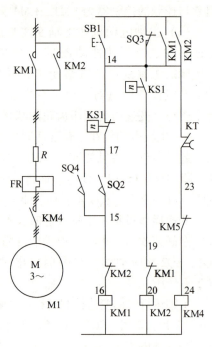

图 7-34　主轴停止时的变速控制电路

2）主轴电动机 M1 在进给变速时的连续低速冲动控制。

起动条件：SQ1、SQ4 受压，SQ2、SQ3 不受压。

进给变速控制与主轴变速控制相同，其变速过程相似，即首先将进给变速手柄向外拉出，然后转动进给变速盘，选择所需要的进给速度，最后将进给变速手柄推回原位。在拉出或推回进给变速操纵手柄的同时，与其联动的行程开关 SQ3、SQ4 相应动作，即在手柄向外拉出时，SQ3 不受压而 SQ4 受压；手柄推回时，SQ3 受压而 SQ4 不受压。如果因变速齿轮不能啮合而造成变速手柄推不动，则主轴电动机 M1 处于间歇起动和制动状态，获得变速时的低速冲动，有利于齿轮的啮合，直到变速手柄推回原位为止。

当手柄推回原位后，压下 SQ3，而 SQ4 不再受压。上述变速冲动结束，整个进给变速控制过程完成。

**3. 镗头架和工作台快速移动的控制**（见图 7-28 的图区 6、7 和图区 22、23）　机床各部件的快速移动由快速移动操作手柄控制，由快速移动电动机 M2 拖动。运动部件及其运动方向的选择由装设在工作台前方的手柄操纵。快速移动操作手柄有"正向""反向""停止"3 个位置。当快速移动操作手柄置于"正向"或"反向"位置时，将压下行程开关 SQ7 或 SQ8 使接触器 KM6 或 KM7 得电吸合，实现 M2 电动机的正反转，并通过相应的传动机构使预选的运动部件按选定方向作快速移动。当快速移动操作手柄置于"停止"位置时，行程开关 SQ7、SQ8 均不受压，接触器 KM6 或 KM7 处于失电状态，M2 快速移动电动机失电，快速移动结束。

### 4. 联锁保护环节

（1）镗头架和工作台与主轴（或花盘）自动进给的联锁控制：由于 T68 型卧式镗床部件较多，为防止机床或刀具损坏，保证主轴进给和工作台进给不能同时进行，为此设置了两个联锁保护开关 SQ5 与 SQ6。其中 SQ5 是与工作台和镗头架自动进给手柄联动的行程开关，SQ6 是与主轴和平旋盘刀架自动进给手柄联动的行程开关。将这两个行程开关的常闭触头并联后串接在控制电路中。当以上两个操作手柄中的任何一个动作时，行程开关 SQ5 和 SQ6 中只有一个常闭触头断开，主轴电动机 M1 和快速移动电动机 M2 仍可以起动。同时扳动这两个自动进给手柄，使 SQ5、SQ6 都被压下，其常闭触头都断开，将控制电路切断，于是两种进给都不能进行，从而实现了联锁保护。

（2）其他联锁控制：主轴电动机 M1 的正反转控制电路，高、低速控制电路以及快速移动电动机 M2 的正反转控制电路都设有联锁环节，以防止误操作而造成事故。

## 7.5.3　镗床的电气控制电路常见故障分析与检修

### 1. 主轴能低速起动，但不能高速运转

1）手柄在高速位置时没有能把行程开关 SQ 压下，主要的原因是 SQ 位置变动或松动，应重新调整好位置，拧紧螺钉。

2）行程开关 SQ 或时间继电器 KT 触头接触不良或接线脱落。

### 2. 主轴电动机不能制动

1）速度继电器损坏，其正转常开触头 KS1 和反转常开触头 KS2 不能闭合。

2）接触器 KM1 或 KM2 的常闭触头接触不良。

### 3. 主轴变速手柄拉开时不能制动

1）主轴变速行程开关 SQ3 的位置移动，所以主轴变速手柄拉开时 SQ3 不能复位。

2）速度继电器损坏，其常开触头不能闭合，使反接制动接触器不能吸合。

### 4. 进给变速手柄拉开时不能制动　这一故障的原因与主轴变速的基本相同，不过应检查进给变速行程开关 SQ1 有没有复位、速度继电器是否正常工作。

### 5. 主轴变速手柄推合不上时没有冲动

1）行程开关 SQ4 位置移动，使主轴变速手柄推合不上时没有压下 SQ4。

2）速度继电器损坏或电路断开，因而 KS1 常闭触头不通。

3）行程开关 SQ3 的常闭触头接触不良或接线松动。

### 6. 进给变速手柄推合不上时没有冲动　这一故障的原因和主轴变速的基本相同，不过应检查行程开关 SQ2 有没有压下、SQ1 有没有复位、速度继电器的常闭触头 KS1 能否闭合。

### 7. 主轴和工作台不能工作进给

1）主轴和工作台的两个手柄都扳到自动进给位置。

2）行程开关 SQ5 和 SQ6 位置变动或撞坏，使其常闭触头都不能闭合。

## 7.6[※]　交流桥式起重机的电气控制电路

起重机是一种用来吊起和下放重物，以及在固定范围内装卸、搬运物料的起重机械，广泛应用于工矿企业、车站、码头、港口、仓库、建筑工地等场所，是现代化生产不可缺少的机械设备。由于桥式起重机应用较广泛，本节以 20t/5t（重量级）桥式起重机为例，分析起

重设备的电气控制电路。

### 7.6.1　桥式起重机的结构和运动形式

桥式起重机主要由大车（桥架）、小车（移动机构）和起重提升机构组成，如图7-35所示。大车在轨道上行走，大车上架有小车轨道，小车在小车轨道上行走，小车上装有提升机。这样，起重机就可以在大车的行车范围内进行起重运输作业。

### 7.6.2　桥式起重机的电力拖动特点及控制要求

1）提升用的电动机，经常是有载起动，起动转矩要大，起动电流要小，有一定的调速范围，因此用绕线转子异步电动机。

2）要有合理的升降速度，空载、轻载要快，重载要慢。

3）要有适当的低速区，这在起吊和重物快要下降到地面时特别有用。

4）提升的第一档作为预备级，用以消除传动间隙、张紧钢丝绳，以避免过大的机械冲击。

5）当负载下放时，根据负载大小，电动机可自动转换到电动状态、倒拉反接状态或再生制动状态。

6）有完备的保护环节，如短路、过载和终端保护等。

7）采用电气、机械双重制动。为了安全，起重机采用失电制动方式的机械抱闸制动，以避免由于停电造成无制动力矩，导致重物自由下落而引发事故。

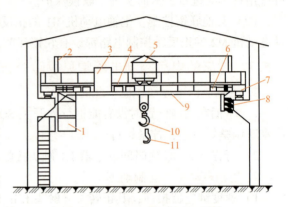

图7-35　桥式起重机的主要结构

1—驾驶室　2—辅助滑线架　3—交流磁力控制盘　4—电阻箱
5—起重小车　6—大车拖动电动机　7—端架　8—主滑线
9—主梁　10—主钩　11—副钩

一般来讲，起重量在10t以下的桥式起重机只有一只吊钩，用一台绕线转子异步电动机拖动。当起重量在10t以上时，就需要主钩和副钩，需要用两台绕线转子异步电动机拖动。

### 7.6.3　主令控制器与凸轮控制器

**1. 主令控制器**　主令控制器是按照预定程序换接控制电路接线的主令电器，主要用于电力拖动系统中，按照预定的程序分合触头，向控制系统发出指令，通过接触器以达到控制电动机的起动、制动、调速及反转的目的，同时也可实现控制电路的联锁作用。

主令控制器的结构与工作原理：主令控制器按结构形式分为调整式和非调整式两种。所谓非调整式主令控制器是指其触头系统的分合顺序只能按指定的触头分合表要求进行，在使用中用户不能自行调整，若需调整必须更换凸轮片。调整式主令控制器是指其触头系统的分合程序可随时按控制系统的要求进行编制及调整，调整时不必更换凸轮片。

目前生产中常用的主令控制器有LK1、LK4、LK5和LK16等系列，其中LK1、LK5、LK16系列属于非调整式主令控制器，LK4系列属于调整式主令控制器。

LK1系列主令控制器主要由基座、方形转轴、动触头、静触头、凸轮鼓、操作手柄、支架及外护罩等组成。其外形及结构如图7-36所示。

主令控制器所有的静触头都安装在绝缘板上，动触头固定在能绕轴转动的支架上，凸轮鼓由多个凸轮块嵌装而成，凸轮块根据触头系统的开闭顺序制成不同角度的凸出轮缘，每个凸轮块控制两副触头。当转动手柄时，方形转轴带动凸轮块转动，凸轮块的凸出部分压动小轮，使动触头离开静触头，分断电路。当转动手柄使小轮位于凸轮块的凹处时，在复位弹簧的作用下使动触头和静触头闭合，接通电路。可见触头的闭合和分断顺序是由凸轮块的形状决定的。

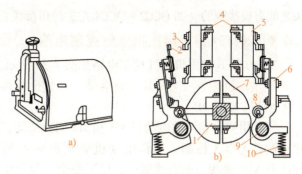

图7-36　LK1系列主令控制器

a）外形　b）结构

1—方形转轴　2—动触头　3—静触头　4—接线柱　5—绝缘板
6—支架　7—凸轮块　8—小轮　9—转动轴　10—复位弹簧

**2. 凸轮控制器**　凸轮控制器是利用凸轮来操作动触头动作的控制器，主要用于容量不大于30kW的中小型绕线转子异步电动机电路中，借助其触头系统直接控制电动机的起动、停止、调速、反转和制动，具有线路简单、运行可靠、维护方便等优点，在桥式起重机等设备中得到广泛应用。

KTJ1系列凸轮控制器外形与结构如图7-37所示。它主要由手柄（或手轮）、触头系统、转轴、凸轮和外壳等部分组成。其触头系统共有12对触头，9常开、3常闭。其中，4对常开触头接在主电路中，用于控制电动机的正反转，配有石棉水泥制成的灭弧罩，其余8对触头用于控制电路中。它不带灭弧罩。

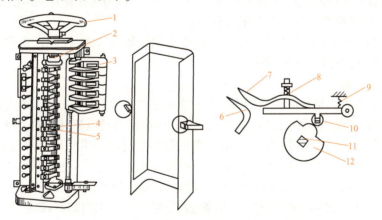

图7-37　KTJ1系列凸轮控制器外形与结构

1—手轮　2、11—转轴　3—灭弧罩　4、7—动触头　5、6—静触头
8—触头弹簧　9—弹簧　10—滚轮　12—凸轮

凸轮控制器的工作原理：动触头与凸轮固定在转轴上，每个凸轮控制一个触头。当转动手柄时，凸轮随轴转动，当凸轮的凸起部分顶住滚轮时，动、静触头分开；当凸轮的凹处与滚轮相碰时，动触头受到触头弹簧的作用压在静触头上，动、静触头闭合。在方轴上叠装形状不同的凸轮片，可使各个触头按预定的顺序闭合或断开，从而实现不同的控制目的。

凸轮控制器的触头分合情况通常用触头分合表来表示。KTJ1-50/1型凸轮控制器的触头分合表如图7-38所示。图中示出手轮的11个位置，左侧是凸轮控制器的12对触头。各触头在手轮处于某一位置时的通、断状态用符号标记，符号"×"表示对应触头在手轮处于此位置时是闭合的，无此符号表示是分断的。例如，手轮在反转"3"位置时，触头QCC2、QCC4、QCC5、QCC6及QCC11处有"×"标记，表示这些触头是闭合的，其余触头是断开的；两触头之间有短接线的（如 QCC2～QCC4 左边的短接线）表示它们一直是接通的。

### 7.6.4  20t/5t 桥式起重机电气控制电路

20t/5t 桥式起重机电气控制电路如图 7-39 所示。

**1. 电动机配置情况及其控制电路**  该起重机共配置 5 台电动机 M1～M5。

大车用两台相同的电动机 M3 和 M4 同速拖动，用凸轮控制器 QCC3 控制。两台电动机分别由电磁制动器 YB3 和 YB4 采用失电方式制动，保证安全。两个位置开关 SQ7 和 SQ8 装在大车两侧，当大车行至终点与挡铁相撞时，便压下位置开关，使电动机失电制动。

小车用电动机 M2 拖动，用凸轮控制器 QCC2 控制，采用电磁制动器 YB2 实现机械抱闸制动，位置开关 SQ5 和 SQ6 装在小车两端，当小车行到终端与挡铁相撞时，便压下位置开关，使电动机失电制动。

副钩用电动机 M1 拖动，用凸轮控制器 QCC1 控制，电磁制动器 YB1 控制机械抱闸，位置开关 SQ4 作为上限行程保护。

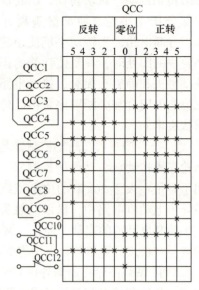

图 7-38  KTJ1-50/1 型凸轮控制器的触头分合表

主钩用电动机 M5 拖动，M5 容量较大，用主令控制器 QM 控制接触器，再由接触器控制电动机 M5，位置开关 SQ9 作为上限行程保护。

QS1 为三相电源开关，大车、小车、副钩电源用接触器 KM1 控制，主钩主电源开关用 QS2 控制，主钩控制电源由 QS3 控制。

**2. 安全保护措施**

（1）过电流保护：每台电动机的 W、V 两相电路中，都串接过电流继电器。过电流整定值一般为电动机额定电流的 2.25～2.5 倍；U 相中串接总过电流继电器，过电流整定值为全部电动机额定电流的 1.5 倍。所有过电流继电器的常闭触头串联后，再与 KM1 的线圈相串联。作为电流保护，只要有一台电动机的一相超过整定电流值，过电流继电器就动作，切断控制电源，并将主电源切断，所有电动机被抱闸制动，使吊车停在原位。

（2）短路保护：在整个控制电路中，每条控制支路都由熔断器作为短路保护（FU1、FU2）。

（3）零位保护：控制系统中设有零位联锁，QCC1（2-3）、QCC2（3-4）、QCC3（4-5）为相应凸轮控制器的零位触头，用于 KM1 的起动；QCC1（16-17）、QCC2（17-18）、QCC3（21-23）以及 QCC1（15a-17）、QCC2（17-19）、QCC3（22-23）也为相应凸轮控制器的零位触头，用于 KM1 的自锁。因此，必须将控制器的控制手柄全部置于零位，合上紧急开关 SA，按下起动按钮 SB，才能使 KM1 得电吸合并自锁，接通电源，这样可以保证各电动机转子都能串接电阻起动。

（4）极限位置保护：限位开关 SQ4～SQ9 分别被安装在不同的极限位置上，起极限保护作用。其中，SQ7 和 SQ8 与大车凸轮控制器 QCC3 的限位保护触头 15、16［QCC3（21-23）、QCC3（22-23）］串并联，实现对大车左右两个方向的极限保护；SQ5 和 SQ6 与小车凸轮控制器 QCC2 的限位保护触头 10、11［QCC2（17-18）、QCC2（17-19）］串并联，实现对小车向前向后两个方向的极限保护；SQ4 与副钩凸轮控制器 QCC1 的限位保护触头 11［QCC1（15a-17）］串联，实现对副钩提升时的上限终端保护，SQ9 串接在主钩上升接触器 KM3 线圈电路中，实现对主钩提升时的上限终端保护。

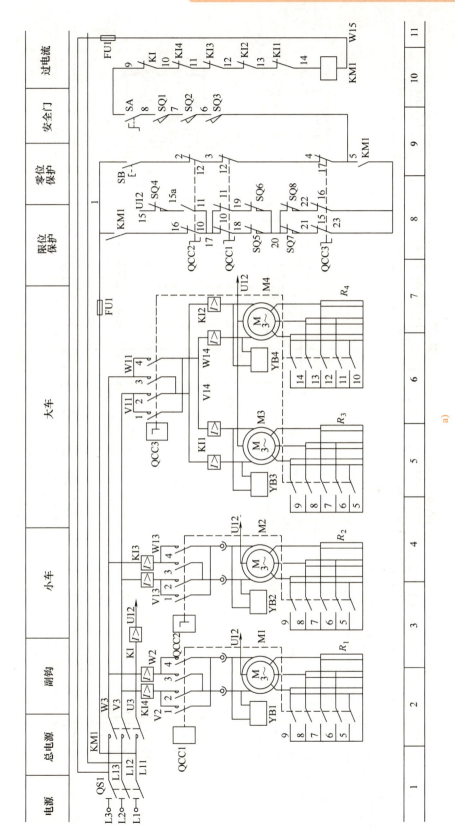

图7-39  20t/5t桥式起重机电气控制电路

a)

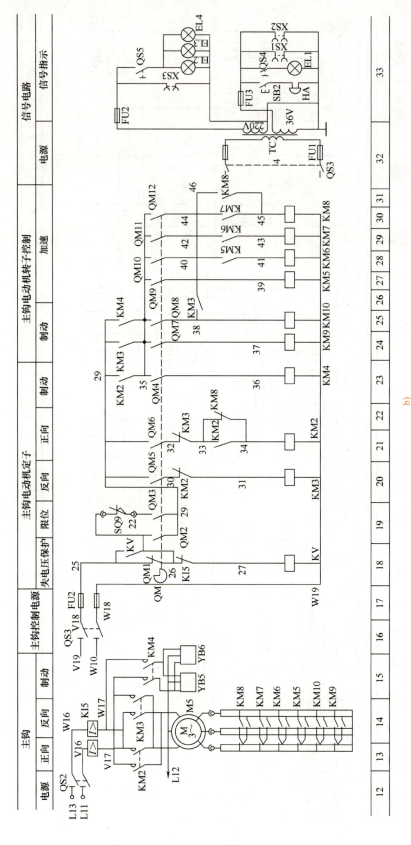

图7-39 20t/5t桥式起重机电气控制电路（续）

b)

（5）停车保护：为使桥式起重机及时、准确地停车，常采用电磁制动器（YB1～YB6）作为准确停车装置，进行停车保护，使被起吊的重物在停车后可靠地停住。

（6）人身安全保护：桥式起重机驾驶室的门、盖及横梁栏杆门上分别装有安全限位开关（SQ1～SQ3），它们的常开触头均与起动按钮SB串联。只要一处没有关紧，其触头就处于断开位置，起动按钮就不能使KM1得电吸合，起重机就不能得电起动运行，从而保证人身安全。

（7）应急触电保护：桥式起重机的驾驶室内，在司机操作时便于触到的地方装有一只单刀单掷紧急开关SA，它在控制线路中与电源接触器KM1的线圈串联，当发生意外情况时，驾驶员可立即拉下SA，迅速使KM1失电释放，切断系统电源，使吊车停下（电动机制动），以避免事故的发生。

**3. 控制电路分析**　为了便于看图，将凸轮控制器控制大车、小车、吊钩电动机控制电路改画成图7-40（以小车为例）。将主令控制器控制主钩电动机控制电路改画成图7-41。图中标有"·"的位置，表示该触头在这个位置是闭合的，而不标有"·"的位置则表示该触头在这个位置是断开的。

（1）主接触器KM1的控制（见图7-39及图7-40）：先合上总电源开关QS1。在起重机投入运行前，合上紧急开关SA，司机室门关好，其安全开关SQ1～SQ3均闭合，然后将所有的凸轮控制器QCC1～QCC3的手柄置于"0"，它们在主接触器KM1线圈电路中的常闭触头QCC1$_{10}$～QCC1$_{12}$、QCC2$_{10}$～QCC2$_{12}$、QCC3$_{15}$～QCC3$_{17}$均处于闭合状态，然后按下起动按钮SB，主接触器KM1得电吸合并自锁，其主触头闭合，接通总电源，由于各凸轮控制器手柄都置于"0"位，只有L1相电源接通，而L2和L3两相电源断开，因此电动机还不会运转。KM1的得电通路和自锁通路过程如下：

KM1线圈得电通路为：L11→FU1→SB→QCC2$_{12}$→QCC1$_{12}$→QCC3$_{17}$→SQ3→SQ2→SQ1→SA→KI→KI4→KI3→KI2→KI1→KM1线圈→FU1→L13。

KM1线圈自锁通路为：KM1（1-16）→QCC2$_{10}$→QCC1$_{10}$→SQ5→SQ7→QCC3$_{15}$→KM1（23-5）或U12→SQ4→QCC2$_{11}$→QCC1$_{11}$→SQ6→SQ8→QCC3$_{16}$→KM1（23-5）（此时限位开关SQ4～SQ8都是闭合的）。

（2）凸轮控制器对大、小车和副钩的控制（见图7-39及图7-40）。现以小车为例介绍凸轮控制器QCC2的工作情况。当主接触器KM1吸合后，总电源被接通，然后将QCC2的手柄从"0"转到"向前"位置的任一档时，触头QCC2$_{11}$、QCC2$_{12}$都断开而触头QCC2$_{10}$闭合，接触器KM1线圈经L11→FU1→KM1（1-16）→QCC2$_{10}$→QCC1$_{10}$→SQ5→SQ7→QCC3$_{15}$→KM1（23-5）→SQ3→SQ2→SQ1→SA→KI→KI4→KI3→KI2→KI1→KM1→FU1→L13形成通路，继续保持吸合，QCC2的另两副主触头QCC2$_1$和QCC2$_3$闭合，电动机M2正转，小车向前移动。

当将QCC2的手柄扳到"向后"位置的任一档时，触头QCC2$_{10}$、QCC2$_{12}$都断开而QCC2$_{11}$闭合，接触器KM1线圈经U12→SQ4→QCC2$_{11}$→QCC1$_{11}$→SQ6→SQ8→QCC3$_{16}$→KM1（5-23）→SQ3→SQ2→SQ1→SA→KI→KI4→KI3→KI2→KI1→KM1线圈→FU1→L13形成通路，继续保持闭合状态；QCC2的另两副主触头QCC2$_2$和QCC2$_4$闭合，电动机反转，小车向后移动。若小车向后或向前运行到极限位置，则压下行程开关SQ6或SQ5，切断KM1的自锁回路，使KM1失电释放，电磁制动器YB2失电制动，电动机失电停转。这时若想使小车向前或向后移行，则必须先将QCC2的手柄扳回到"0"位，才能使KM1重新得电吸合，即实现"零"位保护。

凸轮控制器的正转触头在正向操作时，一经闭合将不再打开，反向操作时，一经打开将不再闭合，不会出现接触器失电现象。反转触头与之相同。其他触头只有在打黑点和不打黑点间进行断开与闭合的切换。

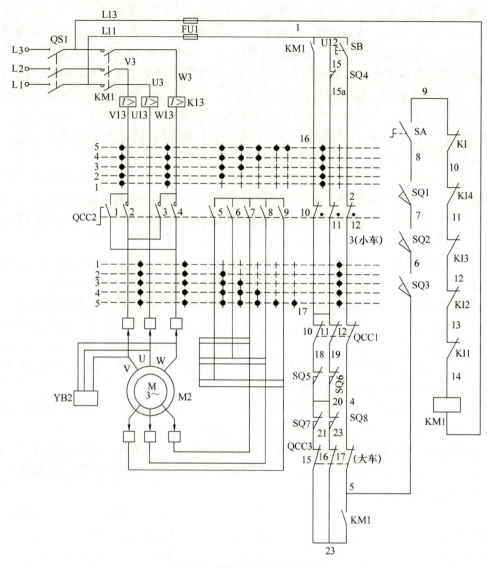

图 7-40　凸轮控制器控制电路

当将 QCC2 手柄扳到第 1 档时，5 副常开触头（QCC2$_5$ ~ QCC2$_9$）全部断开，小车电动机 M2 的转子绕组串接全部电阻，此时电动机 M2 的转速最慢；当 QCC2 的手柄扳到第 2 档时，常开触头 QCC2$_5$ 闭合，切除一段电阻，电动机 M2 加速。这样 QCC2 的手柄从一档转到下一档的过程中，触头 QCC2$_5$ ~ QCC2$_9$ 逐个闭合，依次切除转子电路中的起动电阻，直至电动机 M2 达到预定的转速。

大车凸轮控制器 QCC3 的工作状况与小车基本类似。但由于大车的一台凸轮控制器同时控制两台电动机 M3 和 M4，因此多了 5 副常开触头，供切除第 2 台电动机转子绕组串联电阻用。

副钩的凸轮控制器 QCC1 的工作情况与小车相似，但由于副钩吊有重负载，并考虑到负载的重力作用，在下降负载时，应把手柄逐级扳到"下降"的最后一档。

（3）主令控制器对主钩的控制（见图 7-39 及图 7-41）。

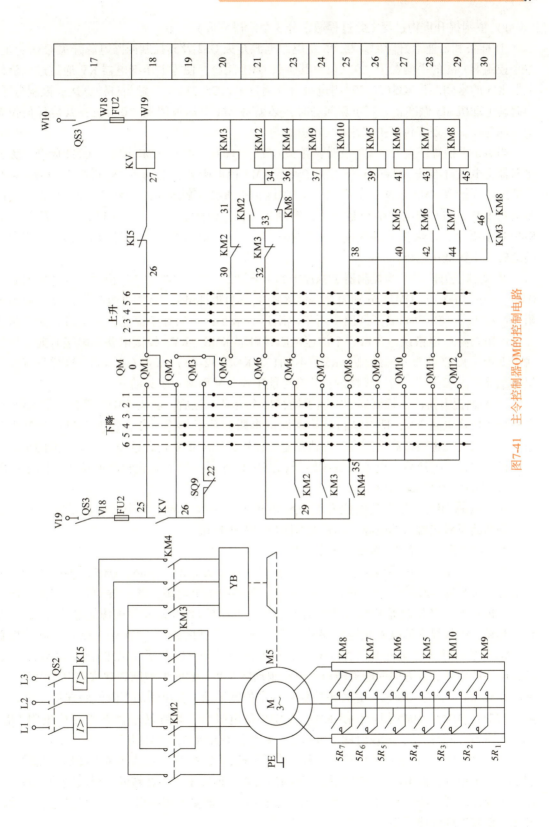

图7-41 主令控制器QM的控制电路

1）主钩提升重物过程（此过程通常分 3 个阶段完成）。

① 准备和低速上升阶段。将 M5 主电路电源开关 QS2 及其控制回路电源开关 QS3 合上，主令控制器 QM 的手柄置于"0"位，其触头 QM1 闭合，使零电压继电器 KV 通过过电流继电器 KI5 的常闭触头 KI5（26-27）得电吸合并通过 KV（25-26）常开触头自锁，接通控制电源，为起动电动机 M5 做准备。当重新起动时，必须将 QM 手柄扳回到"0"位，其他任何位置均不能起动，实现零位保护作用。

当 QM 手柄置于上升"1"位时，触头 QM3、QM4、QM6、QM7 闭合。QM3 闭合，为各接触器得电做好准备。QM6 闭合，使接触器 KM2 得电吸合，电动机 M5 得电。同时，KM2 的辅助常开触头 KM2（29-35）闭合，又 QM4 闭合，使接触器 KM4 得电吸合并自锁，电磁制动器 YB5、YB6 得电并松开制动闸，电动机 M5 开始做上升运动。QM7 闭合，使接触器 KM9 得电吸合，切除转子回路的第一段电阻 $5R_1$，这样电动机在串电阻 $5R_2 \sim 5R_7$ 下正向起动运转，主钩低速运行。

② 变速上升阶段。当控制器手柄被推到上升"2""3""4""5"位时，其对应的触头 QM8、QM9、QM10、QM11 分别闭合，使 KM10、KM5、KM6、KM7 得电吸合，分别切除电阻 $5R_2 \sim 5R_5$，使电动机转子回路中所串电阻逐级减小，主钩处于变速上升运行。为了防止加速电阻切除顺序错误，在每一个加速电阻接触器 KM6 ~ KM8 线圈电路都串接有前一级接触器 KM5 ~ KM7 的常开辅助触头 KM5（40-41）、KM6（42-43）、KM7（44-45），这样只有前一级接触器投入工作后，后一级接触器才有可能工作，从而避免事故的发生。

③ 高速提升阶段。控制器的控制手柄被推至上升 6 位后，触头 QM12 闭合，使 KM8 得电吸合，切除电阻 $5R_6$，即电动机转子回路的电阻被最后切除一段，使电动机达到最大转速，起重机主钩也随即高速上升，直达预定的位置，完成重物提升过程。应当注意的是，在电动机达到最大转速后，电动机各相转子回路中仍保留一段为软化特性而接入的固定电阻 $5R_7$，以保证电动机安全运行。

触头 QM3 闭合，使上升限位开关 SQ9 串接于控制电路的电源中。若常闭触头 SQ9 断开，则切断所有接触器的电源，起到上升限位的保护作用。

2）主钩下降过程（一般分为 3 个阶段）。

① 准备阶段。QM 手柄置于下降"1"位时，其触头 QM3、QM6、QM7、QM8 闭合，上升限位开关 SQ9 也闭合。QM3 闭合，接通各接触器的供电电源，各接触器处于准备工作状态。QM6 闭合，使接触器 KM2 得电吸合并自锁，电动机 M5 接通正序电源，电动机 M5 可以正向起动，产生提升的电磁转矩（吊钩上升状态）。但此时由于 QM4 仍未闭合，制动接触器 KM4 未得电吸合，电磁制动器 YB5、YB6 抱闸未松开，因此尽管 KM2 已得电吸合，M5 已得电并产生了提升方向的电磁转矩，但在制动器 YB5、YB6 的抱闸和载重重力作用下，迫使电动机 M5 不能起动旋转，这样重物保持一定位置不动，为重物的下降做好准备（制动下降）。同时，QM7、QM8 闭合，使 KM9、KM10 得电吸合，切除转子回路中相应电阻 $5R_1$、$5R_2$。应特别注意的是，此段时间不宜过长，以免造成电动机发热损坏。

② 下降阶段。下降方向的前三档为制动下降档，其中"1"位为准备下降档，此时电磁制动器尚未松开，而电动机已产生提升重物的力矩，但转子却不能转动，形成僵持状态，为此在主令控制器下降"1"位，不允许滞留过长时间，最多不要超出 3s，否则将造成电动机发热，使其绝缘性能下降。

这种操作用于吊钩上吊了很重的货物停留在空中或在空中移动时，为防止机械抱闸抱不住而打滑，因此使电动机产生一个向上提升的力，帮助抱闸克服过分重的货物所产生的下降力。

③ 制动下降阶段。手柄置于"2"位时，QM 的触头 QM3、QM6、QM4、QM7 闭合，接触器 KM2、KM4、KM9 得电吸合，此时由于 KM4 得电吸合，电磁抱闸 YB5、YB6 得电，将抱闸装置打开，电动机可以转动，但由于触头 QM8 断开，使 KM10 失电释放，转子中又接入一段电阻，使电动机产生的上升力减小。这时重物产生的下降力大于电动机的上升力，则在负载本身的作用下，电动机做反向（重物下降）运转，电磁力成为制动力矩，重负载低速下降。

手柄置于"3"位时，触头 QM3、QM6 和 QM4 闭合，接触器 KM2、KM4 得电吸合，但由于触头 QM7 打开，使 KM9 失电释放，电动机转子回路的电阻全部接入，反接制动转矩减小，重物以稍快的速度下降，若重物较轻时也可能被提升，这时可将制动器的手柄推到下一档，使重物下降，这样就可以根据负载的轻重不同，选择不同的下降速度。

④ 强力下降阶段。当控制器手柄置于"4""5""6"位（强力"1""2""3"档）时，为强力下降阶段。

手柄置于"4"位时，QM 的触头 QM2、QM5、QM4、QM7 和 QM8 闭合，QM3、QM6 断开。QM3 断开，使上升行程开关 SQ9 从控制电路切除，而 QM2 闭合，接通控制电路电源，QM6 断开，提升接触器 KM2 失电释放。QM5 闭合，接触器 KM3 得电吸合，电动机反转（向下降方向）。QM4 闭合，KM4 得电吸合，电磁抱闸松开。KM9 和 KM10 得电吸合，切除转子中最初两段电阻。这时轻负载在电动机下降转矩作用下开始强行下降，又称强力下降。为了保证在 KM2 和 KM3 换接过程中，KM4 始终得电，电磁抱闸不动作，因此在控制电路上有 KM2、KM3、KM4 的 3 个常开触头 KM2(29-35)、KM3(29-35)、KM4(29-35)并联。

手柄置于"5"位时，QM 的触头 QM2、QM5、QM4、QM7、QM8、QM9 闭合，和上一步相比较，多了一个接触器 KM5 得电吸合，转子电阻再切除一段，电动机加速下降，进一步提高下降速度。

手柄置于"6"位时，QM 的触头 QM2、QM5、QM4、QM7、QM8、QM9、QM10、QM11、QM12 全部闭合，接触器 KM3 ~ KM10 全部得电吸合，转子电阻全部切除，电动机以最高速度运转，负载加速下降。若在这个位置上下放较重的负载，负载力矩大于电磁力矩，转子转速大于同步转速，电磁力矩又变为制动力矩而使电动机起制动下降作用。

如果要取得较低的下降速度，就需要将主令控制器手柄拨回下降"1"或"2"位，进行反接制动下降。为了避免在转换过程中，可能发生过高的下降速度，因此在 KM8 的线圈电路中用 KM8（46-45）自锁。同时，为了不影响提升的调速，在该支路中再串一个 KM3 的常开触头，这样，当手柄拨到"1"或"2"位时，KM8 得电吸合。否则，如果没有以上的联锁装置，则当手柄向"1"位方向回转时，如果下降中停下或要求降低下降速度，而操作人员却错把手柄停留在"3"或"4"位上，那么下降速度反而会加大，可能会造成事故。

串联在接触器 KM2 电路中的 KM2 的常开触头和 KM8 的常闭触头（这两个触头并联），使接触器 KM3 失电释放后，在接触器 KM8 失电情况下，保证只有在转子电路中保持一定的附加电阻的前提下，接触器 KM2 才能得电吸合并自锁，以防止反接时直接起动而造成危险。

当下降轻负载时，不能在"1"或"2"位下放，否则负载反而被提升上去。因此负载太轻时，应该用副钩吊起而不用主钩吊起。

## 7.6.5　起重机的电气线路常见故障分析

桥式起重机的结构复杂，工作环境比较恶劣，某些主要电气设备和元件密封条件较差，同时工作频繁，故障率较高。为保证人身与设备安全，必须坚持经常性的维护保养和检修，现将常见故障现象及原因分述如下：

1）合上电源总开关 QS1 并按下起动按钮 SB 后，主接触器 KM1 不吸合。产生这种故障的原因可能是：线路无电压，熔断器 FU1 熔断，紧急开关 SA 或安全开关 SQ1、SQ2、SQ3 未合上，主接触器 KM1 线圈断路，各凸轮控制器手柄没在零位，QCC1$_{12}$、QCC2$_{12}$、QCC3$_{17}$ 触头分断，过电流继电器 KI ~ KI4 动作后未复位。

2）主接触器 KM1 吸合后，过电流继电器 KI ~ KI4 立即动作。故障原因可能是：凸轮控制器 QCC1 ~ QCC3 电路接地，电动机 M1 ~ M4 绕组接地，电磁抱闸 YB1 ~ YB4 线圈接地。

3）当电源接通转动凸轮控制器手轮后，电动机不起动。故障原因可能是：凸轮控制器主触头接触不良，滑触线与集电环接触不良，电动机定子绕组或转子绕组断路，电磁抱闸线圈断路或制动器未放松。

4）转动凸轮控制器后，电动机起动运转，但不能输出额定功率且转速明显减慢。故障原因可能是：线路压降太大，供电质量差，制动器未全部松开，转子电路中的附加电阻未完全切除，机构卡住。

5）制动电磁铁线圈过热。故障原因可能是：电磁铁线圈的电压与线路电压不符，电磁铁工作时，动、静铁心间的间隙过大，制动器的工作条件与线圈特性不符，电磁铁的牵引力过载。

6）制动电磁铁噪声大。故障原因可能是：交流电磁铁短路环开路，动、静铁心端面有油污，铁心松动，铁心极面不平及变形，电磁铁过载。

7）凸轮控制器在工作过程中卡住或转不到位。故障原因可能是：凸轮控制器动触头卡在静触头下面，定位机构松动。

8）主钩既不能上升又不能下降。故障原因可能是：如欠电压继电器 KV 不吸合，可能是 KV 线圈断路，过电流继电器 KI5 未复位，主令控制器 QM 零位联锁触头未闭合，熔断器 FU2 熔断。如欠电压继电器吸合，则可能是自锁触头未接通，主令控制器的触头 QM2、QM3、QM4、QM5 或 QM6 接触不良，电磁抱闸制动器线圈开路未松闸。

9）凸轮控制器在转动过程中火花过大。故障原因是：动、静触头接触不良，控制容量过大。

根据以上桥式起重机的故障现象和产生故障的原因，采取相应的修复措施即可。

## 实验与实训

# 7.7※ M7130 型平面磨床的运行控制与故障分析

### 1. 目的要求

1）熟悉 M7130 型平面磨床电气控制电路的特点，掌握电气控制电路的动作原理，了解电磁吸盘控制电路的作用。

2）学习 M7130 型平面磨床电气控制柜中各电器元件的合理布置及配线方式，熟悉各电器元件结构、型号规格、安装形式。

3）能够对磨床进行电气操作，加深对磨床控制电路工作原理的理解。

4）能正确使用万用表、工具等对电气控制电路进行有针对性的检查、测试和维修，掌握一般机床电气设备的调试、故障分析和故障排除的方法与步骤。

### 2. 设备与器材　本实训所需设备、器材见表 7-10。

表7-10　实训所需设备、器材

| 序号 | 名称 | 型号规格 | 数量 | 备注 |
|---|---|---|---|---|
| 1 | M7130型平面磨床电气控制柜 | 自制 | 1 | 所需设备、器材的型号规格供参考，可根据实训情况自定 |
| 2 | 万用表 | MF47型 | 1 | |
| 3 | 绝缘电阻表 | 500V | 1 | |
| 4 | 钳形电流表 | T30-A型 | 1 | |
| 5 | 常用电工工具 | | 若干 | |

### 3. 实训内容与步骤

1）读通实训电路，理解其工作原理。实训电路请扫码学习。

2）认识和检查电器。

① 根据电气原理图核对电器元件并记录各种电器型号、规格，查看各电器元件的外观有无破损，零部件是否齐全有效，接线端子及螺钉、垫片等有无缺损现象。

② 检查熔断器熔体的容量与电动机的容量是否匹配，各主令电器的动作是否灵活，接触器相间隔板有无破损，触头闭合、复位是否灵活。

③ 打开热继电器盖板，观察热元件是否完好，用工具轻轻拨动绝缘导板，注意观察热继电器的常闭触头能否正常分断。

3）检查电路。从电源端起，遵循先主电路后控制电路的原则，逐级检查电路，并认真检查所有端子接线的牢固程度，用手轻轻摇动、拉拔端子上的接线，有松动的用工具拧紧，避免虚接。必要时可用万用表欧姆档检查主电路接线是否正确，有无短路、断路等现象。

4）通电试验。检查后，经老师允许方可进行通电试验。

① 运行操作。合上电源开关QF，合上照明开关SA2，照明灯EL亮，KA线圈吸合或转换开关SA1向左拨到"退磁"位置，插上冷却泵电动机M2的插头X1，插上电磁吸盘插头X2，各操作手柄置合理位置后方可进行后面的操作。

a. 砂轮电动机M1、冷却泵电动机M2的控制。按下起动按钮SB1，接触器KM1线圈得电吸合，M1起动，砂轮旋转，M2起动，冷却泵起动。按下停止按钮SB2，接触器KM1线圈断电，M1、M2停转。

b. 液压泵电动机M3的控制。按下液压泵起动按钮SB3，接触器KM2线圈得电吸合，液压泵电动机M3起动运转。按下液压泵停止按钮SB4，接触器KM2线圈断电释放，液压泵电动机M3停止运转。

c. 电磁吸盘吸磁、退磁控制。将SA1扳到"吸磁"位置，SA1（13-16）和SA1（14-17）闭合，电磁吸盘YH加上110V的直流电压，进行励磁，同时欠电流继电器KA吸合，其触头KA（3-4）闭合。将SA1扳到"退磁"位置，这时SA1（13-15）、SA1（14-16）、SA1（3-4）闭合，既能退磁又不致反向磁化。退磁结束后，将SA1扳至"放磁"位置，SA1的所有触头都断开，电磁吸盘断电。

② 故障诊断。由指导教师设置人为故障点2～3个后，根据故障现象进行分析，通过检测，查找出故障点。报告老师得到确认后，将故障现象、分析原因和检测查找过程填入实训表7-11中。在通电检查时要特别注意安全。

③ 结束实训。实训完毕后，首先切断电源，关好电气柜，清点实训设备与器材、仪表及工具交老师检查。

### 4. 实训分析

表 7-11　故障分析表

| 故障现象 | 分析原因 | 检测查找过程 |
|---|---|---|
|  |  |  |
|  |  |  |
|  |  |  |

1）在 M7130 型平面磨床电气控制电路中，电磁吸盘有何作用？与机械夹紧装置相比有哪些优点和缺点？

2）M7130 型平面磨床电气控制电路图中有哪些保护环节？

3）根据电气控制柜的电器设置，画出 M7130 型平面磨床的接线图并标注线号。

4）对照 M7130 型平面磨床电气控制柜，列出各元器件名称、规格、型号一览表。

5）写出实训体会与见解。

## 7.8　Z3050 型摇臂钻床的运行控制与故障分析

### 1. 目的要求

1）熟悉 Z3050 型摇臂钻床电气控制电路的特点，掌握电气控制电路的动作原理，了解钻床摇臂升降、夹紧放松等各运动中行程开关在电路中所起的作用。

2）了解 Z3050 型摇臂钻床电气控制电路中各电器位置及配线方式，熟悉各电器元件结构、型号规格、安装形式。

3）能够对钻床进行电气操作，加深对钻床控制电路工作原理的理解。

4）能正确使用万用表、工具等对电气控制电路进行有针对性的检查、测试和维修，进一步掌握一般机床电气设备的调试、故障分析和故障排除的方法与步骤。

### 2. 设备与器材　本实训所需设备、器材见表 7-12。

表 7-12　实训所需设备、器材

| 序号 | 名称 | 型号规格 | 数量 | 备注 |
|---|---|---|---|---|
| 1 | Z3050 型摇臂钻床电气控制柜 | 自制 | 1 | 所需设备、器材的型号规格供参考，可根据实训情况自定 |
| 2 | 万用表 | MF47 型 | 1 |  |
| 3 | 绝缘电阻表 | 500V | 1 |  |
| 4 | 钳形电流表 | T30-A 型 | 1 |  |
| 5 | 常用电工工具 |  | 若干 |  |

### 3. 实训内容与步骤

1）读通实训电路，理解其工作原理。Z3050 型摇臂钻床电气控制电路可参考图 7-13。

2）认识和检查电器。要求同 7.7。

3）检查电路。要求同 7.7。

4）通电试验。检查后，经老师允许方可进行通电试验。

① 运行操作。合上电源开关 QS，根据电路工作原理和控制要求逐一对各控制环节进行操作控制，观察各台电动机是否能正常工作。

a. 主轴电动机 M1 的控制。按下起动按钮 SB2，使接触器 KM1 通电吸合，信号指示灯

HL3 亮，主轴电动机 M1 通电运行。按下停止按钮 SB1，使接触器 KM1 断电释放，信号指示灯 HL3 灭，主轴电动机 M1 断电停转。

　　b. 摇臂升降电动机 M2 与液压泵电动机 M3 的控制。按下摇臂上升（或下降）起动按钮 SB3（或 SB4），观察各电器的动作情况及各电动机的运行情况。通电动作顺序是：时间继电器 KT 先通电吸合，其触头动作，使 YA、KM4 同时通电，液压泵电动机 M3 通电运行，使摇臂放松，当放松到位时，行程开关 SQ2 触头动作，使 KM4 断电，M3 断电停转。同时上升（或下降）接触器 KM2（或 KM3）通电吸合，使升降电动机 M2 通电运行，拖动摇臂上升（或下降）。当摇臂升降到位时，松开起动按钮 SB3（或 SB4），则 KM2（或 KM3）断电释放，使 M2 断电停转，摇臂停止升降。与此同时，KT 也断电释放，进行延时后延时触头动作使 KM5 通电吸合，电动机 M3 反向通电运行，使摇臂进行夹紧。夹紧到位时，行程开关 SQ3 动作，其常闭触头断开，使 KM5、YA 断电，M3 断电停转。即自动实现摇臂先放松，再升降，最后夹紧的顺序自动过程。

　　c. 主轴箱和立柱放松与夹紧的控制。主轴箱和立柱的放松与夹紧是同时进行的。分别先后按下放松按钮 SB5 和夹紧按钮 SB6，观察各电器的动作情况、液压泵电动机 M3 运行情况。注意观察主轴箱和立柱放松与夹紧时指示灯 HL1 和 HL2 的变化情况。

　　模拟 Z3050 型摇臂钻床各控制环节动作时，要注意各行程开关触头的开、闭状态。如摇臂夹紧行程开关 SQ3，当摇臂夹紧时，SQ3 触头是断开状态，实训开始时应将 SQ3 置于断开状态。

　　② 故障诊断。由指导教师设置人为故障点 2~3 个后，根据故障现象进行分析，通过检测，查找出故障点。报告老师得到确认后，将故障现象、分析原因和检测查找过程填入实训表 7-13 中。在通电检查时要特别注意安全。

　　③ 结束实训。实训完毕后，首先切断电源，关好电气控制柜，清点实训设备与器材、仪表及工具交老师检查。

表7-13　故障分析表

| 故障现象 | 分析原因 | 检测查找过程 |
| --- | --- | --- |
|  |  |  |
|  |  |  |
|  |  |  |

### 4. 实训分析

　　1）在 Z3050 型摇臂钻床电气控制电路中，时间继电器有何作用？其延时时间长短对钻床正常工作有何影响？

　　2）在 Z3050 型摇臂钻床电气控制电路中，时间继电器 KT 与电磁铁 YA 在什么时候动作，YA 动作时间比 KT 长还是短？电磁铁 YA 在什么时候不动作？

　　3）在 Z3050 型摇臂钻床电气控制电路中，有哪些联锁与保护？为什么要用这几种保护环节？

　　4）根据电气控制柜的电路设置，画出 Z3050 型摇臂钻床的接线图并标注线号。

　　5）对照 Z3050 型摇臂钻床电气控制电柜，列出各元器件名称、规格、型号一览表。

　　6）写出实训体会与见解。

## 7.9　X62W 型万能铣床的运行控制与故障分析

### 1. 目的要求

1）熟悉 X62W 型万能铣床电气控制电路的特点，掌握电气控制电路的动作原理，能对铣床进行模拟操作并清楚地了解各运动方向上机电互锁的逻辑关系在电路中所起的作用。

2）了解 X62W 型万能铣床电气控制电路中各电器位置及配线方式，熟悉各电器元件结构、型号规格、安装形式。

3）学会电气原理分析，通过操作观察各电器和电动机的动作过程，加深对电路工作原理的理解。

4）能正确使用万用表、工具等对电气控制电路进行有针对性的检查、测试和维修。进一步掌握一般机床电气设备的调试、故障分析和故障排除的方法与步骤。

### 2. 设备与器材　本实训所需设备、器材见表 7-14。

**表 7-14　实训所需设备、器材**

| 序号 | 名称 | 型号规格 | 数量 | 备注 |
|------|------|----------|------|------|
| 1 | X62W 型万能铣床电气控制柜 | 自制 | 1 | 所需设备、器材的型号规格供参考，可根据实训情况自定 |
| 2 | 万用表 | MF47 型 | 1 | |
| 3 | 绝缘电阻表 | 500V | 1 | |
| 4 | 钳形电流表 | T30-A 型 | 1 | |
| 5 | 常用电工工具 | | 若干 | |

### 3. 实训内容与步骤

1）读通实训电路，理解其工作原理。X62W 型万能铣床电气控制原理图如图 7-18 所示。

2）认识和检查电器。要求同 7.7。

3）检查电路。要求同 7.7。

4）通电试验。检查后，经老师允许方可进行通电试验。

① 运行操作。合上电源开关 QS，根据电路工作原理和控制要求逐一对各控制环节进行操作控制，观察各台电动机是否能正常工作。

在操作前应先检查进给行程开关的状态，对照电气原理图，将各行程开关和转换开关置于正确位置。根据状态表（表 7-4～表 7-6），用万用表检查各触头的通断情况。

a. 主轴电动机 M1 的控制。首先对换向开关 SA5 进行预置（主轴电动机 M1 正转或反转），分别先后按下起动 SB3（或 SB4）和停止 SB1（或 SB2），观察各电器的动作情况、主轴电动机 M1 的起动和停止情况。

KM1 线圈的电气通路为 1-FU8-3-FR1-5-FR3-7-SA2-9-SQ7-11-SB1-13-SB2-15-SB3（或 SB4）-17-KM1-0。

b. 主轴电动机 M1 的变速冲动控制。主轴变速冲动控制是由主轴变速手柄控制行程开关 SQ7 实现。

KM1 线圈的电气通路为 1-FU8-3-FR1-5-FR3-7-SA2-9-SQ7-17-KM1-0。

c. 进给电动机 M3 的控制。X62W 型万能铣床工作台既可在上下（垂直）、左右（纵向）、前后（横向）六个方向进给，又可通过快速牵引电磁铁改变传动方式在六个方向上做空行程的快速移动。电气控制电路及操作手柄有完备的机电联锁，既能保证刀具和工件的安全，又可提高加工表面的精度。主轴电动机起动后才允许工作台进给或快速移动。控制开关和操作手柄保证六个方向进给和快速移动在同一时刻只能任选一个。圆工作台工作时，6 个方向的进给和快速移动均被禁止。

上下（垂直）、左右（纵向）、前后（横向）进给时，进给行程开关 SQ1 触头动作，KM2 线圈的电气通路为 1-FU8-3-FR1-5-FR3-7-SA2-9-SQ7-11-SB1-13-SB2-15-KM1（或 KM4）-18-FR2-20-SQ6-23-SQ4-24-SQ3-25-SA1-27-SQ1-29-KM3-31-KM2-0。进给行程开关 SQ3 触头动作，KM2 线圈的电气通路为 1-FU8-3-FR1-5-FR3-7-SA2-9-SQ7-11-SB1-13-SB2-15-KM1（或 KM4）-18-FR2-20-SA1-22-SQ2-37-SQ1-25-SA1-27-SQ3-29-KM3-31-KM2-0。进给行程开关 SQ2、SQ4 触头动作，KM3 线圈的电气通路自行分析。圆工作台工作时，KM2 线圈的电气通路为 1-FU8-3-FR1-5-FR3-7-SA2-9-SQ7-11-SB1-13-SB2-15-KM1（或 KM4）-18-FR2-20-SQ6-23-SQ4-24-SQ3-25-SQ1-37-SQ2-22-SA1-29-KM3-31-KM2-0。

d. 进给电动机 M3 的变速冲动控制。进给变速冲动控制由进给变速手柄控制行程开关 SQ6 实现。

② 故障诊断。由指导教师设置人为故障点 2～3 个后，根据故障现象进行分析，通过检测，查找出故障点。报告老师得到确认后，将故障现象、分析原因和检测查找过程填入表 7-15 中。在通电检查时要特别注意安全。

③ 结束实训。实训完毕后，首先切断电源，关好电气柜，清点实训设备与器材、仪表及工具交老师检查。

表 7-15 故障分析表

| 故障现象 | 分析原因 | 检测查找过程 |
| --- | --- | --- |
|  |  |  |
|  |  |  |
|  |  |  |

**4. 实训分析**

1）X62W 型万能铣床有哪些基本控制环节？

2）X62W 型万能铣床的主轴电动机旋转时变速与主轴电动机未旋转时变速其电路工作情况有何不同？

3）在主轴电动机 M1 的停止控制中，若分别按下列三种情况操作 SB1（或 SB2）时，主轴电动机的停止过程将会怎样？

① 轻按停止按钮 SB1（或 SB2），只将其常闭触头断开而不使常开触头闭合。

② 将停止按钮 SB1（或 SB2）按到底后，立即就松开。

③ 按下停止按钮 SB1（或 SB2），等到速度继电器的常开触头复位后再松开停止按钮。

4）画出 X62W 型万能铣床电气控制柜接线图并标注线号。

5）对照 X62W 型万能铣床电气控制柜，列出各元器件名称、规格、型号一览表。

# 7.10※ T68 型卧式镗床的运行控制与故障分析

## 1. 目的要求

1）熟悉 T68 型卧式镗床电气控制电路的特点及动作原理，并能清楚地了解 T68 型卧式镗床各行程开关的作用及工作台（或镗头架）与主轴（或平旋盘刀架）之间的联锁关系在电路中所起的作用，能够对镗床进行操作。

2）了解 T68 型卧式镗床电气控制电路中各电器位置及配线方式，熟悉各电器元件结构、型号规格、安装形式。

3）学会电气原理分析，通过操作观察各电器和电动机的动作过程，加深对电路工作原理的理解。

4）能正确使用万用表、工具等对电气控制电路进行有针对性的检查、测试和维修，进一步掌握一般机床电气设备的调试、故障分析和故障排除的方法与步骤。

**2. 设备与器材**　本实训所需设备、器材见表 7-16。

表 7-16　实训所需设备、器材

| 序号 | 名称 | 型号规格 | 数量 | 备注 |
|---|---|---|---|---|
| 1 | T68 型卧式镗床电气控制柜（自制） | | 1 | 所需设备、器材的型号规格供参考，可根据实训情况自定 |
| 2 | 万用表 | MF47 型 | 1 | |
| 3 | 绝缘电阻表 | 500V | 1 | |
| 4 | 钳形电流表 | T30-A 型 | 1 | |
| 5 | 常用电工工具 | | 若干 | |

**3. 实训内容与步骤**

1）读通实训电路，理解其工作原理。T68 型卧式镗床电气控制电路如图 7-28 所示。

2）认识和检查电器。要求同 7.7。

3）检查电路。要求同 7.7。

4）通电试验。检查后，经老师允许方可进行通电试验。

① 运行操作。合上电源开关，根据电路工作原理和控制要求逐一对各控制环节进行操作控制，观察各台电动机是否能正常工作。

在操作前应先检查行程开关的状态，对照电气原理图，将行程开关触头置于正确位置。

a. 主轴电动机 M1 的低速起动控制。将速度选择手柄置于低速档，按下正转起动按钮 SB2，使中间继电器 KA1、正转接触器 KM1、低速运行接触器 KM4 通电吸合，主轴电动机 M1 在△联结下全压起动并以低速运行。M1 反转自行分析。

b. 主轴电动机的高速起动控制。将速度选择手柄置于高速档，行程开关 SQ 被压下，使时间继电器 KT 通电，主轴电动机 M1 在低速△联结下起动，经一段延时后，低速接触器 KM4 断电释放，高速接触器 KM5 通电吸合，从而使主轴电动机 M1 由低速△联结自动换接成高速丫丫联结运行。M1 反转自行分析。

c. 主轴电动机的停止与制动控制。主轴电动机的停止与制动控制由停止按钮 SB1 来实现，若主轴电动机运行在低速正转状态，此时 KA1、KM1、KM3、KM4 均通电吸合，速度继电器 KS1 触头（14-19）闭合为正转反接制动做准备。停车时，按下 SB1，使 KA1、KM3、KM1 相继断电释放，切断了主轴电动机正向电源。SB1 的另一常开触头闭合经 KS1 触头（14-19）使 KM2、KM4 通电吸合，主轴电动机定子绕组串入限流电阻并在△联结下进行反接制动，使电动机的转速下降，直至 KS1 触头（14-19）打开，反接制动结束。从而实现了主轴停止与制动控制。

d. 主轴电动机的点动控制。分别按下正转点动按钮 SB4 与反转点动按钮 SB5，观察各电器的动作情况及主轴电动机 M1 的运行情况。

e. 主运动与进给运动的变速控制。T68 型卧式镗床主轴变速过程与进给变速过程相同，不同的是主轴变速控制是由主轴变速手柄控制行程开关 SQ1、SQ2 实现。而进给变速控制是由进给变速手柄控制 SQ3、SQ4 实现。

f. 镗头架、工作台快速移动控制。镗头架和工作台的各种快速移动由快速电动机 M2 来实现。若需工作台快速移动时，应扳动快速操作手柄，此时与其联动的行程开关 SQ7 或 SQ8 受压，触头动作，从而实现快速移动电动机 M2 的正、反转控制。当手柄复位时，开关 SQ7 或 SQ8 不与再受压，快速移动结束。

② 故障诊断。由指导教师设置人为故障点 2～3 个后，根据故障现象进行分析，通过检测，查找出故障点。报告老师得到确认后，将故障现象、分析原因和检测查找过程填入表 7-17 中。在通电检查时要特别注意安全。

③ 结束实训。实训完毕后，首先切断电源，关好电气控制柜，清点实训设备与器材、仪表及工具交老师检查。

表 7-17　故障分析表

| 故障现象 | 分析原因 | 检测查找过程 |
|---|---|---|
|  |  |  |
|  |  |  |
|  |  |  |

#### 4. 实训分析

1）在 T68 型卧式镗床控制电路中，若把时间继电器的延时常开与常闭触头位置接错，电路会出现什么现象？

2）速度继电器 KS1、KS2 触头在电路中起何作用？若把 KS1、KS2 两常开触头接线位置对调，电路会出现什么故障？若 KS 的常开与常闭触头位置接错，电路又会出现哪些故障？

3）T68 型卧式镗床电路中，时间继电器 KT 的作用是什么？其延时长短有何影响？

4）T68 型卧式镗床电路中，KM3 接触器在主轴电动机几种工作状态下不动作？

5）根据电气控制柜的电器位置画出 T68 镗床的接线图并标注线号。

6）对照 T68 型卧式镗床电气控制柜，列出各元器件名称、规格、型号一览表。

# 7.11※　三相绕线转子异步电动机凸轮控制器控制电路分析

#### 1. 目的要求

1）了解凸轮控制器的结构、原理和接线方法，了解凸轮控制器控制电路中其他电器的型号、规格、用途、原理和使用方法。

2）学会按凸轮控制器电路图接线并进行三相绕线转子异步电动机起动和调速的操作，加深对电路工作原理的理解。

3）通过实验了解三相绕线转子异步电动机的基本结构和接线方法。注意三相绕线转子异步电动机转子所串电阻的调速作用和起动时的限流作用。

**2. 设备与器材** 本实训所需设备、器材见表7-18。

表7-18 实训所需设备、器材

| 序号 | 名称 | 符号 | 规格 | 数量 | 备注 |
|---|---|---|---|---|---|
| 1 | 三相绕线转子异步电动机 | M | JSR-11-6 2.2kW | 1 | |
| 2 | 凸轮控制器 | QCC | KTJ1-12-6/1 | 1 | |
| 3 | 电阻器 | R | ZK1-12-6/1 | 1 | |
| 4 | 凸轮控制器实验电路板(包括交流接触器、熔断器、按钮开关、行程开关、过电流继电器等电器元件) | | 自制 | 1 | 表中所列设备、器材的型号规格仅供参考,各校可根据实际情况自定 |
| 5 | 交流电流表 | | 0~30A | 1 | |
| 6 | 转速表 | | 0~1800r/min | 1 | |
| 7 | 万用表 | | MF47 型 | 1 | |
| 8 | 导线 | | | 若干 | |
| 9 | 电动机的负载(如可由电动机拖动直流发电机并给灯箱供电) | | | 若干 | |
| 10 | 常用电工工具 | | | 若干 | |

**3. 实训内容与步骤**

1)读通实训电路,理解其工作原理。凸轮控制器控制三相绕线转子异步电动机控制电路如图7-42所示。

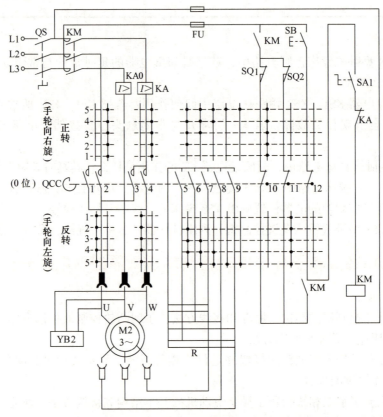

图7-42 凸轮控制器控制三相绕线转子异步电动机控制电路

2）熟悉电路及电器元件。

① 对照电路图核对实验电路板上电器元件，并记录各电器元件的型号、规格及主要参数。

② 熟悉凸轮控制器、电动机、电阻器等电器的结构、原理，了解其接线方法。

3）接线。按图 7-42 电路正确接线，先接主电路和转子电路，后接控制电路。主电路导线截面视电动机容量而定，控制电路导线截面通常采用 $1mm^2$ 的铜线，电路与控制电路导线需采用不同颜色进行区分。

接线完毕，进行自查，确认无误后请老师检查，得到允许方可通电试验。

4）通电试验。

① 先将凸轮控制器 QCC 旋至零位，然后合上电源开关 QS，按下起动按钮 SB，使接触器 KM 通电接通电源，同时 KM 自锁。

② 将凸轮控制器依次向右、向左旋至各档，观察电动机正、反转的起动过程。

③ 将凸轮控制器 QCC 旋回零位；先用 QS 切断电源，并暂时将 QCC 的零位保护触头 12 短接；分别将 QCC 操作手轮旋至（左旋或右旋）1，2，3，4，5 各档；然后合上 QS，用按钮开关 SB 直接起动电动机，观察电动机的起动过程；测量在各档直接起动时电动机的起动电流和运行时的转速，记录于表 7-19 中，从而了解三相绕线转子异步电动机转子串电阻的限流和调速作用。

表 7-19　记录与分析

| 档位 | $I_{st}/A$ | $n/(r \cdot min)$ | 起动情况 |
|---|---|---|---|
| 1 | | | |
| 2 | | | |
| 3 | | | |
| 4 | | | |
| 5 | | | |

④ 可在电动机正常运行时分别操作各保护开关，观察其保护作用。

5）结束实训。实验完毕后，首先切断电源，确保在断电的情况下进行拆线和拆电器，清点实训设备与器材，交老师检查。

## 4. 实训分析

1）实验用的凸轮控制器有多少对触头？各自的作用是什么？

2）保护电路（KM 线圈电路）中各开关（触头）的作用是什么？

3）该电路如何实现过电流和欠电压保护？

4）将实验与实训电路所发生的故障现象、原因及排除故障的方法填入表 7-20 中。

5）记录本次实验的认识和收获。

表7-20　故障分析表

| 故障现象 | 分析原因 | 排除故障方法 |
| --- | --- | --- |
|  |  |  |
|  |  |  |
|  |  |  |

# 学习小结

　　本学习领域介绍了几种典型机床和生产机械的电气控制电路和故障分析。在实际工作中，我们还会遇到其他的机床控制电路。即使是与本学习领域相同型号的机床，由于制造厂的不同，其控制电路也有差别，因此，我们应该抓住各机床电气控制的特点，学会分析电气原理图和诊断故障的方法。

　　CA6140型普通车床控制电路简单，被控电动机的电气要求不高，只有一般的顺序、互锁控制。

　　M7130型平面磨床砂轮电动机和液压泵电动机控制电路都不复杂，相对而言电磁吸盘对电气要求略高一些。欠电流继电器KA保证电磁吸盘只有在足够的吸力时，才能进行磨削加工，以防止工件损坏或发生人身事故。电磁吸盘由整流装置供给直流电工作，"充磁"和"退磁"只是经电磁吸盘线圈的电流方向不同。

　　Z3050型摇臂钻床以摇臂升降运动的控制较复杂。由液压泵配合机械装置，完成"松开摇臂→上升→（或下降）→夹紧摇臂"这一过程，在此过程中要注意行程开关和时间继电器的动作情况。主轴和立柱的夹紧与放松是以点动控制为主，配合手动完成的。

　　X62W型万能铣床主要有三种运动方式：主轴运动、进给运动和辅助运动，其中进给运动较复杂，六个方向（上、下、左、右、前、后）运动靠两个手柄、三根丝杆、四个行程开关进行控制。另外，为了解决齿轮变速带来的啮合不好问题，线路中增设了"瞬进冲动"环节，通过压合行程开关，瞬时接通电动机，以达到便于啮合的目的。

　　T68型卧式镗床介绍了主轴电动机的正反向起动、变速、点动、反接制动和变速冲动的控制电路以及快速移动电动机的控制电路和联锁电路。

　　桥式起重机是工矿企业应用十分广泛的典型生产机械，本学习领域对桥式起重机中各种电气设备做了详细介绍，对典型的凸轮控制器控制电路、主令控制器控制系统做了重点分析，学习桥式起重机控制电路时，对凸轮控制器控制电路和主令控制器控制电路应熟练掌握，特别应注意下降重物时的特殊控制。

## 思考题与习题

　　1. 试分析CA6140型普通车床的控制电路。

　　2. 在M7130型平面磨床中，为什么采用电磁吸盘来夹持工件？电磁吸盘线圈为何要用直流供电而不能用交流供电？

　　3. M7130型平面磨床电路中具有哪些保护环节？

4. 在 Z3050 型摇臂钻床电路中，时间继电器 KT 与电磁阀 YV 在什么时候动作？YV 动作时间比 KT 长还是短？YV 什么时候不动作？

5. 试叙述 Z3050 型摇臂钻床操作摇臂下降时电路的工作情况。

6. X62W 型万能铣床电路由哪些基本环节组成？

7. X62W 型万能铣床控制电路中具有哪些联锁与保护？为什么要有这些联锁与保护？它们是如何实现的？

8. X62W 型万能铣床中，主轴旋转工作时变速与主轴未转时变速其电路工作情况有何不同？

9. T68 型卧式镗床能低速起动，但不能高速运行，故障的原因是什么？

10. 桥式起重机对电气控制有哪些要求？

11. 桥式起重机上的电动机为何不采用熔断器和热继电器作保护？

12. 20t/3t 桥式起重机有哪些保护？

# ·学习领域8<sup>※</sup>·

# 电气控制电路设计

**学习目标** »

1）知识目标：

▲熟悉电气控制电路设计的主要原则。

▲熟悉电力拖动方案确定的基本原则。

▲了解电气控制电路设计的一般要求。

▲了解电气控制电路设计的方法及常用控制电器的选择原则。

▲了解电气控制系统的工艺设计与安装调试的一般要求。

2）能力目标：

▲能够根据电气控制电路设计的主要原则进行电气控制电路设计。

▲能够根据电力拖动方案设计基本原则设计方案。

▲能够使用电气控制电路设计方法，进行电气控制电路的设计。

▲学会如何选择常用控制电器。

▲能够按要求进行电气控制系统的工艺设计和设备的安装调试和试运行。

3）素养目标：

▲激发学习兴趣和探索精神，掌握正确的学习方法。

▲培养学生获取新知识、新技能的学习能力。

▲培养学生的团队合作精神，形成优良的协作能力和动手能力。

▲培养学生的安全意识、质量意识、信息素养、工匠精神和创新思维。

▲培养学生严谨求实的工作作风。

**知识链接** »

　　目前，工矿企业常用的生产机械仍广泛应用继电接触器控制系统，在学习了继电接触器典型控制环节和一些生产机械电气控制电路之后，还应具备一般生产机械电气控制电路的分析和设计能力。本学习领域主要学习继电接触器控制系统设计的内容、电力拖动方案的确定、电气控制电路的设计、控制电器的选择以及电气工艺设计。

## 8.1　电气控制设计的主要内容

### 8.1.1　电气控制设计的一般原则

　　电气控制电路的设计必须树立正确的设计思想，树立工程实践的观点，虚心向有经验的工人、工程技术人员请教，充分借鉴国内外的先进经验和设计理念。这是高质量、高标准完成设计任务的基本保证。在设计过程中应遵循以下几个原则：

1) 从工程实践出发，广泛收集相关技术资料。

2) 应尽可能最大限度地满足生产机械和生产工艺对电气控制的要求。

3) 在满足生产机械控制要求的前提下，设计方案应力求简单、经济，便于操作，维修方便。

4) 应始终把电气控制系统的安全性和可靠性放在首位，确保使用过程中人员和设备的安全。

5) 妥善处理机械与电气的关系，要从工艺要求、制造成本、机械电气结构的复杂性和使用维护等方面综合考虑。

## 8.1.2 电气控制设计的基本任务与内容

电气控制设计的基本任务是根据要求，设计和编制出设备制造和使用维修过程中所必需的图样和资料，包括电气原理图、电器元件布置图、电气安装接线图、电气箱图及控制面板等，编制各类电器元件及材料清单、设备使用说明书等相关技术资料。

电气控制系统的设计包括原理设计和工艺设计两部分。现以电力拖动控制系统为例说明两部分的设计内容。

### 1. 原理设计

1) 拟订电气控制设计任务书。

2) 选择电力拖动方案、控制方式和电动机。

3) 设计电气控制原理图。

4) 计算主要技术参数，选择电器元件，编制电机和电器元件明细表。

### 2. 工艺设计

工艺设计目的是便于组织电气控制设备的制造，实现电气原理设计所要求的各项技术指标，为设备的使用、维修提供必需的图样和资料。

1) 根据电气原理图以及选定的电器元件，进行电气设备总体配置设计。

2) 电器元件布置图的设计与绘制。

3) 电气接线图的绘制。

4) 设计电气箱。

5) 各类电器元件及材料清单的汇总。

6) 编写设计说明书和使用维护说明书。

## 8.1.3 电气控制设计的一般程序

电气控制电路设计的一般程序是首先进行原理设计再进行工艺设计，详细的设计程序同前述设计内容的基本相同。除电气设计任务书以外，其余内容后面详述。

电气设计任务书是整个系统设计的依据，同时又是今后设备竣工验收的依据。拟订电气设计任务书，应综合电气、机械工艺、机械结构三方面的设计资料，根据所设计的机械设备总体技术要求，相互协商，共同拟订。

在电气设计任务书中，应简要说明所设计的机械设备的型号、用途、工艺过程、技术性能、传动要求、工作条件、使用环境等。除此之外，还应说明以下技术指标及要求：

1) 控制精度，生产效率要求。

2) 有关电力拖动的基本特性，如电动机的数量、用途、负载特性、调速范围以及对反向、起动和制动的要求等。

3）用户供电系统的电源种类、电压等级、频率及容量等要求。

4）有关电气控制的特性，如自动控制的电气保护、联锁条件、动作程序等。

5）其他要求，如主要电气设备的布置草图、照明、信号指示、报警方式等。

6）目标成本及经费限额。

7）验收标准及方式。

## 8.2  电力拖动方案的确定

电力拖动方案的确定是电气控制设计中非常重要的一个环节，也是以后各部分设计内容的基础和先决条件。确定电力拖动方案时，首先根据机床工艺要求、生产机械的结构、运动部件的数量和运动要求以及负载特性和调速要求等，来确定电动机的型号、数目，并拟订电动机的调速方案，以此作为电动机控制设计及选择电器元件的主要依据。

### 8.2.1  拖动方式的选择

电力拖动方式有单独拖动与集中拖动两种。电力拖动发展趋向是电动机逐步接近工作机构，形成多电动机的拖动方式。如有些机床，除必需的内在联系外，主轴、刀架、工作台及其他辅助用运动机构，都分别由单独的电动机拖动。这样，不仅能缩短机械传动链，提高传动效率，便于自动化，而且也能使总体结构得到简化。在具体选择时，应根据工艺结构具体情况决定电动机的数量。

### 8.2.2  调速方式的选择

一般中小型设备（如普通机床），若没有特殊要求，优先选用经济、简单、可靠的三相笼型异步电动机。对于要求具有快速平稳的动态性能和准确定位的设备（如龙门刨床、镗床、数控机床等），须考虑采用直流或交流无级调速方案。因此，生产机械的电力拖动方案主要根据生产机械的调速要求来确定。

1. 对于一般无特殊调速指标要求的生产机械  一般在不需要电气调速和起制动不频繁时，应首先考虑采用笼型异步电动机拖动。只有在负载静转矩很大或有飞轮的拖动装置中，才考虑采用绕线转子异步电动机。当负载平衡、容量大且起制动次数很少时，采用同步电动机更为合理。

2. 对于要求电气调速的生产机械  一般应根据调速技术要求，如调速范围、调速平滑性、调速级数和机械特性硬度，来选择电力拖动方案。

1）若调速范围 $D$ 为 $2 \sim 3$，调速级数 $<2$，一般采用可变极数的双速或多速笼型异步电动机。

2）若调速范围 $D < 3$，且不要求平滑调速，采用绕线转子异步电动机，但仅适用于短时或重复短时负载的场合。

3）若 $D$ 为 $3 \sim 10$，且要求平滑调速，在容量不大的情况下，应采用带滑差电磁离合器的笼型异步电动机拖动方案。

4）若 $D$ 为 $10 \sim 100$，可采用晶闸管直流或交流调速拖动系统。

3. 电动机调速性质应与负载特性相适应  机械设备的各个工作机构，具有各自不同的负载特性，如机床的主运动为恒功率负载，而进给运动为恒转矩负载。在选择电动机调速方案时，要使电动机的调速性质与生产机械的负载特性相适应，以使电动机获得充分合理的使用。如双速笼型感应电动机，当定子绕组由三角形联结改成双星形联结时，转速增加一倍，功率却增加很少，它适用于恒功率传动；低速星形联结的双速电动机改成双星型联结后，转速和功率都增加一倍，而电动机所输出的转矩保持不变，它适用于恒转矩传动。

## 8.2.3 电动机的选择

在上述电力拖动方案确定之后，就可着手进行电动机的选择。电动机的选择包括电动机的类型、结构形式、电动机的额定功率、额定电压及额定转速等的选择。

**1. 电动机选择的基本原则**

1）电动机应完全满足生产机械提出的有关机械特性的要求，要与负载特性相适应，以保证良好的运行稳定性和起、制动性能。

2）根据电动机负载的工作方式，选择电动机的容量，保证功率能被充分利用。

3）电动机的结构形式应满足机械设计提出的安装要求，并能适应周围环境的工作条件。

**2. 根据生产机械调速要求选择电动机类型** 感应电动机的结构简单，价格便宜、维护工作量小，但起动及调速性能不如直流电动机。因此在感应电动机能满足生产需要的场合都采用感应电动机，仅在起制动和调速等方面不能满足要求时才考虑选用直流电动机。近年来，随着电力电子以及控制技术的发展，交流调速装置的性能与成本已能与直流调速装置相媲美，越来越多的直流调速应用领域被交流调速占领。

**3. 根据工作环境选择电动机结构形式**

1）在正常环境条件下，一般采用防护式电动机；在人员及设备安全有保证的前提下，也可采用开启式电动机。

2）在空气中存在较多粉尘的场所，应尽量选用湿热带型电动机；若用普通型电动机，应采取相应的防潮措施。

3）在露天场所，宜选用户外型电动机，若有防护措施，也可采用封闭型或防护型电动机。

4）在高温车间，应根据周围环境温度，选用相应绝缘等级的电动机，并加强通风，改善电动机的工作条件，提高电动机的工作容量。

5）在有爆炸危险及有腐蚀性气体的场所，应相应地选用隔爆型及防腐型电动机。

**4. 电动机容量的选择** 正确地选择电动机的容量具有重要的意义。电动机容量选得过大是种浪费，且功率因数降低；选得过小，会使电动机因过载运行而降低使用寿命。

电动机容量的选择有两种方法：

（1）分析计算法：此法计算工作量较大，需要根据生产机械负载图，反复计算，确定电动机的容量。

（2）调查统计类比法：调查统计类比法是对机床主拖动电动机进行实测、分析，找出电动机容量与机床主要数据的关系，据此作为选择电动机容量的依据。常见的机床有以下经验公式（以下经验公式中功率 $P$ 的单位均为 kW）。

1）卧式车床：
$$P = 36.5D^{1.54}$$
式中 $D$——工件最大直径（m）。

2）立式车床：
$$P = 20D^{0.88}$$
式中 $D$——工件最大直径（m）。

3）摇臂钻床： $P = 0.0646D^{1.19}$

式中 $D$——最大的钻孔直径（m）。

4）外圆磨床： $P = 0.1KB$

式中 $B$——砂轮宽度；

$K$——系数，当砂轮主轴采用滚动轴承时，$K = 0.8 \sim 1.1$，采用滑动轴承时，$K = 1.0 \sim 1.3$。

5）卧式铣镗床： $P = 0.004D^{1.7}$

式中 $D$——镗杆直径（mm）。

6）龙门铣床： $P = 0.006B^{1.16}$

式中 $B$——工作台宽度（mm）。

机床进给运动电动机的容量：车床、钻床约为主电动机的 $0.03 \sim 0.05$，而铣床则为 $0.2 \sim 0.25$。

## 8.3  电气控制电路设计的一般要求

当生产机械电力拖动方案确定以后，即着手进行电气控制电路的设计。若要使所设计的电气控制电路为最合理的设计方案，并能够安全、可靠地工作，在设计过程中应满足多方面要求。

### 8.3.1  满足生产机械的工艺要求

电气控制电路的设计，必须最大限度地满足生产机械的工艺要求。因此，在设计之前，应全面细致地了解生产机械的基本结构、运动情况及加工工艺，深入现场调查研究，收集相关技术资料，确定控制方案。

### 8.3.2  控制电路电流种类与电压数值的要求

当机床有几个控制变压器时，每个变压器尽可能只给机床一个单元的控制电路供电。只有这样，才能使得不工作的那个控制电路不会危及人身、机床和工件的安全。如果电源具有接地中性线时，在不要求专门保护措施的情况下可以把控制电路直接接到电源上，在此情况下，控制电路必须连接在相线和接地中性线之间。对于电磁线圈5个以下的电气设备，控制电路可以直接接到电源上，即接在两相线之间或相线与中线之间，这种控制电路电压不做规定，由电源电压而定。

由变压器供电的交流控制电路，二次电压为24V或48V，50Hz。对于触头外露在空气中的电路，由于电压过低而使电路工作不可靠时，应采用48V或更高的电压，即110V（优越值）和220V，50Hz。

直流控制电路的电压为24V、48V、110V、220V。

### 8.3.3  控制电路工作的可靠性、安全性的要求

在设计过程中，为确保电气控制电路安全、可靠地工作，不致发生故障及造成人身危害，须注意以下几个方面的问题：

1. 元件的质量要求  电器元件的选择应符合国家标准，满足质量要求，工作稳定可靠。

2. 元件的正确使用  电器元件应正确使用，其线圈和触头在与外部电路连接时应符合有关规定，并在具体设计时注意以下几点：

（1）正确、合理安排电器元件的触头：对于同一电器元件，其常开和常闭触头距离很近。若将其接在电源的不同相上，从原理上来讲，并不影响其正常工作，但在实际运行中却影响到电路的安全和导线的长度。

图 8-1a 为合理接法，其中行程开关 SQ 的常开和常闭触头的电位相同；图 8-1b 为不合理接法，行程开关的常开触头接到电源的一相，常闭触头接到电源的另一相上。当行程开关 SQ 触头动作产生电弧时，可能产生触头间飞弧，使常开和常闭触头相连，从而造成电源短路。而且图 8-1a 与图 8-1b 相比较，所需导线更少。

（2）正确连接电器元件的电磁线圈

1）交流电压线圈不能串联使用，即使是两个同型号电压线圈也不能采用串联后接在两倍线圈额定电压的交流电源上，而必须并联使用，如图 8-2 所示。这是因为若两个交流电压线圈串联，其动作有先有后。若接触器 KM1 先动作，则使 KM1 线圈电感量增大，阻抗增大，电压也增大，造成加在 KM2 的线圈电压不足，KM2 无法动作。

2）在直流控制电路中，两电感量相差悬殊的直流电压线圈不能直接并联使用，如图 8-3a 所示。当电源切断时，YA 线圈产生较大感应电动势，并加在 KA 线圈两端，从而有可能使 KA 重新动作，造成 KA 的误动作。因此，可改为图 8-3b 所示电路。

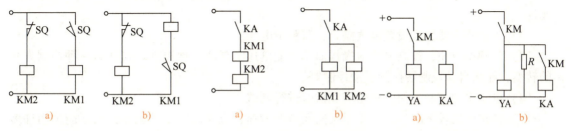

图 8-1　电器元件与触头间的连接
a）合理接法　b）不合理接法

图 8-2　交流电压线圈的连接
a）错误接法　b）正确接法

图 8-3　直流电压线圈的连接
a）错误接法　b）正确接法

**3. 防止出现寄生电路**　在电气控制电路设计过程中，要特别注意避免出现寄生电路。寄生电路是指在电气控制电路工作过程中，意外接通的电路。当产生寄生电路时，将使控制电路误动作，如图 8-4a 所示。这是一个具有指示灯和过载保护的电动机正反转控制电路。正常工作时，能完成正反向起动、停止与信号指示。但当热继电器 FR 动作时，将产生寄生电路，如图中虚线所示。正转接触器 KM1 不能释放，起不到过载保护的功能，造成误动作。改进措施是将热继电器 FR 的常闭触头接到图 8-4b 所示位置，则可防止寄生电路的产生。

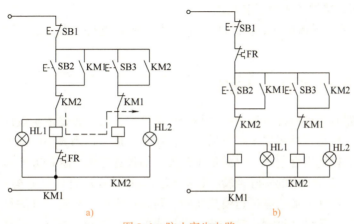

图 8-4　防止寄生电路
a）错误接法　b）正确接法

4. 采用电气联锁和机械联锁的双重联锁　在频繁操作的可逆电路中，正反向接触器之间不仅要有电气联锁，还要有机械联锁。

5. 继电器触头的容量　在电气控制电路中，若采用小容量的继电器来断开和接通大容量接触器线圈时，要分析触头的容量是否满足控制要求。如若不够，则必须加大继电器的容量或增加中间继电器，否则工作不可靠。

### 8.3.4　保护环节的要求

在设计电气控制电路过程中，为保证操作人员、控制电路、生产机械的安全，避免事故的发生，在电气控制电路中应具有完善的保护措施。常用的保护环节有漏电保护、过载、短路、过电流、失电压、弱磁与限位保护等。

### 8.3.5　操作和维修方便的要求

电气控制电路设计应从操作与维修角度出发，力求操作简单，维护维修方便。

1）电气控制电路在安装与配线时，电器元件应留有备用触头，必要时，留有备用元件。

2）为检修方便，应设置电气隔离，避免带电操作。

3）为调试方便，控制方式应操作简单，能迅速实现从一种控制方式到另一种控制方式的转变，如从自动控制转换到手动控制等。

4）设置多点控制，便于在生产机械旁进行调试。

5）操作回路较多时，如要求正反向运转并调速，应采用主令控制器，而不能采用许多按钮。

### 8.3.6　控制电路简单、经济的要求

在满足生产工艺要求前提下，控制电路应力求简单、经济。

1）尽量选用标准电器元件，尽量减少电器元件的数量，尽量选用相同型号的电器元件以减少备用品的数量。

2）尽量选用标准的、常用的或经过实践考验的典型环节或基本电气控制电路。

3）尽量减少不必要的触头，以简化电气控制电路，在满足生产工艺要求的前提下，使用的电器元件越少，电气控制电路中所涉及的触头数量也越少，因而还可以提高控制电路的可靠性，降低故障率。

4）尽量缩短连接导线的数量和长度。

5）控制电路在工作时，除必要的电器元件必须通电外，其余的尽量不通电以节约电能。

## 8.4　电气控制电路的设计方法

电气控制电路有两种设计方法，一种是分析设计法；另一种是逻辑设计法。分析设计法也称经验设计法，这是一种根据生产机械的工艺要求，适当选用典型的基本控制电路，并加以自行设计使其有机地组合起来，以满足工艺要求的设计方法。这种方法易于掌握、使用很广，但要求设计者具有一定的实际经验，设计出的电路需要进行认真分析，反复修改简化，并完善控制功能，设计完成后需进行模拟实验，再最后定稿。逻辑设计法是一种利用逻辑代数进行设计的方法，其设计过程比较复杂，设计出的电路合理、精炼、可靠，但主要在设计较复杂的控制电路中采用。生产机械电气控制系统的改造以及一些不太复杂的控制电路设

计，经常采用的还是分析设计法。下面仅对分析设计法做介绍。

### 8.4.1 分析设计法的基本步骤

在充分了解生产机械各种运动对拖动的要求以及生产过程对控制的要求后，就可以进行电气控制电路的设计了。一般的生产机械电气控制电路设计包括主电路、控制电路和辅助电路等的设计。其基本步骤是：

1. 主电路设计 主要考虑电动机的起动、点动、正反转、制动及多速电动机的调速。

2. 控制电路设计 主要考虑如何满足电动机的各种运转功能及生产工艺要求，包括实现加工过程自动或半自动的控制等。

3. 辅助电路设计 主要考虑如何完善整个控制电路的设计，包括短路、过载、零压、联锁、照明、信号等各种保护环节。

4. 反复审核电路是否满足设计原则 在条件允许的情况下，进行模拟试验，直至电路动作准确无误，并逐步完善整个电气控制电路的设计。

### 8.4.2 分析设计法举例

下面以设计龙门刨床横梁升降机构控制电路为例来说明分析设计法。

1. 横梁升降机构与运动情况

1）龙门刨床上装有横梁机构，刀架装在横梁上。由于机床加工工件大小不同，要求横梁能沿立柱做上升、下降的调整移动，横梁的移动由横梁升降电动机来拖动。

2）在加工过程中，横梁必须紧紧地夹在立柱上，不许松动。夹紧机构能实现横梁的夹紧或放松，横梁的夹紧机构由横梁夹紧放松电动机来拖动。

2. 横梁升降机构对控制的要求

1）按向上或向下移动按钮后，首先是夹紧机构自动放松。

2）横梁放松后，自动转换到向上或向下移动。

3）移动到所需的位置后，松开按钮，横梁自动夹紧。

4）夹紧后电动机自动停止运动。

5）横梁在上升与下降时，应有上下行程的限位保护。

6）正反向运动之间以及横梁夹紧与移动之间要有必要的联锁。

3. 主电路的设计

根据横梁能上下移动和能夹紧放松的工艺要求，需要用两台电动机 M1、M2 来拖动，其中 M1 为横梁升降电动机，M2 为横梁夹紧放松电动机，两台电动机都需正反向运转。因此采用四个接触器 KM1、KM2 和 KM3、KM4，分别控制 M1 和 M2 两台电动机的正反转，电路如图 8-5a 所示。

4. 控制电路的初步设计

1）基本控制电路的设计。横梁升降为调整运动，故对升降电动机 M1 采用点动控制，由于 M1 正反转工作，所以采用两个点动按钮 SB1 与 SB2 分别控制 M1 的正转和反转，实现横梁的上升与下降。但在移动前要求先松开横梁，移动到位后，松开点动按钮时又要求横梁夹紧，这意味着点动按钮要控制 KM1 ~ KM4 四个接触器，由于按钮触头数的限制，所以引入上升中间继电器 KA1 与下降中间继电器 KA2，再由中间继电器的触头去控制四个接触器。于是设计出横梁升降基本控制电路，如图 8-5b 所示。

2）横梁放松控制电路设计。分析图 8-5 电路，接触器 KM3 线圈长期得电，致使夹紧电

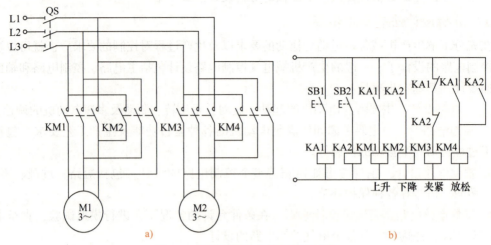

图 8-5　横梁升降电气控制基本电路

a) 主电路　b) 基本控制电路

动机 M2 工作，这显然不合理。另外，在按下按钮 SB1（或 SB2）后，接触器 KM1（或 KM2）和 KM4 同时得电吸合，横梁的移动与放松同时进行，没有先后之分，不满足"夹紧机构先放松，横梁后移动"的工艺要求。横梁移动前，必须使夹紧电动机 M2 先反向工作（KM4 通电吸合），将横梁放松后，发出信号，使 M2 停止工作，同时使升降电动机 M1 工作（KM1 或 KM2 通电吸合），带动横梁移动。为此在夹紧机构上安装一只行程开关 SQ1，用来检测横梁的放松程度，其常闭触头接入 KM4 线圈回路、常开触头控制移动接触器 KM1 和 KM2 线圈回路，同时控制 KM3 线圈回路防止 KM3 线圈长期得电，控制电路如图 8-6 所示。这时若按下按钮 SB1（或 SB2），放松接触器 KM4 首先得电，M2 反转，横梁开始放松，当横梁完全放松后，撞块压下 SQ1，SQ1 的常闭触头断开使接触器 KM4 线圈断电，M2 停止工作；常开触头闭合使接触器 KM1（或 KM2）线圈通电，KM1（或 KM2）的主触头闭合使升降电动机 M1 工作，横梁开始上升或下降。

3）横梁夹紧控制电路设计。当升降电动机 M1 拖动横梁移动至所需位置时，松开点动按钮 SB1（或 SB2），中间继电器 KA1（或 KA2）和接触器 KM1（或 KM2）相继失电释放，使升降电动机停止工作，同时 KM3 得电，横梁夹紧电动机 M2 正转，横梁开始夹紧。在夹紧过程中，行程开关 SQ1 将会复位，从而使 KM3 失电，为保持夹紧电机继续工作，KM3 应加自锁触头使 KM3 维持得电，M2 保持正转使横梁继续夹紧。为检测夹紧程度，可在夹紧电动机 M2 夹紧方向的主电路某一相中串联一只过电流继电器 KA3，将其动作电流整定在 M2 额定电流的两倍左右。过电流继电器 KA3 的常闭触头串接在接触器

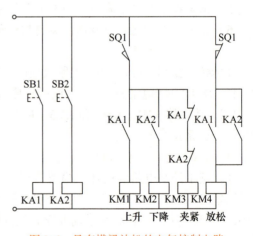

图 8-6　具有横梁放松的电气控制电路

KM3 电路中，当夹紧横梁时，夹紧电动机电流逐渐增大，当超过电流继电器整定值时，KA3 的常闭触头断开，KM3 线圈失电，自动停止夹紧电动机的工作。控制电路如图 8-7 所示。

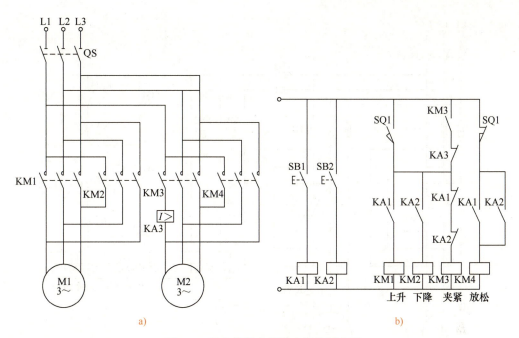

图 8-7　具有横梁夹紧的电气控制电路

a）主电路　b）控制电路

### 5. 设计联锁保护环节

1）采用行程开关 SQ2 和 SQ3 分别实现横梁上升和下降的限位保护。

2）行程开关 SQ1 不仅反映了放松信号，而且还起到了横梁移动和横梁夹紧之间的联锁作用。

3）中间继电器 KA1、KA2 的互锁常闭触头，实现了横梁升降电动机正反向运动的联锁保护，在 KM3 和 KM4 线圈电路中的常开和常闭触头实现了夹紧电动机正反向运动的联锁保护。

4）采用熔断器 FU1、FU2 和 FU3 分别做升降电动机 M1、夹紧电动机 M2 和控制电路的短路保护。

完整的横梁升降机构电气控制电路如图 8-8 所示。

## 8.5　常用控制电器的选择

正确合理地选用控制电器，是控制电路安全、可靠工作的重要保证。下面对常用控制电器的选择做简单介绍。

### 8.5.1　接触器的选择

1. 类型的选择　根据接触器所控制对象的电流性质来选择接触器的种类（交流或直流）。如控制系统中主要是交流对象，而直流对象容量较小时，为了控制方便，也可以全用交流接触器，但主触头的电流等级要选大些。

2. 类别的选择　根据接触器所控制负载工作任务的轻重来选择相应使用类别的接触器。

3. 电压的选择　通常接触器的额定电压应大于或等于主触头所控制的负载电路电压。

4. 额定电流的选择　接触器主触头的额定电流应大于或等于负载的额定电流。主触头

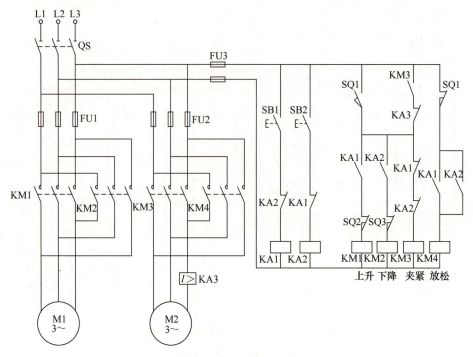

图 8-8　横梁升降机构电气控制电路

的额定电流可选择稍大些。

 5. 线圈电压的选择　接触器线圈电压应与控制电路的电压一致。

 6. 触头数量和种类的选择　触头数量和种类应满足电路的要求。

## 8.5.2　电磁式继电器的选择

  常用的电磁式继电器有电流继电器、电压继电器、中间继电器和时间继电器，表 8-1 列出了常用电磁式继电器的类型与用途。

表 8-1　电磁式继电器的类型及用途

| 类型 | 动作特点 | 主要用途 |
| --- | --- | --- |
| 电流继电器 | 当电路中通过的电流达到规定值时动作 | 用于电动机过电流与短路保护、直流电动机磁场控制及弱磁保护 |
| 电压继电器 | 当电路中的电压达到规定值时动作 | 用于电动机失电压或欠电压保护、制动或反转制动 |
| 中间继电器 | 当电路中的电压达到规定值时动作 | 在控制电路中起增加触头数量或信号放大作用 |
| 时间继电器 | 自得到动作信号起至触头动作有一定延时 | 常用于电动机的起动、制动及各种生产工艺程序需要延时控制的场合 |

  1. 电流（电压）继电器的选择　电流（电压）继电器分为过电流（电压）继电器和欠电流（电压）继电器，一般选择注意事项如下：

  1）根据控制电流（电压）的性质选择继电器的种类（交流或直流）。

  2）根据电路控制要求选择继电器的吸合电流（电压）或释放电流（电压）。

  3）继电器额定操作频率应高于继电器实际操作频率。

  2. 中间继电器的选择　中间继电器本质上是电压继电器，在电路中起增加触头数量和中间放大作用，一般选择注意事项如下：

1）根据控制电路电流的性质选择继电器的种类（交流或直流）。

2）继电器常开和常闭触头的数目应满足控制电路的要求。

3）继电器线圈的电压与控制电路电压相一致。

**3. 时间继电器的选择**　对于延时要求不高的场合，一般采用电磁阻尼式或空气阻尼式时间继电器，其选择注意事项如下：

1）电流种类和电压应与控制电路一致。

2）根据控制要求选择通电延时型或断电延时型。

3）选择延时闭合和延时断开触头的数量。

4）选择瞬动常开和常闭触头的数量。

### 8.5.3　热继电器的选择

热继电器主要用于电动机的过载保护。对于过载可能性很小的电动机以及短时工作的电动机，可不设热继电器进行过载保护。短时反复切换正反转的电动机也不宜设置热继电器保护。在选择热继电器时应注意以下几点：

1）根据电动机额定电流确定热继电器型号及热元件的电流等级，选择热继电器整定范围的中间值为被保护电动机的额定电流。

2）对于定子绕组为三角形联结的电动机，必须选用三相带断相保护的热继电器。

### 8.5.4　熔断器的选择

熔断器类型很多，其结构也不相同，通常有插入式、螺旋式、填料封闭管式等。选择熔断器，主要是选择熔断器类型、额定电压和电流。

1）根据熔断器的使用场合、电流与电压的等级及安装方式选择熔断器的类型。

2）熔断器的额定电压一定要大于熔断器所接电路的电压。

3）熔体额定电流的确定。熔体额定电流的选择与负载的大小和性质有关。对于如照明电路、电阻炉等负载较平稳的电气设备，熔体的额定电流应等于或大于电路的负载电流。对于电动机这样有冲击电流（起动电流为额定电流的 4～7 倍）的电气设备，熔体额定电流的确定如下：

对于长期工作的单台三相笼型异步电动机：

$$I_{RN} = (1.5 \sim 2.5) I_N$$

式中　$I_{RN}$——熔体额定电流（A）；

　　　$I_N$——电动机额定电流（A）。

多台电动机共用熔断器：

$$I_{RN} = (1.5 \sim 2.5) I_{Nmax} + \Sigma I_N$$

式中　$I_{Nmax}$——容量最大的电动机额定电流；

　　　$\Sigma I_N$——其余各台电动机额定电流之和。

对于频繁起动的电动机，以上两式中 1.5～2.5 的系数应为 3～3.5。电动机空载（或轻载）起动时，起动时间短，系数可取小值，重载时取大值。

4）熔断器的额定电流应大于或等于熔体的额定电流。

### 8.5.5　刀开关与低压断路器的选择

**1. 刀开关的选择**　刀开关有胶盖瓷底刀开关、铁壳开关和转换开关。一般按以下原则选择：

1）根据使用场合，选择刀开关的类型、极数及操作方式。

2）刀开关额定电压应大于或等于电路电压。

3）刀开关额定电流应大于或等于电路的额定电流。对于电动机负载，开启式刀开关额定电流可取电动机额定电流的 3 倍；封闭式刀开关额定电流可取为电动机额定电流的 1.5 倍。

**2. 低压断路器的选择**　低压断路器分塑料外壳式（装置式）与万能式（框架式）两种。低压断路器常用来作为电动机的过载与短路保护，一般按以下原则选择：

1）断路器的额定电压和额定电流应不小于电路正常工作电压和电流。

2）热脱扣器的整定电流应与所控制的电动机额定电流或负载额定电流相等。

3）电磁脱扣器的瞬时脱扣整定电流应大于负载电路正常工作时的尖峰电流。

## 8.5.6　主令电器的选择

**1. 控制按钮的选择**

1）根据使用场合，选择控制按钮的种类。

2）根据用途选择控制按钮的结构形式。

3）根据控制回路要求确定按钮触头数量。

4）根据工作状态指示和工作情况要求选择按钮及指示灯的颜色。

**2. 行程开关的选择**

1）根据安装使用环境选择防护方式。

2）根据控制电路的电压和电流选择行程开关系列。

3）根据运动机械与行程开关的传力和位移关系选择行程开关的头部形式。

**3. 万能转换开关**

1）按额定电压和工作电流选用相应的万能转换开关系列。

2）按操作需要来选定手柄形状和定位特征。

3）按控制要求确定触头数量和接线图号。

4）根据使用场合选择面板形式和标志。

## 8.5.7　控制变压器的选择

在一些场合，为了保证控制电路安全、可靠地工作，控制电路（包括辅助电路）往往需要低电压供电，这时通常采用控制变压器来降低电源电压以满足控制电路的需要。控制变压器一般为单相多绕组变压器，一次电压应与电网供电电压相符，二次电压应与控制电路的要求相符。控制变压器的容量，可根据以下两个近似公式进行计算：

1）按最大工作负荷的功率计算：

$$S \geqslant K\Sigma S_1$$

式中　$S$——变压器所需的容量（V·A）；

　　$\Sigma S_1$——控制电路在最大负载时所有工作电器所需要的功率（V·A），对于交流接触器、交流继电器和交流电磁铁，$S_1$ 应取吸持功率值；

　　$K$——变压器容量的储备系数，一般取 1.1~1.25。

2）在部分电器已吸合后又需起动吸合另一些电器时，要保证已吸合的电器仍能吸合。此时 $S$ 按下式计算：

$$S \geq 0.6\Sigma S_1 + 0.25\Sigma S_2 + 0.125K_1\Sigma S_3$$

式中　$\Sigma S_1$——已经吸合的电器所需要的功率（V·A）；

$\Sigma S_2$——所有同时起动的交流接触器、交流中间继电器起动时所需要的总功率（V·A）；

$\Sigma S_3$——所有同时起动的电磁铁在起动时所需要的总功率（V·A）；

$K_1$——电磁铁的工作行程 $L_g$ 与额定行程 $L_e$ 之比的修正系数，当 $L_g/L_e = 0.5 \sim 0.8$ 时，$K_1 = 0.7 \sim 0.8$；当 $L_g/L_e > 0.9$ 时，$K_1 = 1$。

本节给出了一些电器选择的主要原则，在有的电器选择中还应考虑如操作频率、工作类别、控制精度和工作环境等诸多因素。在此不再赘述，需要时可参阅相关资料。

## 8.6　电气控制系统的工艺设计与安装调试

电气控制系统的工艺设计与安装调试是在完成电气控制系统电气原理图及电器元件选择后进行的内容。工艺设计包括：电气设备总体配置设计，电器元件布置图、接线图的绘制，电气箱及非标准零件图的设计，各类元器件及材料清单的编制，设计说明书及使用说明书的编写等。安装调试包括：电气控制设备的装配和试运行。

### 8.6.1　电气设备总体配置设计

各种电动机及各类电器元件根据各自的作用，都有一定的装配位置，一个完整的电气控制设备，根据电机电器的不同位置，一般分为各个组件。

通常机床电气控制设备可分成以下几种组件：

1. **机床电器组件**　拖动电动机、各种执行元件（电磁阀、电磁铁和电磁离合器等）以及各种检测元件（行程开关及压力、速度和温度继电器等）必须安装在机床的相应部位，它们构成了机床电器组件。

2. **电器板和电源板组件**　各种控制电器（接触器、中间继电器和时间继电器等）以及保护电器（熔断器、热继电器和过电流继电器等）安装在电气箱内，构成一块或多块电器板（主板），而控制变压器及整流、滤波器件也安装在电气箱内，构成电源板组件。

3. **控制面板组件**　各种控制开关、按钮、指示灯、指示仪表和需经常调节的电位器等，必须安装在控制台面板上，构成控制面板组件。

各组件板和机床电器相互间的接线一般采用接线端子板，以便接拆。

总体配置设计是以电气控制系统的总装配图与总接线图形式来表达的，图中应以示意形式反映出各电气部件（如电气箱、电动机组、机床电器等）的位置及接线关系，以及走线方式和使用管线要求等。

### 8.6.2　电器元件布置图的设计与绘制

电器元件布置图是指电器元件按一定原则进行组合的安装位置图。同一组件中电器元件的布置应注意：

1）体积较大和较重的电器一般装在控制板（箱）的下方。

2）熔断器一般装在上方，有发热元件的电器也应装在上方或装在易于散热的位置，并注意使感温器件和发热器件隔开。

3）经常需要调节或更换的电器和部件应考虑装在便于操作的位置。

4）电器元件布置不宜过密，对易产生飞弧的接触器和自动开关尤其要注意。若采用板前线槽配线方式，应适当加大各排电器间距，以利布线和维护，还应考虑整齐、美观。

5）原理图中靠近的电器元件，应尽量布置得近些，以缩短接线。

6）强弱电应分开，弱电部分应加屏蔽隔离，以防强电及外界的干扰。

布置图是根据电器元件的外形绘制，并标出各元件间距尺寸及公差范围，应严格按标准标出，作为底板加工依据，以保证各电器的顺利安装。

在电器元件布置图设计中，还要根据本组件进出线的数量和采用导线规格，选择进出线方式，并选用适当接线端子板或接插件，按一定顺序标上进出线的接线号。

### 8.6.3 电气接线图的绘制

电气接线图是根据电气原理图及电器元件布置图绘制的，它一方面表示出各电气组件（电器板、电源板、控制面板和机床电器）之间的接线情况；另一方面表示出各电气组件板上电器元件之间的接线情况。因此，它是电气设备安装、进行电器元件配线和检修时查线的依据。

机床电器（电动机和行程开关等）的接线，可先接到装在机床上的分线盒，再从分线盒接线到电气箱内电器板上的接线端子板上，也可不用分线盒直接接到电气箱。电气箱上各电器板、电源板和控制面板之间要通过接线端子板接线。接线图的绘制还应注意以下几点：

1）电器元件按外形绘制，并与布置图一致，在接线图中同一电器元件的各个带电部件（线圈、触头等）必须画在一起，且在一个细实线方框内。

2）所有电器元件及其引线应标注与电气原理图相一致的文字符号及接线标号。

3）电器元件之间的接线一律采用单线表示法绘制，实际包含几根线可从电器元件上标注的接线标号数看出来。当电器元件数量较多和接线较复杂时，也可不画各元件间的连线。电气组件之间的接线也一律采用单线表示法绘制，含线数可从端子板上的标号数看出来。

4）接线图中应标出配线用的各种导线型号、规格、截面积及颜色等。规定交流或直流动力电路用黑色线，交流辅助电路为红色，直流辅助电路为蓝色，地线为黄绿双色，与地线连接的电路导线以及电路中的中性线用白色线。还应标出组件间连线的护套材料，如橡套或塑套、金属软管、铁管和塑料管等。

### 8.6.4 电气箱及非标准零件图的设计

通常，机床有单独的电气控制箱。电气箱设计要考虑以下几方面问题：

1）根据控制面板及箱内各电器板和电源板的尺寸确定电气箱总体尺寸及结构方式。

2）根据各电气组件的安装尺寸，设计箱内安装支架（采用角铁、槽钢和扁铁等）。

3）从方便安装、调整及维修要求出发，设计电气箱门。为利于通风散热，应设计通风孔或通风槽。为便于搬动，应设计起吊勾、起吊孔、扶手架或箱体底部活动轮。

4）结构紧凑外形美观，要与机床本体配合和协调，并提出一定的装饰要求。

根据上述要求，先勾画出箱体外形草图，根据各部分尺寸，按比例画出外形图。而后进行各部分的结构设计，绘制箱体总安装图及各面门、控制面板、底板、安装支架、装饰条等零件图。这些零件一般为非标准零件，要注明加工要求（如镀锌、油漆、刻字等），要严格按机械零件设计要求进行设计，所用材料有金属材料和非金属材料（胶木板和有机玻璃板等）。门锁和某些装饰零件应外购。

### 8.6.5 各类元器件及材料清单的编制

在电气系统原理设计及工艺设计结束后，应根据各种图样，对所需的元器件及材料进行综合统计，按类别分别作出元器件及材料清单表，以便供销和生产管理部门备料，这些资料也是成本核算的依据。

### 8.6.6　设计说明书及使用说明书的编写

设计说明书及使用说明书是设计审定及调试、安装、使用和维护过程中必不可少的技术资料。使用说明书应提供给用户。

设计说明书应包含拖动方案选择依据、设计特点、主要参数计算、设计任务书中各项技术指标的核算与评价、设备调试要求与调试方法、使用维护及注意事项等内容。

使用说明书可分为机械和电气两部分，电气部分主要介绍电气结构、操作面板示意图、操作、使用、维护方法及注意事项，还要提供电气原理图和接线图等，以便用户检修。

### 8.6.7　电气控制设备的装配

**1. 配置设备器材**

1）根据材料清单配置电器元件，并选配导线、线槽、软管、套管等器材。

2）检查设备和器材的质量。

**2. 电器安装**　根据电器元件布置图将电器元件安装在控制箱（板）上，要求位置正确、排列整齐、固定牢固。

**3. 电气控制箱内部配线**　按照接线图确定的走线方向进行接线。接线的顺序一般是先接主电路，后接控制和辅助电路；先接箱（板）内后接箱（板）外。控制箱（板）内电器间的配线方法一般有三种：①在板的正面用线槽配线。②明敷线。③板后配线。第一种方法使用最多；第二种方法仅适用于电器元件数较少、线路较简单的控制系统；第三种方法已较少采用。线槽配线的具体方法和工艺要求是：

1）在所有导线的截面积≥$0.5\text{mm}^2$ 时，必须采用软线；考虑接线机械强度的原因，所有导线的最小截面积在控制箱（板）外为 $1\text{mm}^2$，箱（板）内为 $0.75\text{mm}^2$，但对于箱（板）内一些电流很小的电路（如电子电路）接线，可采用截面积为 $0.2\text{mm}^2$ 的硬线，但注意只能用于不移动且无振动的场合。

2）控制箱（板）上各电器元件接线端子引出导线的走向，以元器件的水平中心线为界线，在水平中心线以上，接线端子引出的导线必须进入元件上面的线槽；在水平中心线以下，接线端子引出的导线必须进入元件下面的线槽。任何导线都不允许从水平方向进入线槽内。

3）各电器元件接线端子上引出或引入的导线，除间距很小和元器件机械强度很差允许直接空敷设以外，其他导线必须经过线槽进行连接。

4）各电器元件与线槽之间的外露导线，应走线合理，尽可能做到横平竖直，变换走向要垂直。同一个元件上位置一致的端子及同型号电器元件上位置一致的端子上引出的导线，应敷设在同一平面上，并应做到高低一致或前后一致，不得交叉。

5）进入线槽内的导线要完全置于线槽内，并应尽可能避免交叉；装线一般不要超过线槽的70%，以能够方便地盖上槽盖为准，并便于以后的装配和查线、维修。

6）接线要保证牢固。可以根据接线桩的情况将导线直接压接；或将导线按顺时针方向弯成稍大于螺栓直径的圆环，加上金属垫圈压接。接线端子必须与导线截面积和材质相适应，当接线端子不适合连接软线或较少截面积的导线时，可以在导线端头上穿上针形或叉形轧头并压紧。

7）注意不能损伤导线的绝缘和线芯。所有从一个接线桩到另一个接线桩的导线中间不能有接头。一般一个接线端子只能连接一根导线；如果采用专门设计的端子，可以连接两根或多根导线，但必须采用公认的、工艺成熟的各种方式（如夹紧、扫接、焊接、绕接等），严格按照工序要求进行连接。

8）控制箱（板）内、外的电气接线必须通过接线端子引出。接线端子板可根据需要布置在控制箱（板）的下方或侧面。

9）不同电路应采用不同颜色的电线区分，所有导线的端头都应套上标注有与原理图相同号码的套管。在遇到如6和9或16和91这类方向颠倒都能读数的号码时，应做记号以防混淆。

**4. 电气控制箱外部的配线施工**

1）所用导线皆为中间无接头的绝缘多股硬导线。

2）电柜外部的全部导线（除了有适当保护的电缆线外）一律都要安放在导线通道内，使其有适当的机械保护，具有防水、防铁屑、防尘作用。

3）导线通道应有一定裕量，若用钢管，其管壁厚度应大于1mm；若用其他材料，其壁厚应具有与上述钢管相应的强度。

4）所有穿管导线，在其两端头必须标明线号，以便查找和维修。

5）穿行在同一保护管路中的导线束应加入备用导线，其根数按表8-2的规定配置。

表8-2　管中备用导线的数量

| 同一管中同色同截面导线根数 | 3~10 | 11~20 | 21~30 | >30 |
|---|---|---|---|---|
| 备用导线根数 | 1 | 2 | 3 | 每递增10根,增加1根 |

**5. 导线截面积的选用**　导线截面积应按正常工作条件下流过的最大稳定电流来选择，并考虑环境条件。表8-3列出了机床用导线的载流容量，这些数值为正常工作条件下的最大稳定电流。另外还应考虑电动机的起动、电磁线圈吸合及其他电流峰值引起的电压降。为此，表中8-4中又列出了导线的最小截面积，供选择时考虑。表8-3列出的为铜芯导线，若用铝线代替铜线，则表8-3中的数值应乘系数0.78才为铝线的载流容量。

表8-3　机床用导线的载流容量

| 导线截面积/mm² | 一般机床载流容量/A | | 机床自动线载流容量/A | |
|---|---|---|---|---|
| | 在线槽中 | 在大气中 | 在线槽中 | 在大气中 |
| 0.198 | 2.5 | 2.7 | 2 | 2.2 |
| 0.283 | 3.5 | 3.8 | 3 | 3.3 |
| 0.5 | 6 | 6.5 | 5 | 5.5 |
| 0.73 | 9 | 10 | 7.5 | 8.5 |
| 1 | 12 | 13.5 | 10 | 11.5 |
| 1.5 | 15.5 | 17.5 | 13 | 15 |
| 2.5 | 21 | 24 | 18 | 20 |
| 4 | 28 | 32 | 24 | 27 |
| 6 | 36 | 41 | 31 | 34 |
| 10 | 50 | 57 | 43 | 48 |
| 16 | 68 | 76 | 58 | 65 |
| 25 | 89 | 101 | 76 | 86 |
| 35 | 111 | 125 | 94 | 106 |
| 50 | 134 | 151 | 114 | 128 |
| 70 | 171 | 192 | 145 | 163 |
| 95 | 207 | 232 | 176 | 197 |

表 8-4 导线的最小截面积 （单位：mm$^2$）

| 使用场合 | 电线 | | 电缆 | | |
|---|---|---|---|---|---|
| | 软线 | 硬线 | 双芯 | | 三芯或三芯以上 |
| | | | 屏蔽 | 不屏蔽 | |
| 电柜外 | 1 | — | 0.75 | 0.75 | 0.75 |
| 电柜外频繁运动的机床部件之间的连接 | 1 | — | 1 | 1 | 1 |
| 电柜外很小的电流的电路连接 | 1 | — | 0.3 | 0.5 | 0.3 |
| 电柜内 | 0.75 | — | 0.75 | 0.75 | 0.75 |
| 电柜内很小的电流的电路连接 | 0.2 | 0.2 | 0.2 | 0.2 | 0.2 |

### 8.6.8 电气控制设备的试运行

安装完毕的控制电路箱（板），必须经过认真检查后，才能通电试运行。检查的内容主要有：

1）按电气原理图或接线图从电源端开始，逐段核对接线及接线端子处的线号。重点检查主电路有无错接、漏接，及控制电路中容易错接之处。检查导线压接是否牢固，接触是否良好，以避免在带负载运行时产生闪弧现象。

2）用万用表检查电路的通断情况。可先断开控制电路，用万用表的电阻档检查主电路有无短路或开路；然后再断开主电路检查控制电路有无短路或开路，检查自锁和互锁触头动作的可靠性。

3）用兆欧表检查电路的绝缘电阻，应不小于1MΩ。检查一般应包括以下部位：导电部件（如电器的金属外壳、底座、支架、铁心等）对地电阻，以及两个不同的电路之间（如交流电路各相之间、主电路与控制电路之间、交、直流电路之间等）电阻。

4）在通电试运行之前，应再次仔细检查电源和相关设备。通电试运行的顺序一般是：

① 空载试运行。合上电源开关接通电源，用试电笔检查熔断器的出线端，或用万用表交流电压档测量三相电源的线电压和相电压。按下操作按钮，观察接触器、继电器等电器动作情况是否正常，是否符合电路功能的要求；观察电器元件的动作是否灵活，有无异常声响和异味；测量负载接线端的三相电源是否正常。如此经过反复几次操作均为正常后方可进行试运行。

② 带负载试运行。先检查电动机的接线，再合闸通电。按控制原理和操作顺序起动电动机，当电动机平稳运行时用钳形电流表测量三相电流是否平衡。通电试运行完毕，应等待电动机停稳后，先拆除电源接线再拆除电动机的接线。

在试运行中，如果出现熔断器熔断或继电器保护装置动作等现象，应查明原因，不得任意增大整定值强行再次通电。

!!!! 实验与实训

## 8.7 常用生产机械设备现场参观

### 1. 目的要求

1）了解常用金属切削机床的基本结构、机械运动方式和电气控制系统的组成。

2）初步了解相关行业的常用生产机械设备的基本结构和运行方式、电力拖动的形式和电气控制系统的组成。

**2. 参观内容及要求**

1）参观常用金属切削机床。到机械加工厂或机修车间，参观通用的金属切削机床，如车床、平面磨床、摇臂钻床、镗床和万能铣床等。观察各种机床的基本结构、机械运动的方式，工件加工的方式；了解电力拖动的形式及控制要求、电气控制系统的组成、主要电器设备的安装位置或操作方法，并记录在生产机械设备参观记录表中。

2）参观生产机械设备。参观相关行业的生产企业（如金属加工、机械设备制造或加工、电器设备制造、轻工业等企业）的一台生产设备（如专用机床、生产自动机和自动线等），了解设备的功能、基本结构、运动形式、电力拖动形式及其电气控制的要求、电气控制系统的组成等，并记录在生产机械设备参观记录表中。

**3. 注意事项**

1）参观一定要注意安全。在参观前必须要进行安全教育，强调绝对不能动、碰任何电器、设备。在组织参观前要事先了解现场环境，安排好参观位置，不要影响生产，防止发生事故。

2）参观现场若比较狭窄，可分组分批轮流或交叉参观，每组人数根据实际情况确定，以保证安全、不影响生产为前提，以确保教学效果为原则。

3）在参观时，若机床正在运行，要保持一定距离，以防金属屑飞溅伤人。若需要观察机床电器设备的安装位置（如安装在床身壁内的电动机或电器），应在机床停止运行并切断电源的情况下进行。

4）根据教学需要和实际条件，可组织参观金属切削机床中的其中几种或重点参观其中一种。对于生产机械设备，可结合本专业和本行业具体特点，组织参观适合于教学的一台或若干台设备。

**4. 参观报告要求**

1）将参观内容记录在表中（一台设备一张表），记录表格式见表8-5。

**表8-5 生产机械设备参观记录表**

| 设备名称(型号) | | | | | | |
|---|---|---|---|---|---|---|
| 设备主要功能 | | | | | | |
| 电力拖动系统的组成 | 电动机名称 | 安装位置 | 起动方式 | 是否需要反转 | 电气调速方式 | 电气制动方式 |
| | | | | | | |
| | | | | | | |
| | | | | | | |
| 观察该设备的运行方式和操作过程的记录 | | | | | | |
| 其他记录(如电器的名称、安装位置、操纵方法等) | | | | | | |

2）试画出一台设备的电气控制电路（原理图）及电器安装位置图（草图）。

3）本次参观的认识和体会。

## 8.8※ 交流桥式起重机现场参观

#### 1. 目的要求

1）了解交流桥式起重机的基本结构、运行方式和电气系统的结构。

2）了解桥式起重机的运行过程，以加深对其电气控制原理的理解。

#### 2. 参观内容及要求

1）现场参观桥式起重机及要求。

① 在现场观察桥式起重机的外形，了解桥式起重机的类型和主要技术参数（如属轻型、中型还是重型，吊钩的数量、起重量、跨度、提升等），了解桥式起重机的用途。

② 观察桥式起重机的运行，注意观察吊钩、小车、大车的运行情况，吊钩起吊和下放重物的过程及速度变化情况。

③ 观察起重机供电的滑线、电刷等装置。

④ 如有条件，在桥式起重机的上方观察起重机的运行情况，观察桥架上小车、提升机构和电气设备的安装位置、结构等。

2）参观驾驶室（由梯子进入起重机驾驶室）及要求。

① 观察起重机驾驶室的环境、控制和保护电器设备的布置，观察驾驶员通过操作凸轮控制器（或其他控制电器）操作起重机的运行的过程。

② 观察保护配电箱（柜）、认识箱（柜）内的各类电器，了解电器的型号、规格和用途。

#### 3. 注意事项

1）参观一定要注意安全。在参观前必须要进行安全教育，强调绝对不能动、碰任何电器、设备。在组织参观前要事先了解现场环境，安排好参观位置，不要影响生产，防止发生事故。

2）因参观现场比较狭窄，应分组分批参观，每组人数根据实际情况确定。如果参观驾驶室，每次只能进入1~2人（所以如果条件不具备，则不组织参观）。在起重机开动时不准走动。上、下梯子进出驾驶室应注意安全。在参观过程中，绝对不能打闹、推操，注意不能拥挤。

3）观察电箱（柜）内的电器时，一般应在断电的情况下进行。如果不能断电，应保证安全。

#### 4. 参观报告要求

1）所参观的桥式起重机是什么类型的？有多少个吊钩？由多少台电动机拖动？大车是采用集中驱动还是分别驱动？如有可能，请列出起重电动机、驱动电动机、凸轮控制器的型号和主要参数。

2）根据观察，桥式起重机的大车、小车是如何运行的？吊钩在起吊和下放重物时的速度是如何变化的？

3）根据在驾驶室的观察，驾驶员是如何通过操作凸轮控制器操作起重机的？

4）本次参观的收获和体会。

## 学习小结

本学习领域介绍了电气控制电路的设计。主要内容有：

（1）电气控制电路设计的主要原则，是在满足生产机械和生产工艺的要求的前提下，设计方案要力求简单、经济、安全、合理，操作简单，维修方便。

（2）电力拖动方案是电气控制设计中很重要的一个环节。它是根据机床工艺要求、生产机械的结构、运动部件的数量和运动要求以及负载特性和调速要求等，来确定电动机的型号、数目，并拟订电动机的调速方案。

（3）电动机的选择包括电动机的类型、结构形式、电动机的额定功率、额定电压及额定转速等。

（4）电气控制系统的设计分为原理设计和工艺设计两部分。其中包括电气原理图、电器元件布置图、电气安装接线图、电气箱图及控制面板等，编制各类电器元件及材料清单、设备使用说明书等相关技术资料。

（5）电气控制电路有两种设计方法，一种是分析设计法；另一种是逻辑设计法。分析设计法也称经验设计法，分析设计法的基本步骤是：

1）主电路设计。

2）控制电路设计。

3）辅助电路设计。

4）审核电路是否满足要求并进行模拟试验，直至电路动作准确无误。

5）选择电器元件。

（6）电气控制系统的工艺设计是在完成原理设计后进行的另一个重要设计内容，工艺设计包括：电气设备总体配置设计，电器元件布置图、接线图、电气箱及非标准零件图的设计，各类元器件及材料清单的编制，设计说明书和使用说明书的编写等。

（7）电气控制设备的装配和试运行。

## ◆◇◆ 思考题与习题

1. 机床电气控制设计中应遵循的原则是什么？设计的基本内容是什么？

2. 简述确定电力拖动方案的原则。

3. 两个交流 110V 的接触器线圈能否串联运行于 220V 的电源？

4. 某机床由两台三相笼型异步电动机拖动，对其电气控制有如下要求，试设计主电路与控制电路。

1）两台电动机能互不影响地独立控制其起动和停止。

2）能同时控制两台电动机的起动和停止。

3）当第一台电动机过载时，只使本机停转；但当第二台电动机过载时，则要求两台电动机同时停转。

5. 某机床由两台三相笼型异步电动机 M1 与 M2 拖动，其电气控制要求如下，试设计出完整的电气控制电路图。

1）M1 容量较大，采用丫—△减压起动，停车采用能耗制动。

2）M1 起动后经 50s 方允许 M2 直接起动。

3）M2 停车后方允许 M1 停车制动。

4）M1、M2 的起动、停止均要求两地操作。

5）设置必要的电气保护。

6. 请简述机床电气控制系统工艺设计的主要内容。

7. 机床电气组件一般有哪几种？

8. 电器元件布置图绘制时，同一组件上电器元件的布置应注意什么？

9. 机床电气设计说明书和使用说明书各包含哪些主要内容？

□□□□□□□□□□□□□

# ·附　　录·

## 附录 A　常用的电气图形符号和文字符号

| 名称 | | 图形符号 | 文字符号 | 名称 | | 图形符号 | 文字符号 |
|---|---|---|---|---|---|---|---|
| 导线 | 导线的连接 | | | 行程开关 | 动合触头 | | SQ |
| | 导线的交叉连接 | | | | 动断触头 | | |
| | 导线的不连接 | | | 继电器、接触器电磁线圈的一般符号 | | | |
| 电动机 | 笼型三相异步电动机 | | M | 接触器 | 带灭弧装置的动合触头（三极） | | KM |
| | 单相交流电动机 | | | | 带灭弧装置的动断触头 | | |
| | 直流电动机 | | | 继电器动合触头的一般符号 | | | K（继电器） |
| | 单相变压器 | | T | 继电器动断触头的一般符号 | | | |
| | 熔断器 | | FU | 热继电器 | 热元件（三相） | | FR |
| 开关 | 单极开关 | | Q | | 动断触头 | | |
| | 三极开关 | | | 速度继电器 | 动合触头 | | KS |
| | 手动三极开关 | | QS | | 动断触头 | | |

247

（续）

| 名称 | 图形符号 | 文字符号 | 名称 | | 图形符号 | 文字符号 |
|---|---|---|---|---|---|---|
| 欠电压继电器的线圈 | $U<$ | KUV | 过电流继电器的线圈 | | $I>$ | KOC |
| 时间继电器 | 延时闭合的动合触头 | KT | 按钮开关 | 动合触头 | E-\ | SB |
| | 延时闭合的动断触头 | | | 动断触头 | E-7 | |
| | 延时断开的动合触头 | | 控制器或操作开关 | | 2 1 0 1 2 | SA |
| | 延时断开的动断触头 | | | | | |
| | 延时闭合和延时断开的动合触头 | | 信号指示灯 | | ⊗ | HL |
| | | | 照明灯 | | | EL |
| | | | 电磁吸盘 | | | YH |
| | 延时闭合和延时断开的动断触头 | | 电磁铁（三相） | | | YA |

## 附录 B　电动机基本电气控制电路技能训练考核评分记录表

| 评价项目 | 评价内容 | 配分 | 评分标准 | 得分 |
|---|---|---|---|---|
| 识读电路图 | 1）正确识读电路中的电器元件<br>2）能正确分析该电路的工作原理 | 15 | 1）不能正确识读电器元件，每处扣 3 分<br>2）不能正确分析该电路工作原理，扣 5 分 | |
| 装前检查 | 检查电器元件质量完好 | 5 | 电器元件漏检或错检，每处扣 1 分 | |
| 安装元件 | 1）按布置图安装电器元件<br>2）安装电器元件牢固、整齐、匀称、合理 | 15 | 1）不按布置图安装，扣 15 分<br>2）元件安装不牢固，每只扣 3 分<br>3）元件安装不整齐、不均匀、不合理，每只扣 2 分<br>4）损坏元件，扣 15 分 | |
| 布线 | 1）接线紧固，无压绝缘，无损伤导线绝缘或线芯<br>2）按照电路图接线，思路清晰 | 20 | 1）不按电路图接线，扣 20 分<br>2）布线不符合要求：<br>　主电路，每根扣 4 分<br>　控制电路，每根扣 2 分<br>3）接点不符合要求，每个接点扣 1 分<br>4）损伤导线绝缘或线芯，每根扣 5 分<br>5）漏装或套错编码套管，每个扣 1 分 | |
| 通电前检查 | 1）自查电路<br>2）仪器、仪表使用正确 | 10 | 1）漏检，每处扣 2 分<br>2）万用表使用错误，每次扣 3 分 | |
| 通电试车 | 在安全规范操作下，通电试车一次成功 | 20 | 1）第一次试车不成功，扣 10 分<br>2）第二次试车不成功，扣 20 分 | |
| 故障排查 | 1）仪器、仪表使用正确<br>2）在安全规范操作下，故障一次排除 | 10 | 1）第一次故障排查不成功，扣 5 分<br>2）第二次故障排查不成功，扣 10 分 | |
| 资料整理 | 资料写整齐、规范 | 5 | 任务单填写不完整，扣 2~5 分 | |
| 安全文明生产 | 违反安全文明生产规程，扣 2~40 分 | | | |
| 定额时间 2h | 每超时 5min 以内以扣 3 分计算，但总扣分不超过 10 分 | | | |
| 备注 | 除定额时间外，各项目的最高扣分不应超过配分数 | | | |
| 开始时间 | | 结束时间 | | 总得分 | |

# 参考文献

[1]　许翏. 电机与电气控制技术 [M]. 3 版. 北京：机械工业出版社，2017.

[2]　胡幸鸣. 电机及拖动基础 [M]. 4 版. 北京：机械工业出版社，2021.

[3]　张晓江，顾绳谷. 电机及拖动基础 [M]. 5 版. 北京：机械工业出版社，2016.

[4]　徐建俊. 电机与电气控制 [M]. 北京：清华大学出版社，北京交通大学出版社，2004.

[5]　谭维瑜. 电机与电气控制 [M]. 3 版. 北京：机械工业出版社，2017.

[6]　李乃夫. 工厂电气控制设备 [M]. 北京：高等教育出版社，2005.

[7]　项毅，吴宜平，等. 工厂电气控制设备实验与设计指导 [M]. 北京：机械工业出版社，2010.

[8]　赵承荻，王玺珍，袁媛. 电机与电气控制技术 [M]. 5 版. 北京：高等教育出版社，2019.

[9]　周定颐. 电机及电力拖动 [M]. 4 版. 北京：机械工业出版社，2017.

[10]　常晓玲. 电工技术 [M]. 2 版. 北京：机械工业出版社，2019.

[11]　隋振有. 中低压电控实用技术 [M]. 北京：机械工业出版社，2004.

[12]　闫和平. 常用低压电器应用手册 [M]. 北京：机械工业出版社，2005.

[13]　郑凤翼，杨洪升. 怎样看电气控制电路图 [M]. 2 版. 北京：人民邮电出版社，2008.

[14]　刘启新. 电机与拖动基础 [M]. 4 版. 北京：中国电力出版社，2018.

[15]　王广惠. 电机与拖动 [M]. 2 版. 北京：中国电力出版社，2007.

[16]　曹承志. 电机、拖动与控制 [M]. 2 版. 北京：机械工业出版社，2014.

[17]　谢京军. 电力拖动控制线路与技能训练 [M]. 6 版. 北京：中国劳动社会保障出版社，2021.